高等职业本科教育装备制造大类专业校企合作系列教材
"互联网+"新形态立体化教学资源特色教材

智能制造技术基础

Foundation of Intelligent Manufacturing Technology

主　编　蒋　荟
副主编　王术新　田　密　秦文津
　　　　王　军　刘　志　顾廷权
参　编　刘素华　王玉荣　张崇峻
　　　　王富春　刘万村　刘　杰
　　　　韩　伟　张洁娟　李东恒
　　　　郭艳飞　赵闪闪　朱燕芳
　　　　张　抗　马　娟　陈　曙

中国轻工业出版社

图书在版编目（CIP）数据

智能制造技术基础 / 蒋荟主编. -- 北京：中国轻工业出版社，2025.8. --ISBN 978-7-5184-5281-1

I. TH166

中国国家版本馆CIP数据核字第20251JQ474号

责任编辑：李寅寅　　　　责任终审：李　萌　　　　设计制作：锋尚设计
策划编辑：史祖福　崔丽娜　责任校对：朱　慧　朱燕春　责任监印：张　可

出版发行：中国轻工业出版社（北京鲁谷东街5号，邮编：100040）
印　　刷：三河市国英印务有限公司
经　　销：各地新华书店
版　　次：2025年8月第1版第1次印刷
开　　本：787×1092　1/16　印张：15
字　　数：360千字
书　　号：ISBN 978-7-5184-5281-1　定价：48.00元
邮购电话：010-85119873
发行电话：010-85119832　010-85119912
网　　址：http://www.chlip.com.cn
Email：club@chlip.com.cn
版权所有　侵权必究
如发现图书残缺请与我社邮购联系调换
241904J1X101ZBW

前言

制造业乃国家经济命脉所系，是立国之本、强国之基。制造业快速进入智能时代，装备、管理、工艺、技术、人机界面都与传统制造有着极大的不同，相应地，对人员的要求也必须与时俱进。现代制造业、战略性新兴产业等领域需要大量高素质技能型人才。这些变化传导到职业教育中，就必须对所用教材进行改革，不仅需要更新内容，而且需要在整个理念上都有所创新，从形式到内涵都要符合时代特征，满足职业教育需求。

衡量一本教材是否适用，不应当只看书名。名称相似的教材，其编写理念与适用对象往往有着很大的差别。有的教材学术性很强，不适用于技能为主的职业教育；有的教材看似项目化教材，实际上是对传统教材在形式上的改造，核心没有实质性变化；有的教材提供了多种资源，但实用性不强。经过数年教学实践，我们体会到编写一本适用于职业本科层次装备制造大类专业教学的新形态教材的必要性和紧迫性。

就本教材而言，由于机械制造涉及的技术本来就非常广泛，装备品类繁多且代差明显，历史积累厚重；加上近十几年我国人工智能技术的飞速发展，在以高水平科技自立自强支撑新质生产力形成的过程中，增加了很多尚未成熟、流派纷纭甚至仅存于概念的新技术，这些都将在机械制造中发挥重要作用。是否将这些过去与将来的信息纳入当前职业教育的教材，值得商榷。随着新一代信息技术与传统制造业深度融合，智能制造时代已经来临，要把这么庞大的体系梳理清楚、编写成教材并给职业院校的学生讲明白，绝非易事。如能有所建树，或许能在人工智能领域高层次人才和紧缺人才的培育工作中作出一些符合时代要求的贡献。

作为较早设立"智能制造工程技术"专业的职业院校，我们顺应新时代发展及早推出和使用这样一本教材，强化现代化建设人才支撑，责无旁贷。为此，我们借鉴目前已有参考资料，分析职业岗位能力，根据实际教学积累，按照新形态教材的特点，设置了教材内容与配套资源。

从体例上讲，本教材以课题形式搭建整体架构，虽不同于科研课题，但基本组成要素相似：先通过场景描述，引发学生兴趣，突出内容的实用性；再扩展出关键技术，及早触及职业教育学生的核心关注点，包括理论性技术与操作性技术；学生为了更好地理解这些技术，就必须补充学习必要的理论与背景，于是推进到相关知识部分，这样的安排方便教学实施，理论性知识的出现对于职业教育的学生不显得枯燥，也避免涉及太多相关性不强的知识，从而有效减少课时；随后再安排应用案例，作为对前述技能与知识的承接与综合；最后通过测试和评价检验学习效果，实现教学互动与反馈。这样的体例结构，是从实践到理论再回到实践的循环，符合认知发展规律。

从内容上讲，本教材遵循制造业运行规律安排了六个课题。课题一是对行业背景知识的学习，是对教材后续内容的导入，目的是让学生对智能制造产业发展历程和趋势有一些初步且必要的前置性认知；课题二关注智能化设计，这是制造业的逻辑起点，提供了制造的软件基础；

课题三讲述制造装备，这是智能制造的硬件基础；课题四解决智能加工问题，包括机械加工的工艺基础，这是基于制造装备对设计方案的物理实现，也是全书的重点内容；课题五介绍智能检测与控制，这是机械加工过程中与完成后的必要工作，是保证制造质量和实现智能化的关键；课题六介绍智能制造系统，从整体层面审视制造过程，利用智能化技术减负增效、扩大收益，属于智能制造中的管理性内容。

作为新形态教材，本书配有视频、课件、测评，并将这些资源数字化与网络化，方便新时代的学生采用他们喜欢的方式进行学习。

为了突出装备制造大类专业的特色，书中内容特别弱化了对人工智能及其技术的介绍，将其有选择地融入制造各环节中，这主要考虑到本类专业的特点是强调工程应用，是"智能化"而不是"智能技术"本身，从而区别于信息类相关专业。另外，本教材还具有工程应用的特色，引用了大量的工程案例，既适用于职业教育，又兼顾了本科层次的深度。

本教材具体编写分工如下：课题一由王玉荣、王术新编写；课题二由蒋荟、王术新编写；课题三由张崇峻、刘志、蒋荟编写；课题四由刘素华、刘志、陈曙等编写；课题五由田密、秦文津、韩伟编写；课题六由顾廷权、王军编写；其他编者参与了文稿审校、资源和案例查询编制、配套资源建设等工作。全书由蒋荟、田密统稿，其中案例由秦文津、王军统稿。

同时，衷心感谢柳州职业技术大学、哈尔滨职业技术大学、河北工业职业技术大学、上海市工业互联网协会、上海航天技术研究院、包头钢铁职业技术学院、中国宝武钢铁集团有限公司、索提斯云智控科技（上海）有限公司等合作单位对本教材在资源、技术与案例上的支持；感谢上海中侨职业技术大学对本教材出版的发起与推动，感谢各位同仁在教学实践、教材编撰中给予的关心、支持。

鉴于智能制造的飞速发展与剧烈变革，编者在行业实践经历、技术学习、前沿跟踪等诸多方面均所涉有限，以致书中不足之处在所难免，敬请读者及时批评指正，意见收集邮箱：aloe113@163.com。

编者

目 录

课题一 走进智能制造

场景 1.1 智能制造的由来……2
场景 1.2 智能制造模式……8
场景 1.3 未来的智能制造……14

课题二 智能设计技术

场景 2.1 智能设计系统……22
场景 2.2 方案智能设计……31
场景 2.3 计算机辅助智能设计……43

课题三 智能制造装备

场景 3.1 机械加工类智能装备……56
场景 3.2 成型制造类智能装备……67
场景 3.3 特种加工类智能装备……76
场景 3.4 装配、检测类智能装备……81
场景 3.5 辅助赋能类智能装备……88

课题四 机械加工技术

场景 4.1　传统机械加工工艺 …… 98
场景 4.2　数控加工工艺 …… 110
场景 4.3　特种加工工艺 …… 122

课题五 制造过程控制技术

场景 5.1　无损检测 …… 136
场景 5.2　机器视觉检测 …… 142
场景 5.3　智能监测与诊断 …… 147
场景 5.4　加工过程预测 …… 161

课题六 智能制造系统

场景 6.1　智能制造系统应用 …… 170
场景 6.2　智能生产调度 …… 186
场景 6.3　智能制造供应链 …… 201
场景 6.4　智能制造运营管理 …… 213

参考文献 …… 228
附录 …… 230
　　附录 1　智能制造缩略语表 …… 230
　　附录 2　学习评价记录表 …… 234

课题一
走进智能制造

  随着人工智能（Artificial Intelligence，AI）、工业互联网、先进控制技术的快速发展与应用，新一代信息技术加速拥抱千行百业，作为国家经济支柱产业的装备制造业也步入了智能时代。智能制造越来越受到各国各地的重视并列入经济发展战略，成为重要的人才就业方向。2025年国内统计数据显示，AI类人才收入在工厂大类中居细分行业首位，机械制造业新发职位数量持续位居首位。2024年7月，《中共中央关于进一步全面深化改革 推进中国式现代化的决定》强调，"推动制造业高端化、智能化、绿色化发展。"传统制造业数智化与绿色化协同转型是发展新质生产力的内在要求，大数据、云计算、物联网、人工智能等为代表的数智技术及其在生产领域的广泛应用，是当前发展数字生产力的关键内容与核心驱动力。

场景 1.1 智能制造的由来

场景描述

智能工厂通过新一代信息技术与先进制造技术的深度融合,部署高档数控机床与工业机器人、智能传感与智能检测等智能制造装备,集成相应的工艺、软件等,实现具备协同和自治特征、具有特定功能和实际价值的应用。其主要包括如下内容:

智能生产线:通过大数据、物联网等技术,实现智能生产线的建立,实现制造过程的网络化和智能化,包括自动化焊接和涂装生产线等,能够快速且精准地完成复杂的工艺,提高生产效率。

智能分拣:利用机器学习技术,实现零件的自动分拣。通过摄像头识别零件,并利用机器学习算法训练机器人进行分拣动作,提高分拣速度和成功率。

设备健康管理:基于对设备运行数据的实时监测,利用特征分析和机器学习技术,进行设备的故障预测和故障诊断,可以在事故发生前进行预警,减少非计划性停机,并在设备突发故障时迅速定位故障原因并提供解决方案。

表面缺陷检测:利用机器视觉技术,在环境频繁变化的条件下,快速识别出产品表面更微小、更复杂的产品缺陷并进行分类,可以应用于PVC(聚氯乙烯)管材等产品的表面缺陷检测,提高检测精度和检出率。

智能决策:制造企业可以应用机器学习等人工智能技术,结合大数据分析,优化调度方式,提升企业决策能力。例如,通过智能生产管理系统实现异常和生产调度数据采集、基于决策树的异常原因诊断、基于回归分析的设备停机时间预测等功能。

关键技术

智能制造的历程是一个技术不断演进与融合的过程,其关键技术是推动这一进程的重要力量。从最初的生产自动化到如今的全面智能化,智能制造经历了显著的变革。

首先,物联网(Internet of Things,IoT)技术是基础,通过将制造环节中的各种设备、传感器和工具等连接起来,实现了设备间的互联互通与信息共享,为生产过程中的决策提供了实时数据支持。其次,云计算技术和大数据技术在智能制造中扮演着核心角色。云计算提供了强大的数据存储和处理能力,而大数据技术则通过对海量生产数据的挖掘、分析和处理,为企业提供了决策支持和预测能力，有助于优化生产流程和提高产品质量。再次，人工智能技术是智能制造的又一关键技术。AI技术借助机器学习、深度学习等尖端手段，赋予了机器近似于人类的思维能力，从而实现了对生产流程的高效自动化管理与精细化优化。这些涵盖了诸如智能调度系统，能够动态调整生产节奏以最大化效率；以及智能检测系统，能够精准识别并纠正生产中的误差，确保了产品质量的卓越与稳定。此外，机器人技术、3D打印技术、虚拟现实（Virtual Reality，VR）和增强现实（Augmented Reality，AR）技术等也在智能制造中发挥着重要作用。机器人技术实现了生产线的自动化和柔性化，提高了生产效率和产品质量；3D打印技术则实现了复杂结构的快速制造，缩短了产品开发周期；VR和AR技术则提供了沉浸式的交互体验，有助于产品设计、仿真和培训等环节的效率提升。

智能制造的历程是一个技术不断突破与融合的过程，其关键技术包括物联网技术、云计算技术、大数据技术、人工智能技术、机器人技术、3D打印技术以及VR和AR技术等。各类技术的相互支持和相互促进，共同推动了智能制造的快速发展。

相关知识

（1）智能制造的概念

智能制造的概念起源于20世纪80年代，随着信息技术的广泛传播和深入应用而逐渐显现。1988年，美国纽约大学的P. K. Wright教授和卡内基梅隆大学的D. A. Bourne教授共同出版了《智能制造》一书，成为该领域的一个重大里程碑。在这部具有开创意义的作品中，他们首次正式提出了智能制造的定义，并详细阐述了其核心思想，即结合知识工程、先进的制造软件、尖端的机器人视觉技术和精细的机器控制技术，对制造技师的高超技能和专家的深厚知识进行精确建模，以期实现智能机器人在无须人工直接干预的情况下，高效完成小批量定制化生产任务。

随后，日本在智能制造领域也迈出了重要步伐。1989年，日本提出了"智能制造系统"（Intelligent Manufacturing System，IMS）的概念，强调人与计算机的高度协同，预示着智能制造发展的新方向。为进一步推动这一领域的国际交流与合作，日本于1995年发起了IMS国际合作研究计划，正式拉开了全球范围内智能制造研究与实践的序幕。

在早期的"智能制造系统"构想中，人工智能被视为驱动其发展的核心技术，而"智能体"（Intelligent Agent）"则被视作智能的载体与核心。这一设计理念的出发点在于，通过技术系统的不断创新与优化，尝试突破人类自然智力的限制，实现对人类智慧的部分替代、有效延伸及显著增强，从而引领制造业迈向更加高效、智能的未来。

从广义上讲，智能制造是一个涵盖广泛的概念，深度融合了先进制造技术与新一代信息技术，贯穿于产品生命周期的每一个阶段，包括设计、制造、服务及系统集成，实现制造业的数字化、网络化、智能化转型，进而提升产品质量、效益与服务水平，推动制造业向创新、协调、绿色、开放、共享的方向发展。

（2）各国智能制造的发展概况

本书重点介绍美国、德国、日本、中国智能制造的发展概况。

❶ **美国。** 美国作为智能制造思想的摇篮之一，其智能制造的概念最早可追溯至1987年，由普渡大学智能制造国家工程中心率先提出。美国国家科学基金会（National Science Foundation，NSF）在1991—1993年间，对智能制造领域的广泛研究给予了重点资助，研究项目几乎涵盖了智能制造的各个方面。为推动智能制造技术的进一步发展，美国建立了多个关键实验基地，其中，美国国家标准与技术研究所（National Institute of Standards and Technology，NIST）的自动化制造研究实验基地明确将"为基于知识库的下一代自动化制造系统提供研发与实验平台"列为其核心任务之一。

卡内基梅隆大学的制造系统构造实验室，作为智能制造研究的先锋，长期致力于制造智能化的探索，包括制造组织描述语言、知识表示、通信协议、谈判策略及分布式知识库的开发，成功研发了车间调度系统、项目管理系统等创新项目。在美国空军科学制造计划的资助下，D. A. Bourne教授团队于1989年成功研制出首台智能加工工作站原型机，该机器能够直接依据零件定义数据实现全自动加工，集成了三维实体建模、NC（Numerical Control）代码程序自动生成及加工过程智能监控等先进功能，标志着智能制造技术迈出了重要一步。同时，美国工业界对智能制造的热情高涨，1993年在底特律举行的第22届可编程控制国际会议上，超过200家厂商积极参与，展示了大量智能化硬件设备，并围绕"智能制造：新技术、新市场、新动力"的主题展开了热烈讨论。会议议题广泛，涵盖了可编程逻辑控制器（Programmable Logic Controller，PLC）体系及标准、模糊逻辑、人工神经网络（Artificial Neural Network，ANN）、自动化加工用户接口、智能制造路径探索及精益生产等多个前沿领域。

精益生产管理怎么做？记住这三个原则，事半功倍

2005年，美国国家标准与技术研究所启动了"聪明加工系统"研究计划，通过智能化手段提升加工系统的性能与效率。该计划的核心目标包括系统动态优化、设备特征化、加强状态监控与可靠性，以及研发在加工过程中直接测量刀具磨损与工件精度的新方法，为智能制造技术的持续进步奠定了坚实基础。2009年末，《重振美国制造业政策框架》问世，随后于2011年6月24日，美国正式推出了"先进制造伙伴计划"。在此背景下，智能制造领导联盟（Smart Manufacturing Leadership Consortium，SMLC）发布了《实施21世纪智能制造报告》。

❷ **德国。** 德国工商大会（German Chamber of Commerce and Industry，DIHK）、德国工业联合会（Federation of German Industries，BDI）、德国批发和外贸协会（Federation of German Wholesale and Foreign Trade，BGA），三大协会携手成立了"工业4.0"平台，通过组建指导委员会与多个主题工作小组，全面推动"工业4.0"战略的深入实施。从德国学术界与产业界的视角来看，"工业4.0"标志着以智能制造为核心的第四次工业革命的到来，它融合了信息通信技术（Information and Communication Technology，ICT）与信息物理系统（Cyber-Physical System，CPS），推动制造业向智能化、网络化转型。该战略的核心在于两大主题："智能工厂"致力于智能化生产系统及过程的研发，以及网络化分布式生产设施的建设；"智能生产"则关注企业整体生产物流管理的优化、人机互动的深化及3D技术在工业生产中的应用。

凭借在工业信息和通信技术、机械制造、嵌入式系统及自动化工程方面的深厚积累与全球领导地位，德国正通过"工业4.0"计划的实施，进一步强化其作为全球领先生产基地、生产设备供应商及IT业务解决方案提供者的角色，实现双重战略目标：既成为智能制造技术的主要供应商，又在全球市场中建立并主导CPS技术和产品的市场。

❸ 日本。20世纪80年代，面对制造业的多重挑战——劳动力资源紧缺、产业空心化现象、技术内部化导致的标准不统一以及日益加剧的美欧贸易摩擦，日本深刻意识到推进智能制造的紧迫性。在此背景下，由东京大学Furukawa教授等倡导的IMS国际合作计划应运而生，并于1995年获得日本通产省的正式立项，成为一项国际联合研发项目。同年5月，欧洲共同体委员会、日本通产省及美国商务部携手成立了IMS国际委员会，共同投资1500亿日元，展开为期十年的深入研究，探索智能制造系统的广阔前景。

2004年，日本启动了"新产业创造战略"，发掘制造业的未来增长点，将信息家电、机器人技术、环境能源等领域列为发展重点，以重振日本制造业的国际竞争力。为实现这一目标，日本积极推动智能制造的广泛应用，全自动生产线与机器人技术遍地开花，不仅有效应对了劳动力短缺问题，还显著降低了生产成本，成功阻止了制造业的外流趋势。以山崎马扎克公司为例，其2002年推出的"无人机械加工系统"相较于20世纪90年代的同类产品，加工成本降低了43%，展现了智能制造在成本控制上的巨大优势。即便在外国人工费用仅为日本5%的情况下，该系统的作业成本依然低于人工费用，有效抵御了低成本劳动力市场的诱惑，稳固了日本本土制造业的基础。

❹ 中国。近年来，随着全球新一轮科技革命和产业变革的加速推进，智能制造已成为制造业转型升级的核心方向。作为全球制造业大国，中国高度重视智能制造的发展，将其视为实现制造业高质量发展、提升国际竞争力的关键路径。在国家政策支持、技术创新驱动和产业生态协同发展的背景下，中国智能制造取得了显著进展，正逐步从试点示范向规模化应用迈进。

在关键技术领域，中国智能制造取得了一系列重要突破。工业互联网、人工智能、5G（第五代移动通信技术）、大数据等新一代信息技术与制造业深度融合，推动生产模式向柔性化、个性化、智能化方向演进，体现在工业互联网平台快速发展、人工智能赋能智能制造和5G+智能制造示范应用等。中国智能制造的实践已从龙头企业向中小企业延伸，从离散制造向流程制造扩展。汽车、电子、家电、钢铁等行业成为智能制造的先行者，形成了一批标杆案例。

中国智能制造正处在从"跟跑"向"并跑"甚至"领跑"转变的关键阶段。随着政策、技术、市场的协同推进，智能制造将成为中国制造业高质量发展的核心引擎，为全球工业变革贡献"中国方案"。未来，中国有望在智能制造领域形成更强大的创新能力和产业优势，助力制造强国目标的实现。

2022年，党的二十大报告提出，"坚持把发展经济的着力点放在实体经济上，推进新型工业化，加快建设制造强国、质量强国、航天强国、交通强国、网络强国、数字中国……推动制造业高端化、智能化、绿色化发展……推动战略性新兴产业融合集群发展，构建新一代信息技术、人工智能、生物技术、新能源、新材料、高端装备、绿色环保等一批新的增长引擎……加快发展数字经济，促进数字经济和实体经济深度融合，打造具有国际竞争力的数字产业集群。"

应用案例

智能制造作为制造业与新一代信息技术深度融合的产物，已经成为推动产业升级的重要力量。在智能制造的发展历程中，涌现出了许多具有代表性的应用案例。请分组讨论以下案例的应用。

❶ **海尔集团**：海尔在《中国制造2025》战略指引下，探索出以互联工厂为核心的智能制造发展路线。从模块化到自动化、从"黑灯工厂"再到互联工厂的持续探索，实现了显著的实践成果，成为智能制造的典范。

海尔智能制造案例

❷ **三一集团**：作为高度离散型制造企业，三一集团导入智能制造模式，优化运行系统，提升设备生产制造能力。通过物联网技术，实现了泛在感知、网络通信和物联网应用，推动了企业的快速发展。

❸ **潍柴集团**：潍柴集团通过智能制造推动企业快速发展，实现了以数据为核心的人、机器、产品的互联互通，打造了"智能化"企业，提高了单件产品品质和工业附加值。

❹ **娃哈哈集团**：娃哈哈通过对整个集团进行信息系统建设、工厂智能化监控建设和数字化工厂建设，推动了整个产业链向数字化、智能化、绿色化发展，并建立了食品安全全程保障体系。

❺ **宁德时代**：宁德时代通过数字化转型，实现了从"制造"到"智造"的跨越。建立了以制造执行系统（Manufacturing Execution System，MES）为核心的集成制造系统，以客户为中心的集成交付系统，并引入了人工智能、物联网、机器学习和云计算等技术，显著提升了劳动生产率和能源效率。

宁德时代智能制造案例

以上这些案例展示了智能制造技术在不同行业中的应用，即如何帮助企业提高生产效率、降低成本、提升产品质量，并实现更加灵活和个性化的生产。随着技术的不断进步，智能制造的潜力将进一步释放，为制造业的未来发展提供更多可能性。

知识测试

评价

在场景1.1的成绩构成中，应用案例环节占据了核心地位，具体分为三个部分：分组讨论、分组汇报以及个人分享，这三部分合计占总成绩的60%。

首先，分组讨论，鼓励学生围绕海尔集团、三一集团、潍柴集团、娃哈哈集团、宁德时代等实际案例进行深入探讨，激发团队合作精神和创新思维。每个小组的成员需要共同分析案例背景、识别关键问题，并提出解决方案。这一过程不仅锻炼了学生的问题解决能力，还促进了团队成员之间的沟通与协作。

其次，分组汇报环节，各小组需将讨论成果以报告或演讲的形式呈现出来，向全班展示他们的分析与见解。汇报过程既是对讨论成果的总结，也是对团队协作能力和表达能力的一次检验。通过这一环节，学生能够学会如何清晰、有条理地表达自己的观点，同时从其他小组的汇报中汲取灵感和新的知识。

最后，个人分享部分则要求每位学生基于自己在案例学习过程中的感悟和收获，进行简短而精练的陈述。

除了应用案例环节外，知识测试部分占总成绩的40%。知识测试采取自评、互评和教师评价相结合的方式，全面评估学生对智能制造相关知识的掌握程度和应用能力。

场景 1.2 智能制造模式

智能制造模式是一种先进的制造方式，利用先进的信息技术，将传统制造过程中的各个环节进行数字化、网络化和智能化的整合，实现生产过程的高度自动化、智能化和灵活化。它涵盖了数字化工厂、物联网、大数据等技术的应用，通过数据驱动、网络化、自适应和智能化等手段，提高生产效率、优化产品质量、灵活应对市场需求，并降低成本。智能制造模式不仅推动了制造自动化向柔性化、高度集成化方向发展，还通过构建智能工厂、实现全过程智能管控，为企业带来了显著的价值增长和竞争优势。

场景描述

在不远的未来，智能制造模式将彻底改变制造业的面貌。走进一家先进的智能工厂，首先映入眼帘的是繁忙而有序的生产线，却几乎看不到工人的身影，因为机器人和自动化设备在精密的控制系统指挥下，进行着高效而精确的操作。

智能制造的核心在于数字化和智能化技术的深度融合。在产品设计阶段，工程师利用虚拟现实技术构建产品的三维模型，通过模拟测试和优化，确保设计的完美无缺。这些模型数据随后被无缝传输到生产系统，指导实际的生产过程。工厂内部，物联网技术使得每台机器、每个传感器都成为信息网络的一部分。设备能够实时监控自身的运行状态，并通过数据分析预测潜在的故障，实现预测性维护，从而减少停机时间，提高生产效率。在生产线上，智能机器人通过机器学习算法不断优化其操作流程，提高生产精度和速度，能够灵活地适应不同的生产任务，实现从大规模生产到个性化定制的无缝切换。

智能制造模式下的供应链管理同样高度智能化。通过实时数据分析，供应链系统能够精准预测市场需求，自动调整原材料的采购和产品的配送，实现库存的最优化。在质量控制环节，人工智能技术的应用使得检测过程自动化和智能化。高清摄像头和传感器阵列能够捕捉到产品的微小瑕疵，而智能分析系统则能够立即识别问题并采取相应的纠正措施。

在智能制造模式下，工人的角色也发生了转变，他们不再是简单重复劳动的执行者，而是成为监督者、协调者和创新者。他们利用先进的数据分析工具，监控生产过程，优化生产策略，推动持续改进。最终，智能制造模式将制造业推向了一个全新的高度，不仅提升了生产效率和产品质量，还实现了对环境的友好和资源的高效利用。

 关键技术

智能制造模式所基于的关键基础技术是推动制造业革命的核心力量，共同构成了智能制造的骨架和灵魂，其主要关键技术包含以下几点。

（1）先进制造工艺技术

新材料不断涌现、装备结构复杂程度提高、设计手段进步、客户需求的个性化与及时性都要求制造技术必须与时俱进，于是出现一系列先进制造技术：

❶ **先进制造工艺技术**：先进制造工艺技术包括加工工艺、装配工艺等，它们显著提升了生产过程的精度、灵活性与效率。例如，高效率的精密加工技术与增材制造技术，增材制造技术遵循离散–堆积原则，利用零件的三维数据直接进行制造，其高度的灵活性使得设计者在产品设计时能够更多地考虑产品的实际性能，而非其制造的可行性。柔性装配工艺可以根据新产品需要重组设备单元，适应性好，显著节约生产设备投入和改型周期。

❷ **数字化建模与仿真技术**：通过三维数字模型对产品、工艺流程、资源等进行建模，并采用基于模型的定义（Model Based Definition，MBD），将数字模型应用于产品设计、工程分析、工艺设计、制造、质量控制及服务等整个产品生命周期。MBD技术进一步发展为基于模型的系统工程（Model Based Systems Engineering，MBSE）和基于模型的企业（Model Based Enterprise，MBE）。随着CPS等技术的进步，数字模型与物理模型的融合将成为趋势，如西门子和Parametric Technology Corporation（简称PTC）等公司所倡导的数字孪生技术。

❸ **现代工业工程学**：运用数学、物理学和社会科学的专业知识和技术，结合工程分析与设计的原理与方法，对由人员、材料、设备、能源和信息组成的综合制造系统进行设计、优化、实施、验证、预测和评估。

❹ **前沿制造理念、方法与系统**：包括并行工程、协同设计、云制造、可持续制造、精益生产、敏捷制造、虚拟制造、计算机集成制造、产品生命周期管理（Product Lifecycle Management，PLM）、制造执行系统（MES）、企业资源计划（Enterprise Resource Planning，ERP）等。

（2）新一代信息技术

新一代信息技术正逐渐成为制造业创新的关键驱动力，通过先进的技术手段在信息获取、处理、传输和融合等方面提供支持，为人员、机器和物品之间的互联互通奠定基础。其具体包括：

❶ **智能感知技术**：包括传感器网络、射频识别（Radio Frequency Identification，RFID）、图像识别等，用于收集和处理数据。

❷ **物联网技术**：涉及广泛感知、网络通信和物联网应用，实现设备和系统的智能连接，它使得数据的实时采集和分析成为可能，为智能制造提供了丰富的数据资源。

❸ **云计算技术**：包括分布式存储、虚拟化技术和云平台服务，提供弹性的计算资源和数据存储。

❹ **工业互联网技术**：涵盖信息物理系统、服务网络架构、移动通信、移动定位和信息安全等，促进工业数据的集成和智能分析。

❺ **网络安全技术**：网络安全技术是指一系列保护网络系统免受未经授权访问、数据泄露、恶意攻击等威胁的信息安全技术。它涵盖了物理安全、系统安全、网络安全、应用安全等多个层面，通过实施安全策略、安全服务、安全机制等，确保网络环境的整体安全。网络安全技术包括但不限于防火墙技术、入侵检测与防御系统、数据加密技术、身份认证与授权技术、审计跟踪技术等。随着云计算、大数据、物联网等新兴技术的快速发展，网络安全技术也在不断演进和升级，以适应新的安全挑战和威胁。

❻ **VR和AR技术**：创建三维模拟环境或虚实结合的环境，提供视觉、听觉、触觉等多感官的沉浸式体验。VR和AR技术在产品体验、设计验证、工艺流程、工厂布局、生产监控和维修服务等多个环节都有广泛应用。

（3）人工智能技术

人工智能技术是指通过计算机科学、数学、统计学等多学科交叉融合的方法，开发出能够模拟实现甚至超越人类智能的技术，使计算机系统能够自主地完成感知、思考、学习和决策等复杂任务，如语音识别、图像识别、自然语言处理等。人工智能技术已广泛应用于医疗、金融、交通、智慧城市等多个领域，极大地提高了工作效率，并为人们的生活带来了诸多便利。

（4）智能优化技术

智能优化技术是指利用人工智能、大数据、机器学习等技术，对传统业务流程进行自动化、智能化改进的一种综合性技术手段。它有助于提高生产效率、降低成本、提升服务质量，并广泛应用于生产制造、医疗健康、供应链优化、电力系统优化等多个领域。智能优化技术通过算法的不断迭代和优化，能够找到接近最优解的解决方案，显著提高系统的性能和效率。

（5）大数据分析与决策支持技术

数据挖掘、知识发现和决策支持技术已经在制造流程中被广泛采用，而近年来大数据的兴起进一步推动了这些技术的研究与应用。大数据来源于设备实时监控、RFID数据收集、在线产品质量检测、远程产品维护等多个环节，与设计、工艺、生产、物流、运营等传统数据相结合，形成了工业大数据的集合。在制造业中，利用大数据分析能够预测生产过程中的异常趋势、追溯质量问题的根本原因、识别影响生产效率的瓶颈，进而为工艺改进、质量提升、设备预防性维护以及产品的改进设计等提供有利的决策依据。

（6）数字孪生技术

数字孪生技术是一种通过构建物理对象的数字映射，实现虚拟与现实同步的创新技术，集成了物联网、云计算、人工智能、大数据等多种前沿技术，能够对物理世界进行全方位的仿真和管理。通过传感器、数据分析、建模仿真等手段，将物理实体的状态和行为实时映射到虚拟空间中，形成一个与之对应的数字化模型。不仅可用于监测物理系统的运行状态，还能进行预测、优化和决策支持。

数字孪生技术在智能制造、城市规划、医疗保健等多个领域展现出巨大潜力，能够推动各行业的智能化、精准化管理，提高生产效率、优化资源配置，并降低运营成本，是应对数字化时代挑战的重要工具，为企业和社会带来了显著的效益和价值。

相关知识

（1）传统智能制造模式

在2010年之前，"智能制造"在中文语境中主要指的是传统意义上的智能制造概念。这一领域的兴起可追溯至20世纪80年代末，伴随着计算机集成制造系统（Computer Integrated Manufacturing System，CIMS）的研究热潮。其核心在于利用智能制造系统，实现制造流程的自动测量、自适应调节、自我诊断与学习功能，进而达成制造过程的柔性化与无人化操作。智能制造的表现形式广泛，涵盖了智能调度、设计、加工、操作、控制、工艺规划、测量与诊断等多个维度。

人工智能的深入应用，极大地促进了制造领域知识的获取、表达、存储与推理能力，加速了制造智能的发展与制造技术智能化的进程。为了克服传统人工智能在感知、理解、学习、联想及协作等方面的局限性，智能模拟方法迎来了新的发展阶段。这一时期，以数据为核心的计算智能技术备受瞩目，包括人工神经网络、模糊逻辑系统（Fuzzy Logic System，FLS）、启发式算法（Heuristic Algorithm，HA）以及多智能体系统（分布式人工智能）等。

例如，人工神经网络凭借其自学习能力、容错性、并行计算与联想能力，在处理模糊非线性映射问题上展现出独特优势，广泛应用于噪声环境下的预测、模式识别、制造过程控制与故障诊断。而面对制造过程中的复杂性、随机性与不确定性，模糊逻辑系统则擅长处理含有模糊信息的问题，如故障诊断、生产决策与控制等。

除此之外，启发式算法作为一类模拟自然过程、利用启发式规则加速问题求解的优化算法，包括群智能算法（如粒子群、蚁群、鱼群、蜂群算法等）、遗传算法、免疫算法、模拟退火及文化算法等，能够快速逼近复杂优化问题的解。多智能体系统则是由具备感知、通信、协作、学习及反馈等功能的智能体构成，通过划分大型复杂问题为若干子问题，各智能体间协同工作，自主决策，成为分布式人工智能研究的重要领域，广泛应用于柔性制造与智能制造中。然而，受限于人工智能技术的缓慢发展，传统智能制造技术在企业中的普及仍面临挑战。

（2）新一代智能制造模式

自2010年起，中文语境下的"智能制造"概念逐渐涵盖了智能制造（Intelligent Manufacturing，IM）、智慧制造（Smart Manufacturing，SM）或两者的综合表述。回溯2008年，IBM公司提出的

"智慧地球"构想,标志着新一代信息技术应用浪潮的兴起,这一系列技术革新依次涵盖了物联网、移动宽带、云计算、CPS以及大数据等前沿领域。新兴技术相较于传统IT技术,展现出独特的优势与特点,当它们被深度融入制造系统时,不仅深刻重塑了现有的制造模式与发展框架,还从多维度革新了制造业信息化的建设路径,显著拓宽了智能制造的边界与内涵。

新一代信息技术的蓬勃发展,强有力地推动了多种先进制造模式的涌现与成熟。这些模式包括但不限于:依托社会化媒体/Web 2.0平台构建的社会化企业模式,借助云计算技术赋能的云制造模式,以物联网为核心支撑的制造物联模式,基于泛在计算(Ubiquitous Computing,UC)理念的泛在制造模式,以及围绕CPS展开的工业4.0智能制造模式。此外,大数据技术的广泛应用更是催生了预测制造乃至主动制造等新兴制造模式,这些模式以数据为驱动,实现了对生产过程的深度洞察与前瞻规划。新一代信息技术的持续进步不仅为智能制造领域注入了新的活力,还引领了制造业向更加智能化、网络化、服务化的方向转型升级,为全球经济社会的可持续发展贡献了重要力量。

应用案例

智能制造模式的应用案例在多个行业中都有显著的体现,请分组讨论以下案例的应用。

❶ **上汽集团**:上汽集团在汽车制造领域积极探索数字孪生技术的应用。上汽大众MEB智能工厂通过数字孪生技术实现了生产全过程的智能化和数字化,提高了生产效率,降低了能耗和成本,为上汽集团在汽车制造领域的数字化转型树立了标杆。

❷ **中国商飞集团**:在飞机研发领域,中国商飞集团深入应用数字孪生技术,通过工业互联网平台搭建了数字化的协同建模仿真平台,显著降低了飞机的研发周期和成本,提高了产品的竞争力和市场响应速度。

❸ **中车青岛四方机车车辆股份有限公司**:在轨道交通领域,中车四方成功应用了数字孪生技术,其自主研制的新型城际市域智能列车CINOVA 2.0搭载了数字孪生技术,实现了列车状态的全面自感知、故障自诊断和维护自决策,提升了列车的智能化水平和降低了全寿命周期的检修维护成本。

❹ **华为技术有限公司**:华为技术有限公司在数字孪生领域的应用广泛且深入。华为云河图KooMap平台通过综合应用实景三维建模、建筑信息模型(Building Information Modeling,BIM)等技术,实现了城市规划设计、城市治理等场景的数字孪生。在北京坊商区等项目中,华为利用数字孪生技术打造了AR智慧商圈,为市民提供便捷的导航服务和丰富的互动体验。

华为云河图

以上这些案例展示了智能制造技术在不同行业中的应用,以及它们如何帮助企业提高生产效率、降低成本、提升产品质量,并实现更加灵活和可持续的生产。随着技术的不断进步,智能制造的潜力将进一步释放,为制造业的未来发展提供更多可能性。

知识测试

评价

在场景1.2的成绩构成中，应用案例环节占据了核心地位，具体分为三个部分：分组讨论、分组汇报以及个人分享，这三部分合计占总成绩的60%。

首先，分组讨论，鼓励学生围绕上汽集团、中国商飞集团、中车青岛四方机车车辆股份有限公司、华为技术有限公司等实际案例进行深入探讨，激发团队合作精神和创新思维。每个小组的成员需要共同分析案例背景、识别关键问题，并提出解决方案。这一过程不仅锻炼了学生的问题解决能力，还促进了团队成员之间的沟通与协作。

其次，分组汇报环节，各小组需将讨论成果以报告或演讲的形式呈现出来，向全班展示他们的分析与见解。汇报过程既是对讨论成果的总结，也是对团队协作能力和表达能力的一次检验。通过这一环节，学生能够学会如何清晰、有条理地表达自己的观点，同时从其他小组的汇报中汲取灵感和新的知识。

最后，个人分享部分则要求每位学生基于自己在案例学习过程中的感悟和收获，进行简短而精练的陈述。这不仅为学生提供了一个展示自我、表达个性的平台，也促进了班级内部的相互了解和思想碰撞。

除了应用案例环节外，知识测试部分占总成绩的40%。知识测试采取自评、互评和教师评价相结合的方式，全面评估学生对智能制造相关知识的掌握程度和应用能力。自评环节鼓励学生进行自我反思，诚实地评估自己的学习成效；互评则通过学生之间的相互评价，增进彼此之间的了解，同时培养学生的批判性思维和客观评价能力；教师评价则基于学生的整体表现，给予专业、全面的反馈。

场景 1.3 未来的智能制造

目前,中国已成为全球第二大数字经济体,预计到2027年,中国数字经济市场规模将达到107.5万亿元,其中产业数字经济比重超过90%。

由此可见,未来的智能制造必将蓬勃发展,逐步进入高级阶段。它将深度融合物联网、大数据、云计算、人工智能等先进技术,实现产品设计、生产、管理和服务等全生命周期的数字化、网络化和智能化。生产过程将具备高度的灵活性和可重构性,能够快速适应市场变化;智能设备和系统将实现自主感知、决策和执行,显著提高生产效率和产品质量;同时,通过数据分析和优化,智能制造还将推动制造业向更加绿色、可持续的方向发展。

场景描述

时间设定在不远的未来,2035年春季的一个阳光明媚的早晨,你作为一名对未来科技充满好奇的学生或研究人员,受邀参加一场由顶尖科研机构与企业联合举办的"智能制造未来展望"高级研讨会。这场盛会选址于一座融合了自然美景与现代科技感的智慧园区内,园区内绿树成荫,但又有科技感十足的建筑群落,每座建筑都仿佛在诉说着智能制造的无限可能。

关键技术

在未来的智能制造领域,关键技术将包括以下几个方面。

(1) AI技术

通过数据分析和机器学习模型,帮助企业精确预测市场需求、优化生产计划、提高生产效率,并降低人工错误和生产成本。AI技术在生产线上的应用能够实现自动化和智能化。例如,机器人在生产线上与人工协同工作,通过视觉识别、深度学习等技术,实现高效的自动化装配、检测和包装。

（2）云计算与大数据

智能制造依赖于强大的数据采集与分析能力，需要依托云计算平台实现信息的共享与存储。大数据技术通过对海量数据的实时分析，能够帮助企业做出更加精准的生产调整决策。

（3）数字孪生技术

通过对实体产品进行高精度建模，实现虚拟模型与实体产品的实时数据同步，确保虚拟与现实的紧密结合。在设计阶段就可以对产品的性能进行准确预测和优化。

（4）工业物联网技术

实现物理设备、传感器、控制系统等的互联，实现数据的实时采集、传输和分析，为智能制造提供基础的数据支持。

（5）高级分析与优化技术

利用先进的算法和模型，对制造过程中的数据进行深度分析，发现潜在问题并进行优化，提高生产效率和产品质量。

相关知识

在21世纪的科技浪潮中，智能制造作为新一代信息技术与制造业深度融合的产物，正以前所未有的速度改变着全球工业的面貌。它不仅是一场技术革命，更是对传统生产模式、供应链体系、商业模式乃至社会结构的深刻重塑。接下来我们将深入探讨智能制造的未来发展趋势，展望其如何引领全球工业迈向更加智能、高效、可持续的新时代。

（1）智能制造的未来趋势

❶ **高度集成化与协同化**。未来，智能制造系统将更加注重各环节的紧密集成与高效协同。通过构建统一的数字平台，实现设计、生产、供应链、销售等全生命周期数据的无缝对接与实时共享，打破信息孤岛，提升整体运营效率。基于云计算、边缘计算等技术，实现跨企业、跨行业的资源优化配置与协同作业，形成更加灵活、高效的产业生态。

❷ **深度智能化与自主化**。随着人工智能技术的不断成熟，智能制造将向更高层次的智能化迈进。AI算法将更深入地融入产品设计、工艺优化、质量控制、设备维护等各个环节，实现生产过程的自我学习、自我优化与自我决策。此外，智能机器人、自主移动机器人等智能装备将更加普及，它们将具备更强的环境感知、自主导航、精准作业能力，进一步减少人工干预，提升生产自动化水平。

❸ **绿色化与可持续发展**。面对全球气候变化和资源环境约束，绿色制造成为智能制造的

重要发展方向。未来，智能制造将更加注重节能减排、资源循环利用和生态环境保护。通过优化生产工艺、采用清洁能源、实施循环经济等措施，降低生产过程中的能耗和排放，提升产品环保性能，推动制造业向绿色低碳转型。

❹ **服务化与个性化**。随着消费者需求的日益多样化和个性化，智能制造将更加注重服务增值与产品定制化。通过大数据分析、云计算等技术，精准捕捉消费者需求，实现产品的快速迭代与个性化定制。拓展增值服务领域，如远程运维、预测性维护、智能物流等，提升客户体验，增强企业竞争力。

❺ **全球化与网络化**。在全球化背景下，智能制造将促进全球供应链的深度融合与高效协同。通过构建全球性的数字平台，实现跨国界、跨行业的资源共享与优化配置。同时，利用物联网、区块链等技术，提升供应链的透明度和安全性，降低交易成本，增强供应链的韧性和灵活性。

（2）面临的挑战与对策

❶ **技术挑战**。尽管智能制造技术发展迅速，但仍面临诸多技术瓶颈，如AI算法的精度与效率、智能装备的自主性、可靠性、网络安全与数据隐私保护等。为解决这些问题，需加大研发投入，推动技术创新，加强国际合作与交流，共同攻克技术难关。

❷ **人才短缺**。智能制造的快速发展对人才提出了更高要求，既需要掌握先进技术的专业人才，也需要具备跨界融合能力的复合型人才。需加大人才培养与引进力度，完善教育体系，推动产学研用深度融合，为智能制造提供坚实的人才支撑。

❸ **标准化与互操作性**。当前，智能制造领域缺乏统一的标准体系，不同厂商、不同系统之间的互操作性较差，影响了智能制造的普及与应用。需加强标准化工作，推动国际标准的制定与实施，促进不同系统之间的互联互通与数据共享。

❹ **法律法规与伦理问题**。随着智能制造的深入发展，相关法律法规与伦理问题日益凸显，如数据保护、隐私安全、责任归属等。需加强法律法规建设，完善监管机制，保障智能制造的健康发展；加强伦理教育与研究，引导企业和社会各界树立正确的价值观与道德观。

（3）智能制造在未来的深层影响

❶ **深层经济影响**。智能制造的深入发展将不仅仅局限于生产效率的提升和成本的降低，它还将对全球经济结构产生深远影响。一方面，智能制造将加速传统制造业的转型升级，推动低附加值、高能耗、高污染的生产方式向高技术、高附加值、绿色低碳的方向转变。这将促进全球产业链的重新布局和资源的优化配置，形成更加高效、可持续的全球经济体系。另一方面，智能制造将催生出一系列新兴产业和新兴业态，如智能制造装备、工业互联网、智能服务机器人等，为全球经济增长注入新的动力。这些新兴产业不仅将带动相关产业的发展，还将促进就业结构的优化和人才素质的提升，为全球经济社会的可持续发展奠定坚实基础。

❷ **社会文化变革**。智能制造的普及将深刻改变人们的生活方式和社会文化。随着智能产品的普及和个性化定制服务的兴起，人们的消费需求将更加多元化和个性化，促使企业更加注重消费者体验和服务质量，推动企业从产品经济向服务经济转变。同时，智能制造的发展还将

促进工作方式的变革。智能工厂和智能生产线的出现将大大减少人工操作的需求,提高生产效率。这也将引发人们对失业和就业结构变化的担忧。因此,如何平衡技术进步与就业保障之间的关系,成为一个亟待解决的问题。

(4) 智能制造的技术前沿与社会影响

❶ **人工智能与机器学习的深度融合。**未来,智能制造的核心驱动力将是人工智能与机器学习的深度融合。AI算法将不仅限于优化生产流程、预测维护等传统应用,而是将深入产品设计的创新、生产过程的即时决策以及供应链的动态调整中。随着算法的不断进步和数据的持续增长,AI将具备更强的自主学习能力和创新能力,推动制造业向更加智能化、灵活化的方向发展。

❷ **数字孪生与虚拟现实的融合应用。**数字孪生技术作为智能制造的重要组成部分,将实现物理世界与数字世界的无缝连接。通过构建高度精确的虚拟模型,企业可以在虚拟环境中进行产品设计、工艺优化、设备调试等工作,大幅减少试错成本和时间。同时,结合虚拟现实和增强现实技术,将使得操作员能够直观地理解复杂设备的工作原理和操作流程,提高培训效率和操作安全性。

❸ **区块链技术在供应链管理中的应用。**区块链技术以其去中心化、透明性和不可篡改性等特点,在智能制造的供应链管理中展现出巨大潜力。通过区块链,可以实现对供应链上各个环节的数据进行实时追踪和验证,提高供应链的透明度和可追溯性。此外,区块链还可以用于智能合约的自动执行,确保交易的真实性和安全性,降低交易成本和风险。

❹ **就业结构的转型与升级。**智能制造的发展将不可避免地对就业结构产生深远影响。一方面,传统制造业的就业岗位可能会因自动化和智能化而减少;另一方面,新兴产业和新兴业态的崛起将创造大量新的就业机会。政府和企业需要积极应对就业结构的变化,通过加强职业教育和培训、推动创新创业等方式,帮助劳动者提升技能水平和适应能力,实现就业结构的转型与升级。

❺ **社会伦理与道德的挑战。**随着智能制造技术的深入应用,一系列社会伦理与道德问题逐渐浮现。例如,如何确保AI算法的公平性和透明度?如何防止智能设备被用于非法活动或侵犯个人隐私?这些问题需要政府、企业和社会各界共同思考和解决。在制定相关政策和法规时,应充分考虑伦理道德因素,确保技术的发展符合社会价值观和道德标准。

❻ **城乡差距与区域发展的平衡。**智能制造的发展可能会加剧城乡差距和区域发展的不平衡。一方面,大城市和发达地区由于拥有更多的资源和优势条件,更容易吸引智能制造企业的落户和发展;另一方面,中小城市和农村地区可能因资源匮乏和技术落后而面临发展困境。政府需要采取有效措施促进区域协调发展,加大对中小城市和农村地区的支持力度,推动智能制造技术在更广泛地区的普及和应用。

❼ **构建智能制造新生态。**未来,智能制造将不仅仅是一种技术手段或生产方式,而将逐渐成为一种全新的工业生态和社会形态。企业、政府、科研机构、教育机构以及社会各界将紧密合作、共同创新,推动制造业向更加智能化、绿色化、服务化的方向发展。

智能制造作为未来制造业的核心竞争力所在,其发展前景广阔而充满挑战。面对全球工业变革的浪潮，我们应积极拥抱智能制造技术，加强技术创新与人才培养，推动产业转型升级；同时，注重绿色发展与可持续发展理念的融入，构建更加开放、协同、包容的智能制造生态体系。相信在不久的将来，智能制造将引领全球工业迈向更加智能、高效、可持续的新时代。

应用案例

借助VR技术、大数据分析、人工智能算法以及丰富的智能制造案例资源，为学生打造一个沉浸式、互动式的学习环境。通过模拟真实或超前的智能制造场景，帮助学生深入理解智能制造的核心技术、应用场景及未来趋势。

（1）案例分析

❶ "未来工厂"探索。学生佩戴VR头盔，即可"走进"一个高度智能化的"未来工厂"。在这里，他们可以自由穿梭于自动化生产线、智能仓储系统、智能物流网络等各个区域，近距离观察机器人如何高效协作完成生产任务，感受智能制造带来的震撼与便利。

❷ 技术原理剖析。通过3D动画和互动演示，深入浅出地讲解智能制造涉及的关键技术，如物联网、云计算、大数据分析、人工智能算法等。学生可以在虚拟环境中进行深度体验，加深对技术原理的理解。

❸ 案例分析与实践。开展多个行业领先的智能制造案例分析，覆盖汽车制造、航空航天、电子信息等多个领域。学生可以通过VR技术，身临其境地参与案例分析，了解智能制造技术在实际生产中的应用效果，以及如何解决具体问题。

（2）学习成效

VR技术的沉浸式体验极大地提高了学生的学习兴趣和参与度，使他们能够更加主动地投入智能制造的学习中。

通过模拟真实场景案例分析，学生能够更深入地理解智能制造的理论知识，并在实践中锻炼解决问题的能力。

知识测试

评价

在场景1.3的成绩构成中,应用案例环节占据了核心地位,具体分为三个部分:分组讨论、分组汇报以及个人分享,这三部分合计占总成绩的60%。其中分组讨论鼓励学生围绕"未来工厂"探索、技术原理剖析、案例分析与实践等实际案例进行深入探讨,激发团队合作精神和创新思维。每个小组的成员需要共同分析案例背景、识别关键问题,并提出解决方案。这一过程不仅锻炼了学生的问题解决能力,还促进了团队成员之间的沟通与协作。

除了应用案例环节外,知识测试部分占总成绩的40%。知识测试采取自评、互评和教师评价相结合的方式,全面评估学生对智能制造相关知识的掌握程度和应用能力。自评环节鼓励学生进行自我反思,诚实地评估自己的学习成效;互评则通过学生之间的相互评价,增进彼此之间的了解,同时培养学生的批判性思维和客观评价能力;教师评价则基于学生的整体表现,给予专业、全面的反馈。

课题二
智能设计技术

  智能设计是智能制造的前提和基础,通过设计将客观世界的信息经过人类主观的处理,转变成产品制造方案,再加工、组装成我们需要的实物。三维数字化建模在智能设计中起到了关键性作用;数字孪生模型、虚拟仿真协作设计平台等帮助企业"零成本"试错,在设计阶段即可高效完成产品功能、工艺、性能、结构强度等方面的验证。

场景 2.1 智能设计系统

智能设计系统可以模拟领域专家进行"设计—评价—再设计"的创新设计过程，为产品的不同设计阶段提供智能决策支持。它要解决的问题是如何把人类知识与需求通过设计过程建立起关联，实现设计价值。智能设计系统涉及人类自身智能、机器智能、设计手段、认识过程等基本理论问题。

场景描述

小吴入职一家设备制造公司担任结构设计员。领导要求小吴设计一个连接杆零件，给了他应用环境、参数要求、材料、数量、被连接件模型等条件。然后小吴带着这些信息到车间实际环境去查看。经过几天构思，他开始着手画图。后来，他发现，一方面自己经验不足；另一方面零件结构设计有些复杂，自己没有耐心画下去。于是他想到了AI辅助智能设计，尝试了几个常用的AI辅助学术研究工具，发现很难找到直接满足要求的设计方案，只有一些关于思路、方法的文字和一些并不适用的图片。小吴认为AI在机械设计工作中发挥不了有价值的作用，只好重新开始手工设计画图。

分析：小吴有这样的感受，是因为对智能设计系统认识不足，分不清自己在设计活动中的角色定位。设计是现有素材、约束和人类创新思想综合作用的结果。以上事例中领导所提要求就是约束和部分创新思想，然后就是小吴实现目标过程中的创意。在设计中，基本上都要利用前人的设计成果，包括技术文件、论文、专利、专著、国家和行业标准、法律法规等，也就是AI工具所能提供的那些信息。目前，人工智能所建立的专家系统，无论是专业的还是通用的，都是对前人经验的总结归纳，通过智能算法进行存储与检索，再提供给用户使用，并且以文字为主。这与小吴的初衷相去甚远，也就是说，设计工作的主要贡献还是要靠人的智慧，是在原有基础上的再创造，而AI只是辅助工具。

（1）对设计过程的再认识

智能设计系统的发展取决于对设计过程本身的理解。尽管人们在设计方法、设计程序和设计规律等方面进行了大量探索，但从计算机化的角度看，目前的设计方法学还远不能适应设计技术发展的需求，仍然需要探索适合于计算机处理的设计理论和设计模式。人类对设计中产品知识的推理和利用基本逻辑如图2-1所示。

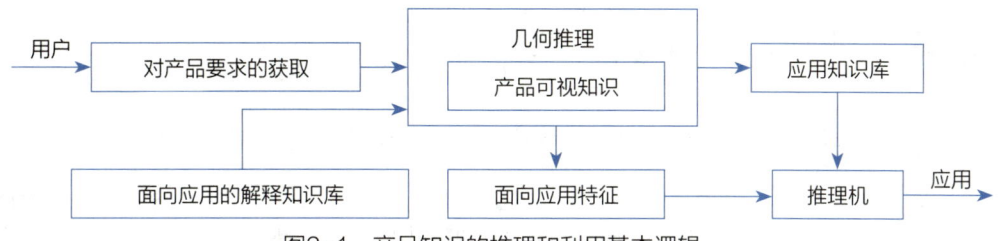

图2-1　产品知识的推理和利用基本逻辑

前述场景中，小吴在工作中的误解就源于对设计过程的认识不够清楚，忽略对已有设计经验的再设计，以适应新的、个性化的需求。

（2）知识的获取与表示

小吴根据在车间参观学习得到的直觉印象，通过构思形成概念模型，在计算机上设计建立数字化模型，实现了从现实世界到计算机世界的知识映射。

产品设计的本质是以知识为核心的智力资源处理活动，是知识获取、处理、创造和发现的过程。基于知识的智能设计是将人类智力行为通过人工智能技术附加于设计工具或计算机软件系统之中，在一定程度上帮助人类工程师进行推理求解和决策。

❶ 知识的映射过程。知识是人类对客观世界的认识和经验，是把有关信息关联在一起所形成的信息结构。它具有以下特点：相对正确性，任何知识都是在一定条件和环境下产生的；在特定的条件和环境下才是正确的；不确定性，是由随机性、模糊性、经验、不完全性引起的；可表示性与可利用性，知识可以用适当的形式表示出来，如语言、文字、图形、神经网络等。

知识与信息、数据的区别在于，数据（数值、符号）通常只是事物的名称，单个的数据本身不能说明什么，它只是代表一个事物的符号而已，如图2-2所示。信息通过数据之间的某种联系，揭示出有意义的概念。而知识则应当定义为人类对于客观事物规律性的认识。

图2-2　知识与信息、数据的关系

知识映射需要解决两个问题：既要把现实世界作为一个服务对象，解决现实世界中存在的问题；又要把现实世界作为自己发展的基础和源泉。

从现实世界到计算机世界的转换或映射并不是直接完成的，还要经过建模阶段。设计知识模型实际上是从现实世界到逻辑世界的映射，它的建立最终是在逻辑世界完成的，如图2-3所示。若要进一步利用和实施设计知识模型以完成设计任务，则要将逻辑世界中的设计知识模型映射到计算机世界中去。因此，三个世界之间有两种映射关系存在，分别对应前面所说的智能设计的两大任务。

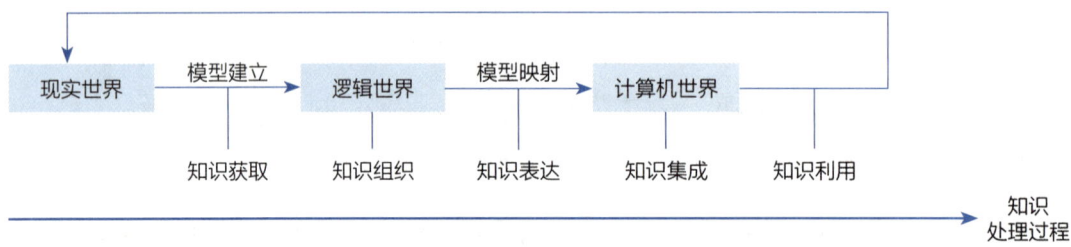

图2-3　现实世界到计算机世界的知识映射

智能设计通过对设计师抽象思维的模拟，以逻辑推理的方式达到设计方案的创新。许多创新设计往往是借助形象思维加以实现的，应用基于符号知识推理的方法来求解，这属于逻辑思维。

❷ **知识的机器表示**。设计过程是一个非常复杂的过程，它涉及多种不同类型知识的应用，因此单一知识表示方式不足以有效表达知识。

机器表示知识的过程就是将人类知识形式化或者模型化。简单来说，计算机是通过以下逻辑实现知识表示：

$$知识表示=数据结构+处理机制$$

其中，数据结构是对信息的记载形式，处理机制主要涉及的方法有谓词逻辑表示法、语义网络表示法、框架表示法、过程表示法、Petri网表示法、面向对象表示法、人工神经网络表示法。

例如，可以用语义网络表示法阐释人类对黄果树大瀑布的知识，如图2-4所示。

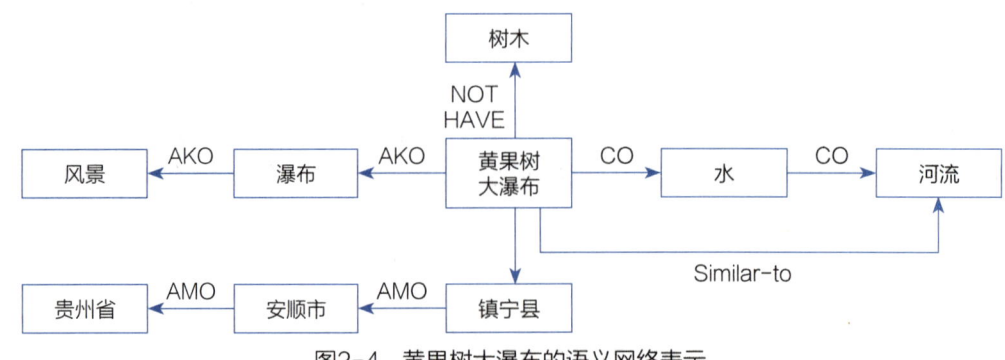

图2-4　黄果树大瀑布的语义网络表示

其中：

从属关系：

    AKO（A-Kind-Of）：属于……类型。

    AMO（A-Member-Of）：是……的成员。

    ISA（Is-A）：是一个……。

包含关系：

    APO（A-Part-Of）：是……的一部分。

    CO（Composed-Of）：由……构成。

属性关系：

    Have：有……属性。

    Can：能够做……事情。

时间关系：

    Before：在……时间之前。例如：小明毕业Before小王毕业。

    After：在……时间之后。

位置关系：

    On：在……上。

    At：在……位置。

    Under：在……之下。

    Inside：在……之内。

    Outside：在……之外。

相近关系：

    Similar-to：与……相似。

    Near-to：接近于。

推论关系：

    BO（Because-Of）：由于……。

    FOR：为了……。

    THEN：则……。

    GET：得到……。

布尔逻辑：

    NOT：非。

    AND：与。

    OR：或。

（3）设计意图模糊交互

良好的人机界面对智能设计系统是十分必要的，对于复杂的设计任务以及设计过程中的某些决策活动，在设计专家的参与下，可以得到更好的设计效果，从而充分发挥人与计算机各自的长处。数控机床编程操作人机界面如图2-5所示。

图2-5 数控机床编程操作人机界面

用户希望直接告诉计算机他们想要什么，而不是如何做。人的意图往往是模糊的，而计算机的知识表示是非常清晰的，这就意味着人机交互存在固有冲突。智能人机界面的研究是为了帮助计算机了解用户，帮助用户更好地使用计算机，致力于将没有思想、没有个性、没有观点的计算机变成一个有思想、有个性、有观点的智能机器人。智能人机界面通过将人工智能技术、认知科学、计算机科学等多种科学结合起来，对交互中的任务模型、人类行为、用户模型等交互系统要素进行研究，缩短计算机交互系统和人之间的认知距离，创造人和计算机共同参与设计过程的快捷通道。

（4）多种推理机制的综合应用

智能设计系统中，除了演绎推理外，还应该包括归纳推理、基于案例的推理、各种基于不完全知识的模糊逻辑推理方式等。上述推理方式的综合应用，可以博采众长，更好地实现设计系统的智能化。

以基于案例的推理（Case-based Reasoning, CBR）方法为例，其核心精神是用过去成功的案例和经验来解决新问题。研究表明，设计人员通常依据以前的设计经验来完成当前的设计任务，并不是每次都从头开始，CBR的一般步骤为：提出问题，找出相似案例，修改实例使之完全满足要求，将最终满意的方案作为新案例存储于案例库中。CBR中最重要的支持是案例库，关键是案例的高效提取。CBR的特点是对求解结果进行直接复用，而不用再次从头推导，从而提高了问题求解的效率。另外，过去求解成功或失败的经历可用于动态地指导当前的求解过程，并使之有效地继续取得成功，或者避免重犯已知的错误。

相关知识

（1）机械产品设计一般流程

❶ **产品规划**：该阶段需要进行市场调研，各部门参加头脑风暴，决策层确定项目决心，

然后输出设计任务书以明确设计要求。

❷ **方案设计**：也称为概念设计。在满足设计任务书中具体要求的前提下，由设计人员构思提出多种可行方案并进行分析比较，从中选出一种原理可行、结构合规、性能满足要求、工作可靠、生产制造可实现、成本位于可接受区间的折中方案，即所谓优选方案。确定方案后输出原理图或者机械结构图、机构运动简图等。

❸ **技术设计**：也称为细节设计。首先，进行图纸/模型设计，包括总体外形、几何结构、材料、标准件选型等。其次，确定总体布局图、零件图、部件装配图以及总装配图。最后，编写技术文件，包括产品的加工、验收、试运行以及图纸等技术文档的编制。该阶段应当输出工程图纸、工艺文件、BOM（物料清单）表等。

❹ **试制及试验**：制造出样机、性能测试（通常由第三方专业机构完成）、实际试用，然后修改、鉴定，输出型号定型文件。

机械产品设计一般流程如图2-6所示，其中技术设计是产品研发过程中的核心阶段。

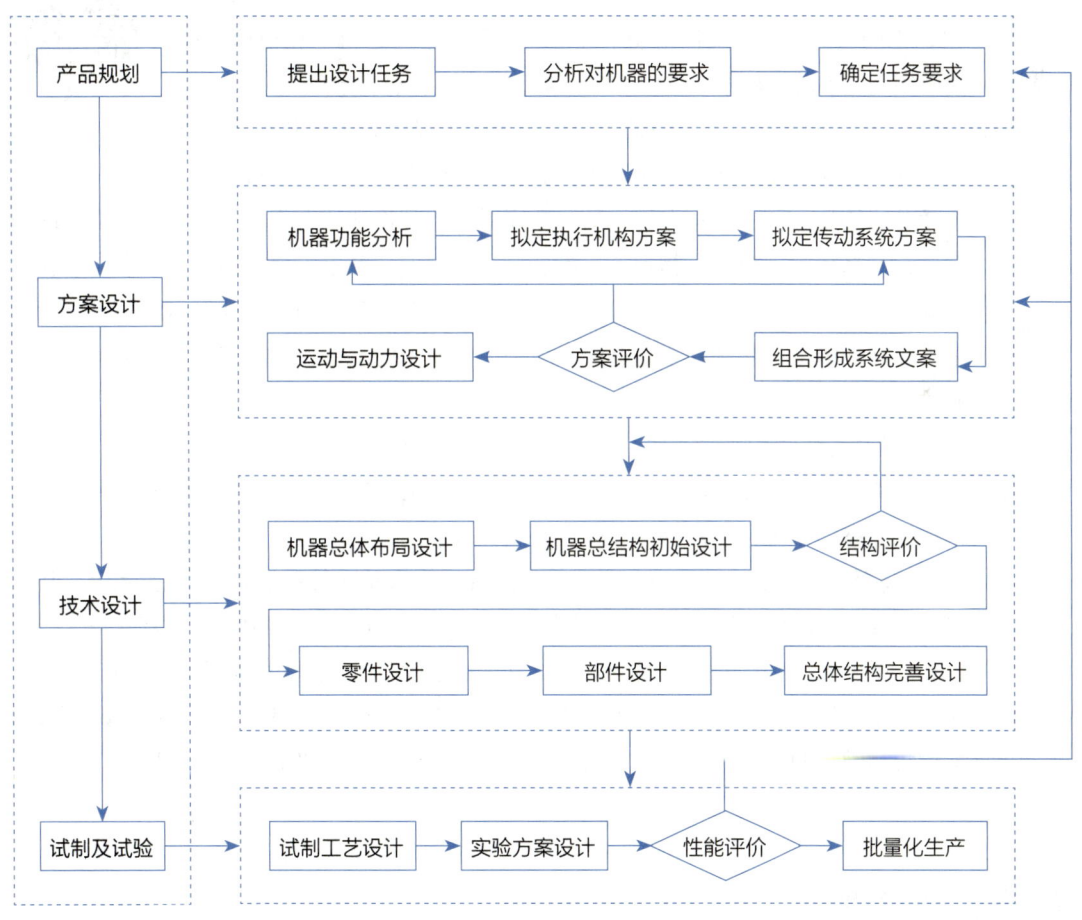

图2-6　机械产品设计一般流程

（2）智能设计系统的主要功能

❶ **产品设计与开发**：在考虑社会、环境、健康、安全、法律和文化等制约条件下，设计

针对现代工业产品/系统的智能制造流程，体现创新意识，并确保可持续性。

❷ **技术研究与开发**：包括智能装备、生产线的设计、安装、调试、管控和应用，以及智能制造虚拟仿真技术的研究、开发和应用。

❸ **系统集成和管理**：进行系统集成，使用现代工具，如信息技术和工程工具，对智能制造过程中的复杂问题进行预测和模拟，并理解其局限性。

❹ **数据分析与优化**：利用大数据、人工智能等技术对生产数据进行分析，优化生产流程和提高效率，如通过机器学习算法进行动态智能排产，提高生产效率和减少资源浪费。

❺ **智能检测与质量管理**：在智能制造中，智能在线检测技术的应用可以提高产品检测的速度和质量，降低次品率，并通过分析次品原因来优化产品设计与生产工艺。

（3）专家系统

专家系统（Expert System，ES）是人工智能中最重要的也是最活跃的一个应用领域，它实现了人工智能从理论研究走向实际应用、从一般推理策略探讨转向运用专门知识的重大突破。20世纪60年代初，出现了运用逻辑学和模拟心理活动的一些通用问题求解的程序，它们可以证明定理和进行逻辑推理。1968年，费根鲍姆（E. A. Feigenbaum）等在总结通用问题求解系统的成功与失败经验的基础上，结合化学领域的专门知识，研制了世界上第一个专家系统"dendral"，可以推断化学分子结构。随后二十多年，随着专家系统的理论和技术不断发展，其应用渗透到几乎各个领域，包括化学、数学、物理、生物、医学、农业、气象、地质勘探、军事、工程技术、法律、商业、空间技术、自动控制、计算机设计和制造等众多领域，开发出的几千个专家系统，其中不少在功能上已达到甚至超过同领域中人类专家的水平，并在实际应用中产生了巨大的经济效益。

什么是人工智能中的专家系统

专家系统的发展已经历了三个阶段，正在向第四代过渡和发展。

第一代专家系统（dendral、macsyma等）以高度专业化、求解专门问题的能力强为特点。但在体系结构的完整性、可移植性等方面存在缺陷，求解问题的能力弱。

第二代专家系统（mycin、casnet、prospector、hearsay等）属单学科专业型、应用型系统，其体系结构较完整，移植性方面也有所改善，而且在系统的人机接口、解释机制、知识获取技术、不确定推理技术、增强专家系统的知识表示和推理方法的启发性、通用性等方面都有所改进。

第三代专家系统属多学科综合型系统，采用多种人工智能语言，综合采用各种知识表示方法和多种推理机制及控制策略，并开始运用各种知识工程语言、骨架系统及专家系统开发。

应用案例

专家系统在智能设计系统中处于基础性地位，是近代人工智能的发展热点之一，有了专家系统的加持，产品设计过程大大缩短，对复杂情况的判断显著增强，尤其适用于模式识别、法律、医疗等知识密集型行业。这方面有许多成功的开发案例。

动物识别系统是一个用以识别虎、金钱豹等7种动物的小型专家系统：

- 系统结构（图2-7）
- 知识表示
- 适用知识的选取
- 推理的结束条件
- 推理过程

知识用产生式规则表示，相应的数据结构为：

struct RULE-TYPE{

char result;

int lastflag;

struct CAUSE-TYPE*cause-chain;

struct RULE-TYPE next:

};

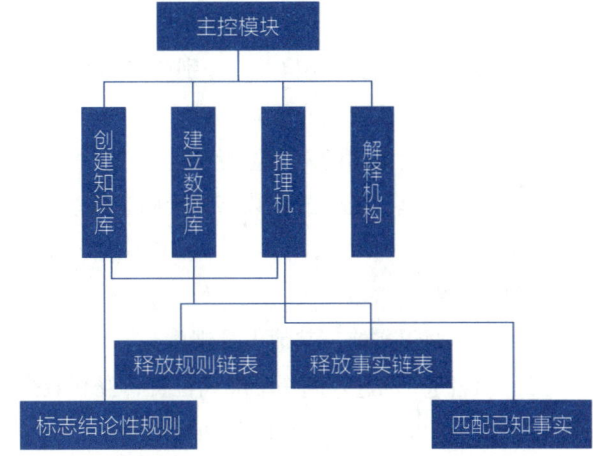

图2-7 动物识别专家系统结构

已知事实用字符串描述，连成链表，其数据结构为：

struct CAUSE-TYPE{

char cause;

struct CAUSE-TYPE*next:

};

为了进行推理，就需要根据数据库中的已知事实从知识库中选用合适的知识。

适用知识：若知识的前提条件所要求的事实在数据库中都存在，就认为它是一条适用知识。

当有如下两种情况之一时可终止推理：

❶ **知识库中再无可适用的知识**。对于这种情况，只要检查一下当前知识库中是否还有知识的前提条件可被数据库的已知事实满足，且为未使用过的知识，就易得知。

❷ **经推理求得了问题的解**。扫描知识库的每一条规则，若一条规则的结论在其他规则的前提条件中都不出现，则这条规则的结论部分就是最终结论，此时就可终止推理过程。

含有最终结论的规则称为结论性规则。对于结论性规则，可为它作一标志，每当推理机用到带标志的规则进行推理时，推出的结论必然是最终结论，此时就可终止推理过程。

技能练习

目的：

将真实事物通过设计中的映射过程提取知识，将其转变成设计模型。通过练习辅助理解智能映射、决策与综合评价过程。

任务：

重建人物形象。

准备：

1. 将学生分组，每组4人，分别命名为A、B、C、D；
2. 其中有一人要具有绘画基础；
3. 准备相对隔离的两个位置；
4. 准备画笔、纸，或者数字化绘画工具。

实施步骤：

1. 选择两组实施，其他人员观摩；
2. 两名选手A进入同一个隔离位置，互相观察1分钟；
3. 选手A回到各自的组内，两组隔离；
4. 选手A根据记忆将对方形象用语言讲述给选手B；
5. 选手B将所听到的描述，用文字记录在纸上；
6. 选手C根据纸上的文字记录绘制人物形象，可以在纸上手绘，也可以借助数字化手段实现；
7. 选手D对绘制效果进行修正补充；
8. 观摩人员观察比对两组的绘画与真人的形象，给出相似度评分或直接给出结论性评价，评出优胜组。

评价：

教师根据双方参与度、完成度进行讲评，着重联系前述的设计学习中对知识加工过程进行解读，让学生理解智能化设计过程。注意避免对绘画效果进行评价。

评价

学生完成智能设计系统场景的学习，可以根据学习情况进行自我评价和教师评价，作为评判平时成绩的依据之一。学习评价记录表见附录2。

场景 2.2 方案智能设计

方案设计是产品制造方案的产生和决策阶段,是最能体现设计智能化的阶段,也是设计全过程智能化必须突破的难点。

场景描述

在一起刑事案件侦察中,警察找到了现场目击证人,证人曾经见过犯罪嫌疑人。案发现场周边没有监控。这些情况让办案警察很难获得准确的线索锁定具体嫌疑人。于是专案组想到用3D打印技术制造出一个嫌疑人模型,以供警方研究案情。

先让目击证人回忆嫌疑人的外观特征,3D建模人员再根据这些零零碎碎的信息,从人体特征库中优选素材,逐步拼接、修改,建立相对完整的人体模型。该模型必须随时可以修改,能够尽可能准确地反映目击证人传达的信息,因为人的回忆是逐渐清晰的,可能需要随时补充进模型。如有多名证人,则要能综合多方面的描述进行折中、优化,并且与实际的人类体貌相符、各项特征互相协调。个别证人提供的信息有些可能不可靠、不真实、不具体,甚至存在人为的误导,需要甄别、比较、筛选,选取最合理的方案进行建模。

当模型建立完成,打印出实体模型后,让证人、初步锁定的侦查对象的邻居、亲友等人员进行辨识,再结合心理测试,基本上可以完成模型的最终构建。有了该模型,就可以通过对重点范围的视频监控进行图像采集、智能识别,从而快速、准确、自动地找到犯罪嫌疑人。

这里3D模型的构建就是一种典型的方案设计过程。设计出的模型是设计方案的物理表现,这为后续其他工作提供了必要基础。

关键技术

(1)智能工程

智能设计与智能工程紧密相连。人们根据知识做决策。如果想用计算机来辅助决策,就必须设法用计算机来自动化地处理各种各样的知识,进而实现决策的自动化,这就是智能工程要研究的问题。

在设计工作中运用智能工程，主要任务就是要研究把哪些事情交给计算机做、如何去做，人的智能如何与计算机的智能相配合，解决的是设计中的人机分工问题。

在未来的高度自动化、集成化复杂系统中，只要计算机能做的，做得比人好的，就要尽量由计算机做。制造自动化将真正最大限度地把人从简单劳动中解放出来，只集中在最有创造力的脑力劳动上。决策自动化将使人类生产力发展到一个前所未有的高度。智能工程则是达到这样一个高度的云梯。

（2）联想设计

联想设计可分为两类：一类是利用工程中已有的设计事例进行比较，获取现有设计的指导信息，这需要收集大量良好的、可对比的设计事例，对大多数问题是困难的；另一类是利用人工神经网络数值处理能力，从试验数据、计算数据中获得关于设计的隐含知识，以指导设计。这类设计借助于其他事例和设计数据，实现了对常规设计的突破，称为联想设计。

（3）参数化设计

机械产品中存在大量的标准件，如键、销、螺钉、螺母和轴承等，此外还有很多零件的形状是相似的。如果能赋予这些形体一组定义的参数，当改变这些参数的数值时若形体可随之发生改变，可大大提高设计的效率，这就是参数化设计技术。模型的参数化就是给形体施加约束，而模型的参数通常与形体的工程尺寸等参数有关。

程序化建模和参数化建模有什么区别？

模型的参数化有三种形式：二维图形参数化、三视图的参数化和三维特征参数化。其中，三维特征参数化可以提供很完整的工程信息和灵活的建模手段，成为重要的辅助设计手段。

参数化设计技术的另一种应用是构建约束的设计系统，随着设计的不断深入，可以逐步施加和修改约束，直至最终产生出设计形体。

（4）智能决策

"设计"是人类生产和生活普遍存在而又非常重要的活动，其中包括大量广泛的依据知识做决策的过程。例如，根据一项产品的使用功能、性能指标、市场可接受价格和制造工艺条件水平的限制等因素确定产品的方案、参数直至零部件的具体结构和尺寸，显然这里面包含着大量决策工作。

现代设计建立了许多自动化设计方式，但是自动化并不就意味着设计的智能化，只是对遵循逻辑和物理规律的约束方程组的求解。设计是复杂的分析、综合与决策活动，可以认为智能设计是决策自动化技术在设计域中应用的结果。

决策主要分为三种类型：设计过程决策、技术方案决策、可接受性决策。

设计过程决策是规划决策，它决定设计的下一步做什么，怎样进行下一步的工作，是否进行分析，利用什么样的资源等。

技术方案决策是安排具体的技术问题，如材料选择、几何形状、结构尺寸、技术要求、加工工艺等。

可接受性决策确定候选设计方案是否充分满足目标要求,并在多个满足目标要求的方案中择优采用一个方案。

这里所讲的决策,应当是具有设计专家水平的决策。也就是说,能够用较少的迭代设计次数,获得最佳的设计方案。从总体上说,设计专家在决策中需要用到两类知识:一类是专家在长期实践中积累的经验知识;另一类是各种决策数据。后者是由支持资源提供的,包括规划资源、设计资源、数据资源、分析资源、评价资源及图形资源等,如图2-8所示。在设计过程中,智能设计系统应能请求不同资源的决策支持。

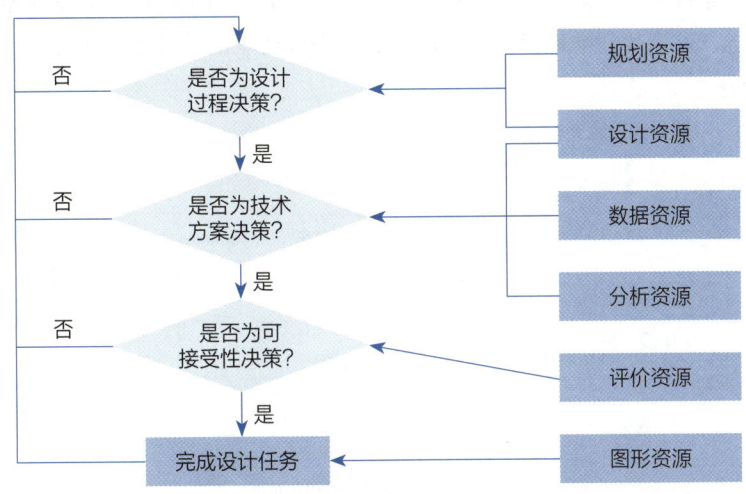

图2-8 设计过程的决策支持资源

由于有支持资源为依据,可以减少决策的盲目性,提高决策的可靠性和有效性。开发智能设计系统,正是要把各种资源和决策结合起来,这是智能设计系统开发的一个显著特点。

智能决策受两个因素的制约:一是我们能在何种水平上建立起代表决策过程的知识模型;二是计算机处理这种知识模型的能力。第二个因素暂且不论,第一个因素涉及领域知识的获取与组织。例如,对设计活动而言,建立决策过程的知识模型要包括有关设计规律性的知识,这些客观规律亦即知识有的已经被很好地认识,有的还未被认识。在已经被很好地认识的规律中,有的可以用适当的模型,如用数学模型或符号模型表达,有的还不能找到适当形式表达。当然,那些还未被认识的规律就更谈不上建立知识模型了。

人类专家将永远是系统中最具有创造性的知识源与关键性的决策者。

相关知识

(1)智能设计方法

❶ **基于规则的智能设计方法。** 基于规则的设计(Rule-based Design,RBD)源于人类设

计者能够通过对过程性、逻辑性、经验性的设计规则进行逐步推理来完成设计的行为，是最常用的智能设计方法之一。该方法将设计问题的求解知识用产生式规则的形式表达出来，从而通过对规则形式的设计知识推理而获得设计问题的解。RBD方法也常称为专家系统的方法，相应的智能设计系统常称为设计型专家系统。

RBD的基本过程如图2-9所示，关于设计问题的各种设计规则被存储在设计规则库中，而综合数据库中存放有当前的各种事实信息。当设计开始时，关于设计问题的定义被填入综合数据库中；而后，设计推理机负责将规则库中设计规则的前提与当前综合数据库中的事实进行匹配，前提是获得匹配的设计规则要被筛选出来，成为可用设计规则组；继而，设计推理机化解多条可用规则可能带来的结论冲突并启用设计规则，从而对当前的综合数据库做出修改。这一过程被反复执行，直到达到推理目标，即产生满足设计要求的设计解为止。

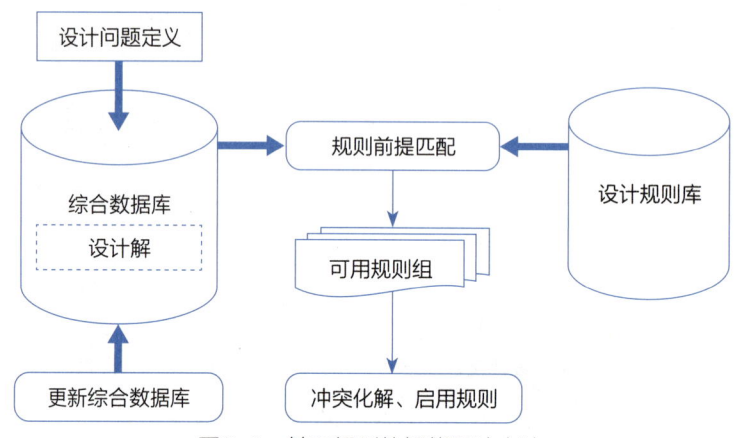

图2-9 基于规则的智能设计方法

❷ **基于案例的智能设计方法**。基于案例的设计（Case-based Design，CBD）是通过调整或组合过去的设计解来创造新设计解的方法，是人工智能中基于案例的推理技术在设计中的应用，它源于人类在进行设计时总是自觉或不自觉地参考过去相似设计案例的行为。

CBD的基本过程如图2-10所示，大量设计案例被存储在设计案例库中。当设计开始时，首先根据设计问题的定义从案例库中搜索并提取与当前设计问题最为接近的一个或多个设计案例；然后，通过案例组合、案例调整等方法得到设计问题的解；最终，设计产生的设计方案可能又被加入设计案例库中供日后其他设计问题参考使用。与RBD相比，CBD的最大特色在于：如果RBD中求解路径上的设计规则是不完整的，那么若不借助其他方法则无法完成从设计问题到设计解的推理；而对于CBD方法，即使设计案例库是不完整的，仍然能够运用该方法求解那些具有类似案例的设计问题。案例的评价、调整或组合是CBD的第三个关键问题。新设计问题的设计要求不可能与案例的设计要求完全一致（否则就无须重新设计），因而需要通过案例评价来找出新设计问题与设计案例之间存在的差异特征，并着重针对这些差异特征开展设计工作。调整和组合是解决差异特征的两种主要方法。调整是借助其他一些智能设计方法对原有案例进行修改而产生满足设计要求的设计解（例如基于规则的方法）；组合则是通过从多个案例中分别取出设计解的可用部分，再合并形成新问题的设计解。

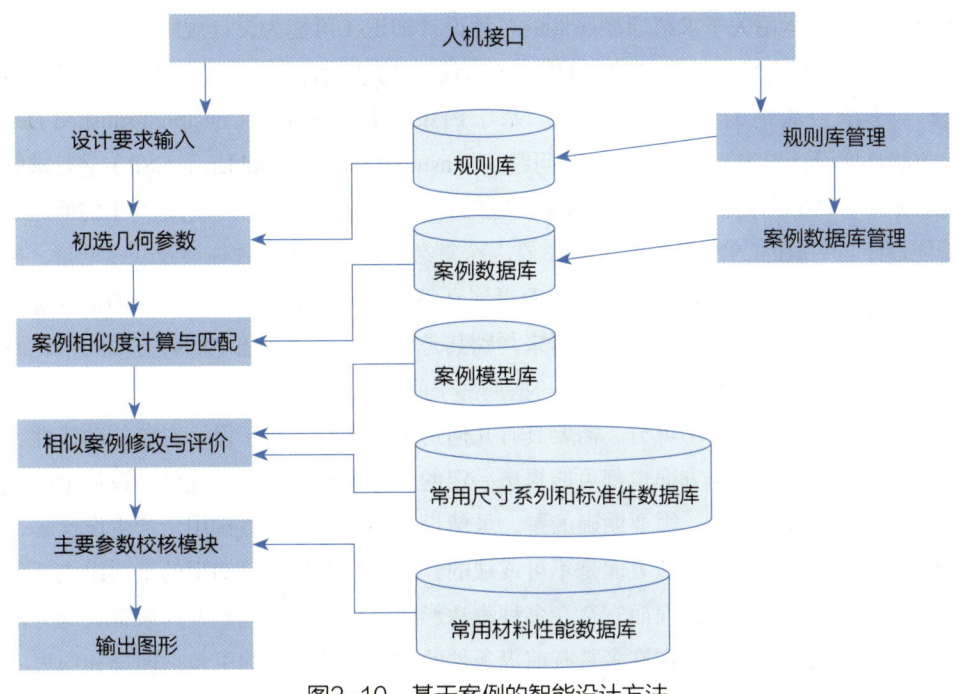

图2-10 基于案例的智能设计方法

❸ **基于原型的智能设计方法**。人类设计专家经常能够根据他们以往的设计经验把一种设计问题的解归结为一些典型的构造形式，并在遇到新的设计问题时从这些典型构造形式中选取一种作为解的结构，进而采用其他设计方法求出解的具体内容。这些针对特定设计问题归纳出的设计解的典型构造形式，即设计原型。从"设计是从功能空间中的点到属性空间中的点的映射过程"去理解，设计原型描述了解属性空间的具体结构。这种采用设计原型作为设计解属性空间的结构并进而求解属性空间内容的智能设计方法，称为基于原型的设计（Prototype-based Design，PBD）。

PBD的基本过程如图2-11所示，设计原型被存储在原型库中备用。设计开始时，首先从原型库中选取适用于设计问题的设计原型；其次，将设计原型实例化为具体设计对象而形成设计

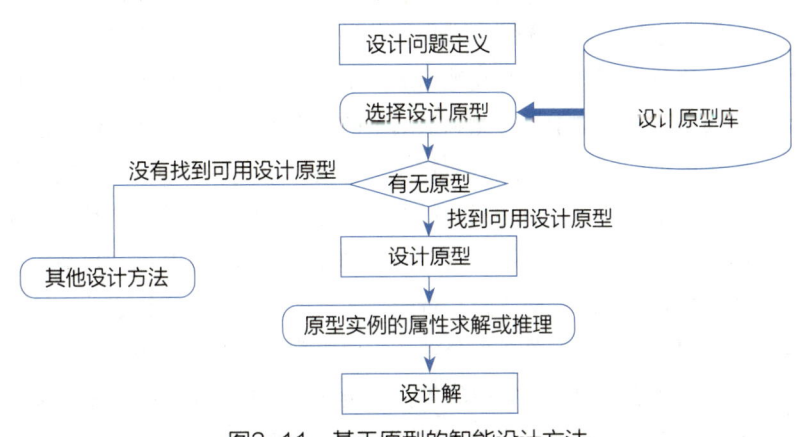

图2-11 基于原型的智能设计方法

解的结构；最后，运用关于求解原型属性的各种设计知识（可能为设计规则、该原型以往的设计案例等），来求解满足设计要求的解的属性值而最终形成设计解。

❹ **基于约束满足的智能设计方法**。基于约束满足的设计（Constraint-satisfied Design，CSD）方法是把设计视为一个约束满足的问题（Constraint-satisfied Problem，CSP）进行求解。人工智能技术中，CSP的求解方法是通过搜索问题的解空间来查找满足所有问题约束的问题解。但是，智能设计与一般的CSP存在一些不同，在一个复杂设计问题中，往往涉及众多变量，搜索空间十分大，这使得通常很难通过搜索方法而得到真正设计问题的解。因而，CSD常常是借助其他能设计方法产生一个设计方案，然后再来判别其是否满足设计问题中的各方面约束，而单纯的搜索方法一般只用于解决设计问题中的一些局部子问题。

智能设计与产品几何密不可分，需要具有几何约束。同时，对于设计对象的功能性、结构性、工艺性、经济性等各个方面也都可能提出一定的约束来加以限定。此外，设计中的一些常识性也可能通过约束来表达。需要明确的是，虽然设计约束并不被直接用于产生设计解，但它在鉴别设计解的正确性或可行性方面是不可或缺的，因而是产品设计知识的重要组成部分。由于设计约束的内容十分丰富，因而它存在多种表达形式。最常见的判断型约束常表现为谓词逻辑形式的陈述性知识，但也存在许多具有前提条件的约束。此时，约束包括前提和约束内容两部分而具有类似于规则的形式。另外，对于一些复杂约束，还存在相应的特殊表示方法。

（2）集成设计

设计产品不但要设计产品的功能和结构，而且要设计产品的全生命周期，这是一个系统集成的过程。为了适应智能制造系统中高度集成化与智能化的要求，通过集成知识工程、特征建模策略和面向对象的技术，建立一种基于知识的产品集成表示模型，以便为产品生命周期中制造知识的处理提供一种框架。

在智能制造环境下，产品的集成表示内容应包括三个方面：数据、几何和知识。产品数据、几何和知识分别被定义为产品生命周期内所有阶段附加在产品上的数据、几何和知识总和。数据包括公差数据、结构数据、功能数据和性能数据；几何包括几何图形、形状拓扑关系；知识包括特征知识和管理知识。基于知识的产品集成表示模型如图2-12所示。该模型由若干个子模型互联而成，分属几何、数据和知识三种深度。从对产品描述的知识深度角度来看，自上而下知识深度增加，而抽象深度减小，各种深度上的每个子模型着重反映产品在该深度上的最小冗余度，使各子模型相互补充地形成一个完整的产品多知识深度表示模型。

几何模型子模块是产品表示中最成熟和最基本的一个模型，由包括几何元素（坐标、点、线、面、方向）的多种定义形式来构成。拓扑模型子模块包含对产品的拓扑实体及其关系的定义，如顶点、边、面、路径等。目前常用的边界表示法可以较好地获取产品的拓扑信息。形状模型子模块是产品几何关系的数学表示，以几何模型和拓扑模型为基础，目前常用的表示方法是实体建模，即通过预先定义的一些体素，将产品表示成由这些体素构成的树结构或有向非闭环图，而体素的表示和各体素间的关系可分别从几何模型和拓扑模型中获得。结构模型子模块中的结构定义为一组具有语义的几何实体的集合，包括一组几何实体及其相互关系和几何实体的语义表示两方面的内容。目前常用的方法是结构特征建模，该模型是公差模型和功能模型的

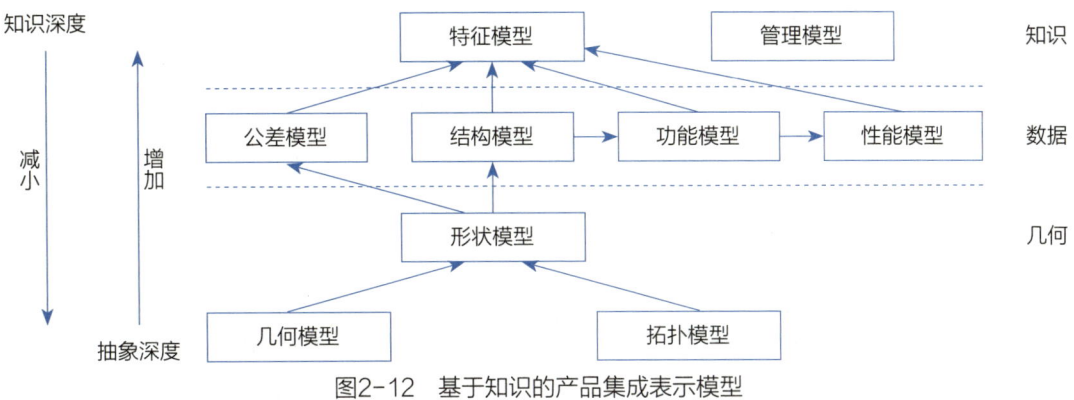

图2-12 基于知识的产品集成表示模型

基础。公差模型子模块反映产品中具有可变动范围的一类信息，它们是产品加工过程中一种重要的非几何信息，包括几何公差、表面粗糙度、材料信息。功能模型子模块实际上是对结构模型中几何实体及其关系的语义各种功能的解释，可采用知识工程中的语义网络或框架来表示。一个产品的设计过程实际是从功能模型到结构模型的转化过程。因此，产品设计工作结束后，它的功能模型也就相应确定。性能模型子模块实际上是对产品的功能或结构按用户要求或预期进行的一种评价，主要包括性能参数、行为值等，该模型与结构模型和功能模型是产品的可靠性设计和可维护性设计中的重要基础模型，它们将有助于解决目前复杂系统的监视与故障诊断领域中深层知识（如结构、功能与行为知识）的"瓶颈"问题。特征模型子模块包括产品几何特征和功能特征的参数化与陈述性描述产品生命周期内各环节对产品结构施加的约束，它可采用知识工程中的知识表示技术。管理模型子模块是对产品集成表示模型内部层次结构的描述，包括各子模块之间的关系、信息转换等，它可采用知识工程中的知识表示技术。

（3）自顶向下的设计

自顶向下的设计是一种逐步求精的设计过程和方法。其核心思想是从系统的最高层次开始，逐步向下分解任务，直到所有层次上的问题均获得解决，从而设计出具有层次结构的产品或系统，如图2-13所示。设计数据从原理布局向装配结构传递，然后再向零件传递；零件与零件之间也能进行数据的传递；保证了装配结构的整体数据关联性及约束信息。

UG自顶向下装配设计概念介绍

例如，设计师可以先画出一个装配体的骨架模型，反映装配体的大体轮廓；然后，新建其他零件时引用这个骨架模型，保留有用的特征部分，隐藏或删除无用的特征；最后，将骨架模型隐藏，完成装配体的设计。这种方法不仅提高了绘图效率，还方便了后续的修改和维护。

自顶向下的设计方法适用于大规模数字系统的设计。其优势包括：

层次清晰：设计过程层次分明，便于理解和管理。

修改容易：由于是从顶层开始逐步向下，修改也更为方便。

优化设计：每一层的划分都是优化的过程，可以保证系统的每层设计都是最优化的。

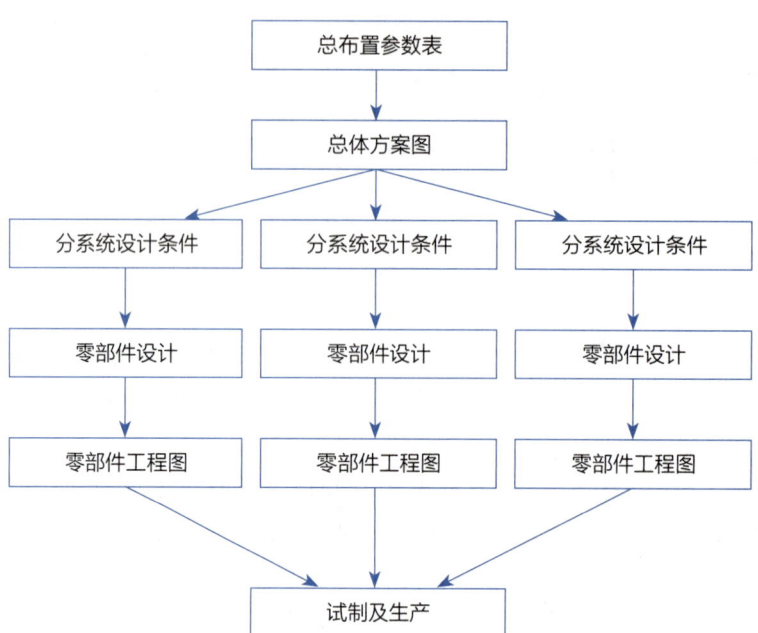

图2-13 自顶向下的设计过程

应用案例

夹具智能设计

系统夹具作为机械加工过程中用来固定、支撑和夹紧工件,使工件相对于机床处于正确位置的机构,对产品的生产质量、效率和成本有重要影响。据统计,大约40%的不合格零件都是因为使用了不良的夹具,夹具设计与制造周期大约占产品整个研制周期的1/3,与夹具设计和制造相关的成本占制造系统总成本的10%~20%。

面对当前智能制造的发展趋势,若要提高夹具设计的效率和质量,需要通过智能化的设计方法来实现对夹具设计知识的继承、共享和重用。在基于知识的夹具设计中,如何将夹具设计知识与设计过程紧密结合,是实现该设计智能化的重要研究内容,并越来越受到国内外学者的重视。

北京理工大学基于CATIA平台开发了面向工件智能装夹规划、夹具规划设计和夹具结构智能设计的知识重用系统,能够辅助设计人员进行工件的装夹规划,为三维工艺规划的决策提供依据。基于工艺规划产生的中间工序模型,通过对已有的夹具设计实例的语义检索,获得相似的夹具设计实例和夹具的布局规划结果。可以对装夹点的布局进行优化,获得合理的夹具布局规划。根据已有的夹具布局规划结果,将其映射为夹具元件标识。通过夹具元件知识模型的参数推理方法,获得合理的夹具元件规格型号。根据夹具元件的规格型号,驱动夹具元件智能实体模型的构建。获取夹具结构设计中的装配知识,将装配知识分解为二元装配关系。这能够实现夹具元件之间、夹具组件和工件的夹具元件标识之间的自动装配。

（1）夹具智能设计系统的功能与结构

基于知识重用的夹具智能设计系统是以知识模型的获取与应用为核心，在制造资源知识库、夹具实例库和夹具元件知识库等的基础上，为设计人员在夹具设计过程中提供全面的知识支撑，帮助设计人员实现基于实例推理的夹具规划、结构智能设计和工件的智能装夹规划等夹具设计功能。可以有效地提高夹具设计效率和设计质量，同时可以减少设计人员的劳动强度。夹具智能设计系统的总体框架分为四个层次，分别是界面层、功能层、数据层和支撑层，如图2-14所示。

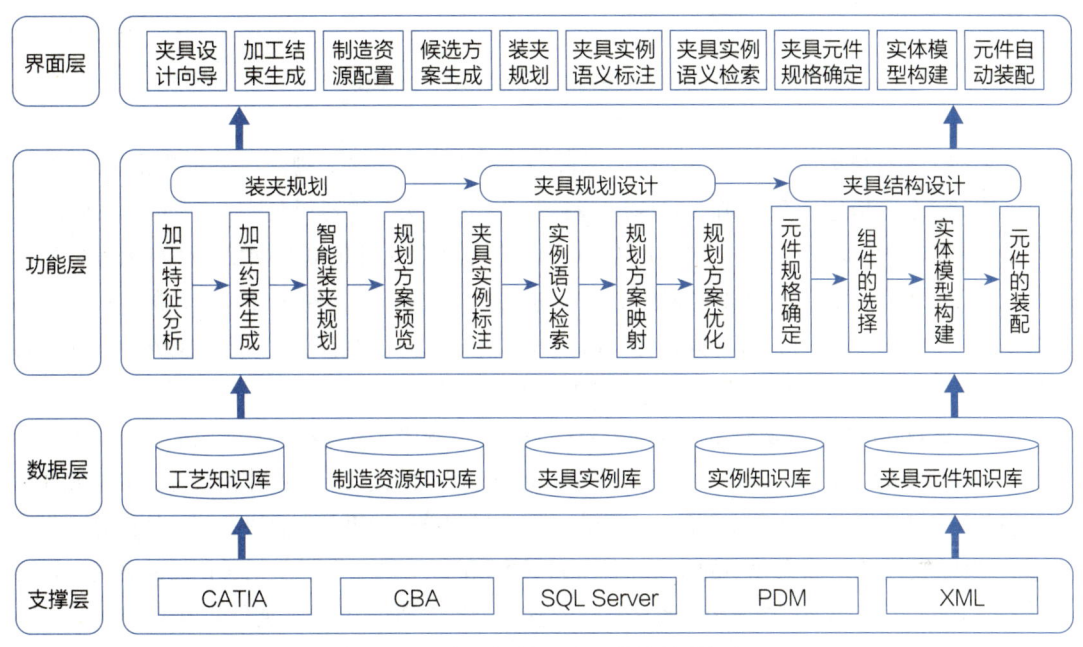

图2-14 夹具智能设计系统的总体框架

❶ 界面层是系统的最顶层，为系统用户提供功能的交互界面，用户与所有系统功能的交互必须通过界面层来实现，以此来完成夹具的智能设计。

❷ 支撑层是夹具智能设计系统运行的基础，包括计算机辅助设计软件平台CATIA、组件化应用程序设计（Component-Based Application，CBA）、SQL Server数据库、产品数据管理（Product Data Management，PDM）以及支持XML格式的知识库等。

❸ 数据层为系统提供实现功能所必需的知识库和数据库，主要包括工艺知识库、制造资源知识库、基于语义的夹具实例库和夹具元件知识库等。

❹ 功能层向用户提供系统的主要功能，是系统的核心部分。功能层提供的主要功能有加工特征分析、智能装夹规划、夹具实例标注、夹具实例语义检索、夹具元件规格确定等功能。

夹具智能设计系统的功能层是整个系统框架的核心，主要包括四个功能模块，如图2-15所示。

A. 产品信息管理模块。产品的设计制造信息是夹具设计的信息源头。通过产品的几何信息

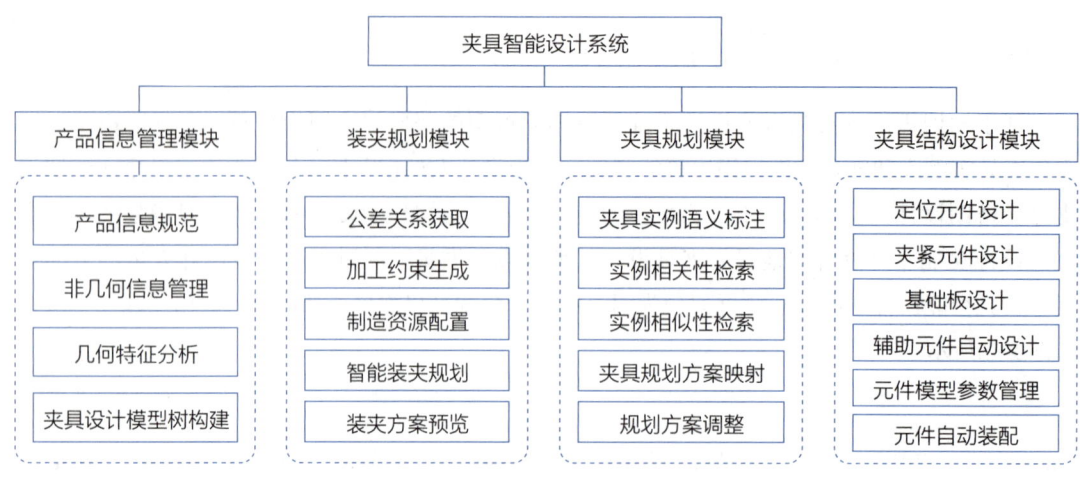

图2-15 夹具智能设计系统的功能模块

获得需要加工的特征集合,而产品的非几何信息(精度信息)是装夹规划和夹具规划的关键约束条件,同时,公差信息与工艺知识结合辅助支撑装夹规划、夹具规划和夹具结构等的相关设计。

B. 装夹规划模块。装夹规划模块主要是通过提取工件标注的非几何信息中的公差信息,然后,基于公差表示的工艺规则推理加工单元的顺序约束关系,为每个加工单元配置可选的加工方法,生成装夹方案可行解空间,基于Memetic算法,通过种群的反复迭代生成合理的装夹规划方案,并对工件的装夹方案进行预览与相关精度信息的展示。

C. 夹具规划模块。夹具规划模块主要包括夹具实例的语义标注和夹具实例的语义检索两个功能。夹具实例的语义标注是对以往成功设计实例语义信息的提取,以此作为设计方案与夹具实例知识关联的重要手段。夹具实例的语义检索功能是对实例库的语义信息进行相似性计算,获得合理的夹具规划方案,将方案中的装夹特征等映射到新的夹具设计中,针对重用后的夹具规划结果,基于工件最小变形的目标函数,对夹具布局进行优化,获得合理的装夹位置和装夹参数。

D. 夹具结构设计模块。夹具结构设计模块对夹具结构设计提供全过程的知识辅助支撑,同时向设计者提供夹具设计各个阶段的交互界面,在各个界面中以一定方式向用户提供夹具元件(定位元件、夹紧元件等)选择、预览、模型导入和自动装配功能,方便夹具的智能设计。夹具元件选择模块根据装夹距离的计算,通过夹具元件知识模型中的参数推理,获得夹具元件的规格型号。生成各种夹具元件的预览图,帮助设计者确认设计结果是否正确。还提供夹具参数的自动提取和实时修改功能,为设计者提供智能的夹具元件参数自适应建模功能。夹具元件自动装配模块是对夹具结构设计中的装配知识进行总结,将典型的夹具元件的装配关系封装为夹具元件知识模型。在夹具元件模型实例化的过程中,根据这些装配知识,将夹具元件按装配约束关系形成夹具结构组件,再与工件实体模型中的装夹特征构建相关的装配关系,自动实现夹具元件之间、夹具元件与工件之间的约束关系,最终智能化地生成夹具结构设计方案。

(2) 夹具智能设计系统的设计流程

首先,获取工件的三维设计信息(几何信息和非几何信息),分析加工特征的精度信息,推理出最小的加工单元;其次,基于加工精度信息建立的工艺规则,生成加工单元的顺序约束关系矩阵；然后，通过制造资源知识为每个加工元配置可选的加工方法（机床刀具和夹具等）；最后，基于混合智能优化算法求解合理的装夹方案。

针对每次具体的装夹过程，获得具体夹具实例的语义信息。将夹具实例库中的语义信息与新的夹具设计的语义信息进行语义相似性计算，从而得到语义相似的夹具实例集合。然后，在此基础上进行语义的数值测量，获得相似程度从高到低的夹具实例的集合，设计者可以以系统提供的夹具设计实例为依据选择合理的夹具规划设计方案。如果需要重用已有成熟的夹具实例的规划方案时，可以通过尺寸等比例映射方法将装夹特征映射到新的夹具规划设计中。

夹具的结构设计是将夹具元件标识实例化为夹具元件实体模型的过程。首先，根据装夹距离的计算，推理出合理的夹具元件规格型号；其次，基于夹具元件知识模型，由规格型号获得全部的参数信息驱动夹具元件实体模型的构建；然后，通过夹具元件知识模型中定义的夹具组件的装配知识，夹具智能设计系统可以实现夹具组件中夹具元件之间的实例化和自动装配功能。选择工件中的夹具元件标识，夹具智能设计系统将构建好的夹具组件与其建立相关的装配关系，实现夹具元件批量、快速的自动装配功能，使得夹具设计知识无缝地嵌入夹具的设计过程中，真正达到知识驱动夹具的智能设计。

技能练习

基于案例的推理CBR方法巩固练习。

CBR的基本思路如下：遇到新问题时，将新问题通过案例描述输入CBR系统；系统会检索出与目标案例最匹配的案例，若有与目标案例情况一致的源案例，则将其解决方案直接提交给用户；若没有则根据目标案例的情况对相似案例的解决方案进行调整和修改，若用户满意则将新的解决方案提交给用户，若不满意则需要继续对解决方案进行调整和修改；对用户满意的解决方案进行评价和学习，并将其保存到案例库中。

请根据个人理解，将以上过程制作成流程图，以表达各推理步骤间的逻辑关系。要求：将基本思路划分成多个步骤；充分理解各步骤的内在逻辑；尽量结合本专业实际的产品设计过程绘制；可以作为课后作业完成。

绘制案例推理流程图，可以辅助理解产品设计的循环迭代发展过程。设计质量依赖于以下因素，请结合所制作流程图分别进行解读。

❶ **系统具有的经验，即案例库的内容**：案例库中案例越多，覆盖面越广，越有利于推理质量的提高。

❷ **根据案例理解当前问题的能力**：这取决于能否从案例库中找到最合适的案例，以及如何对检索出的案例和新问题进行差异分析。

❸ **解答改编的灵活性**：即能否有效地将案例提供的解答改编为符合新问题的解答。

❹ **推理结果的评价能力**：高质量的案例推理应善于从环境的反馈中评价推理结果，并依据不足之处对解答改编环节作出相应修补，使CBR以后的推理能力更强。

学生完成方案智能设计场景的学习,可以根据学习情况进行自我评价和教师评价,作为评判平时成绩的依据之一。学习评价记录表见附录2。

场景 2.3 计算机辅助智能设计

党的二十大报告指出，要"加快发展数字经济，促进数字经济与实体经济深度融合，打造具有国际竞争力的数字产业集群。"自从"智改数转"工作开展以来，一批批数字化优秀企业、项目和平台竞相涌现，例如上海市培育了一批"AI+（联合）创新工作室"，推出一系列AI应用及工业软件创新实践案例。截至2023年年底，我国数字化研发设计软件普及率已达89.4%。

场景描述

在一家泵类企业，领导安排研制一款新型电泵产品。所需配件中的直流永磁同步电机、变频器采用供应商的产品，所用水力模型则委托水利研究所设计，然后基于该模型用五轴加工中心制造叶轮和导叶，自行设计电泵壳体并输出图纸，由其他铸造类企业生产，最后在所属企业厂房内组装、测试、打标、发货。全泵测试报告委托第三方检测机构出具。

可见，该产品的设计、生产过程由多方协作完成，总装企业负责协调，这是一种比较常见的制造模式。其核心工作是产品设计，哪些应由供应商完成，哪些需要自行设计加工，需要从上游设计单位获取哪些信息，如何保证部件的质量、参数符合技术要求并且可以顺利进行安装和测试，产品是否符合国家、行业标准，能否顺利通过测试，如何向上下游伙伴有效传递信息同时保证无泄密风险，这些都和产品的原始设计有关，大多数企业采用边生产边修改设计的办法，于是出现多个版本、型号，其中实际上并无新技术推动。

智能化设计的多种技术可以从一定程度上解决上述问题。比如虚拟仿真可以尽早发现大部分的装配问题，不必等到出图、制作样机、试用；远程协同设计可以实时交换信息，实现设计同步推进，项目管理效率高；数字化设计软件实现三维建模，直观高效，可以直接与生产设备衔接，让3D打印零件成为可能；创成式建模、逆向工程等先进设计技术可降低设计师的工作强度与难度，可以快速生成多种复杂结构；工业软件高等级加密数据，将设计信息通过工业互联网传输。

工业软件是工业技术、知识、流程的程序化封装与复用，是智能制造的灵魂。工业软件中的产品设计软件用于针对产品生命周期中的设计环节进行处理，是数字化研发创新的主要工具。利用计算机来辅助产品设计的第一步就是几何建模，如图2-16所示。

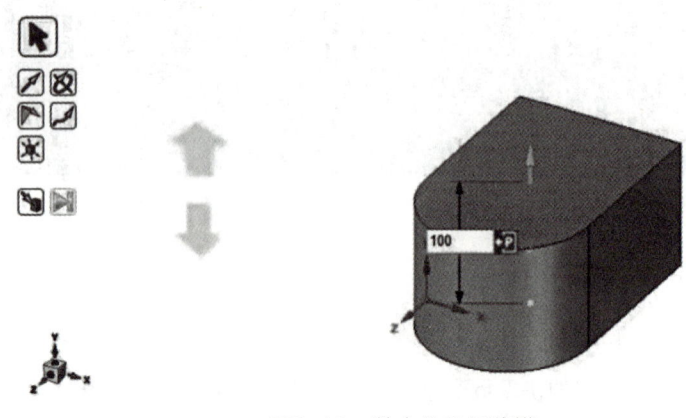

图2-16　数字化几何建模

关键技术

（1）数字化建模

数字化建模分为正向建模和逆向建模。

逆向建模是逆向工程的核心技术。逆向工程可以定义为将实物转变为CAD模型相关的数字化技术、几何模型重建技术和产品制造技术的总称。逆向工程是在没有设计图样或图样不完整而有样品的情况下，利用三维扫描仪准确快速地测量样品表面数据或轮廓外形，加以点数据处理、曲面创建、三维实体模型重构。

Inventor逆向建模案例

传统的正向工程技术路线为产品概念设计→产品CAD模型→产品（物理模型），利用的则是正向建模技术。AI技术让正向建模越来越方便，例如全面接入DeepSeek的Inventor 2025可以通过语音对话实现快速获取人的设计思想进行建模。

多种CAD软件为人们提供了强大的3D建模手段。这里以广泛应用于汽车和航空制造行业的CATIA软件为例，介绍数字化几何建模过程。3D几何建模软件内核如图2-17所示。

Inventor 2025全面接入DeepSeek，通过简单对话快速实现产品建模

CATIA是法国达索公司用于产品开发的专业软件。该软件的优势在于曲面设计和非线性分析，特别适合对气动外形要求高的飞行器和汽车的造型设计。CATIA不仅可以完成零部件和装配设计，还能进行简单的CAE分析以及CAM编程，从而实现了将智能设计集成于一体化平台之中。模块化的CATIA平台提供产品的风格和外形设计、机械设计、设备与系统工程设计、管理虚拟样机、机械加工、分析和模拟。

❶ 操作界面。CATIA各模块下的用户操作界面基本上一致，包括标题栏、菜单栏、工具栏、罗盘、坐标平面、结构树、命令提示栏和工作区。这保持了整个环境的风格统一性。

例如：选择【开始】（Start）|【机械设计】（Mechanical Design）|【零部件设计】（Part Design）命令，弹出零部件名称对话框，输入零件名称，然后单击【确定】按钮，系统就进入

零件设计工作台。零件设计平台是进行机械设计最常用的工作台，应当第一时间了解它。

❷ **设计树**。界面上有个树状工具，如图2-18所示，它和一般的工具栏看上去有明显差别，称为"设计树"。几何建模过程中所建立的所有坐标、模型、材料、几何特征、操作均在设计树中可以看到，也就是说，设计树完整地记录了设计过程的所有工作及其结果，这样可视化的方式对于设计者来说非常方便，可以很容易地观察、查找、增加、调整和删除大量而琐细的设计细节，而不必完整记忆和区分它们。随着对软件使用的深入，用户会越来越深刻地体会到这种工作方式的优越性。

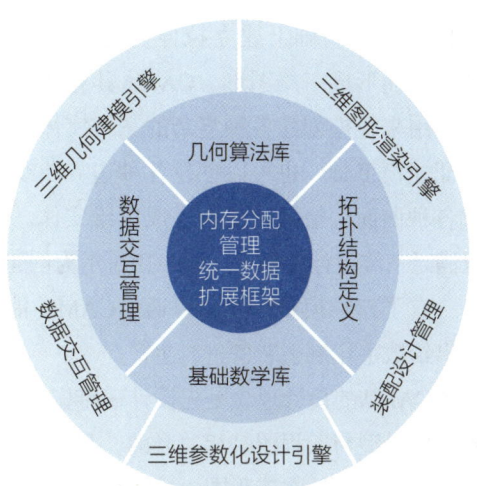

图2-17　3D几何建模软件内核

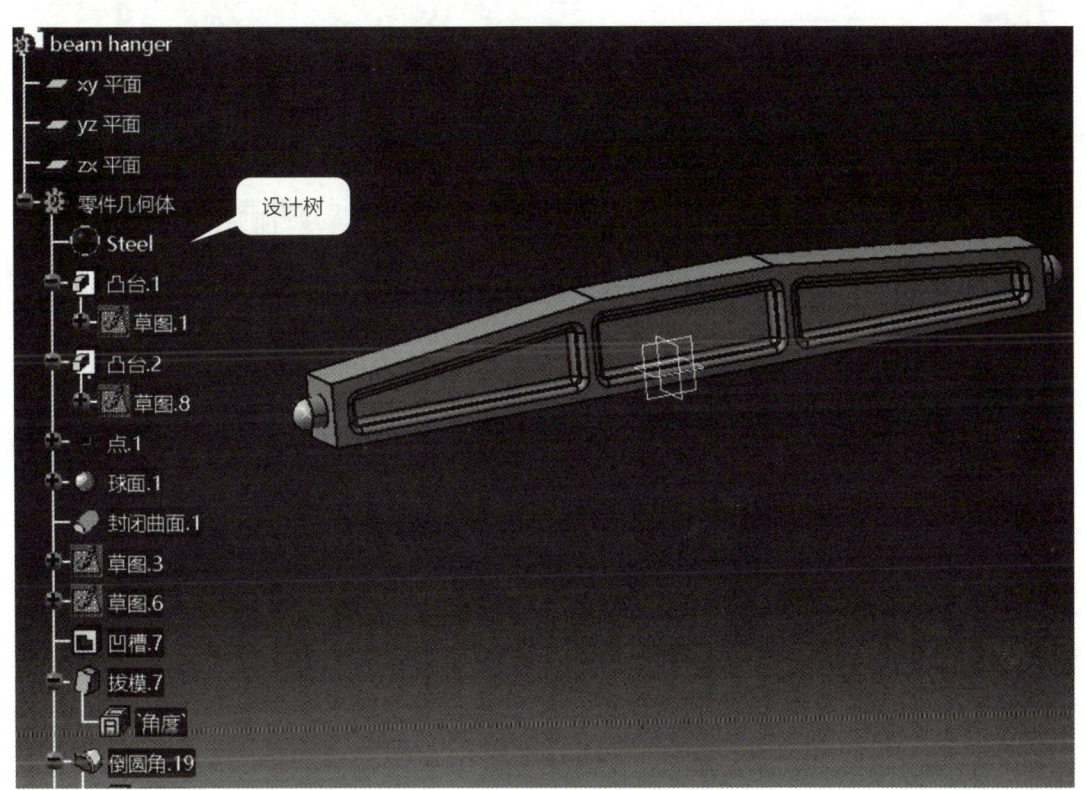

图2-18　飞机主起落架横梁模型设计

在CATIA的结构树上列出了所有创建的特征，并且结构树自动以子树关系表示特征之间的"父子关系"，在结构树上选中某个特征，则对应的图形平台上的特征被选中，双击特征可以对其进行重定义。

❸ **生成三维模型与二维工程图**。CATIA可以直接使用其草图模块绘制简单的二维图形，

然后在草图基础上建立拉伸、旋转、混合、扫描等三维特征，从而形成三维图形。CATIA具有强大的三维实体建模功能，用来轻松创建各种复杂的三维实体模型。这既可以采用特征建模工具，也可以创建各种边界曲线，然后通过曲线生成各种曲面，最后由曲面生成三维实体。通过这些方法，可以满足三维设计的要求。图2-19所示为创建的三维实体模型。

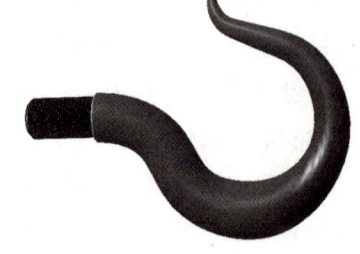

图2-19 渲染的吊钩实体模型

有了三维模型，就可以通过CAM功能处理成G代码文件输出给数字化制造装备进行生产。

CATIA的设计理念是先设计三维实体模型，通过投影创建工程图，如图2-20所示，并且三维实体模型与工程图是相关联的，只要三维更改，工程图就相应更改，数据维护方便，非常灵活、迅速。然后在工程图上进行标注，添加技术要求、标题栏，即可得到传统意义上的图纸。

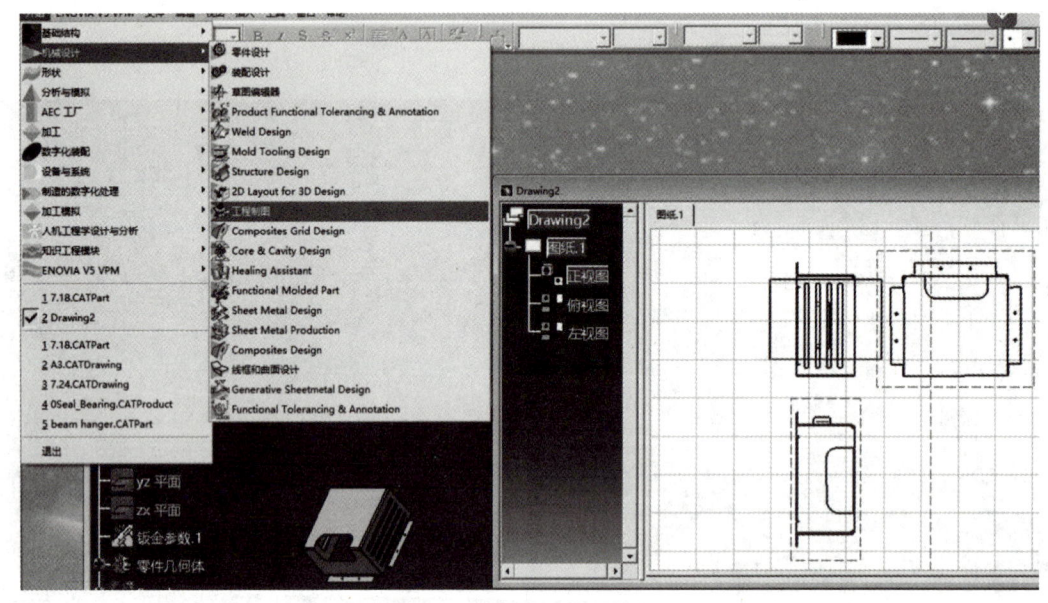

图2-20 输出工程图的菜单

必须强调的是，绘制二维图形并输出工程图图纸不是CATIA的核心功能，其最主要的功能是设计三维实体模型。

❹ **多样化显示**。对于多零件装配体，CATIA允许为不同的零件"染色"。这是2D设计远不能比的一种功能。在数字化环境下，将零件标示成反差明显的各种颜色，加上可以任意设置的空间视角及渲染效果，可以快速激发人们的视觉敏感性，很容易辨别各自的空间位置，体验装配后完整装备或者部件、系统、总成的整体感，如图2-21所示。

（2）创成式设计

"创成式设计"是由"Generative Design（GD）"翻译过来的一种对设计系统和方法的表达，早期通常翻译为"生成式设计"或"衍生式设计"，有些文献和书籍上称这种方法为"算法辅

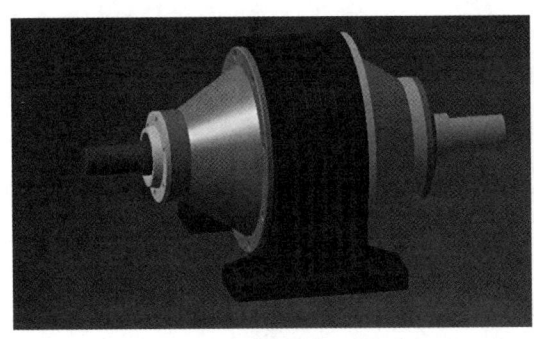 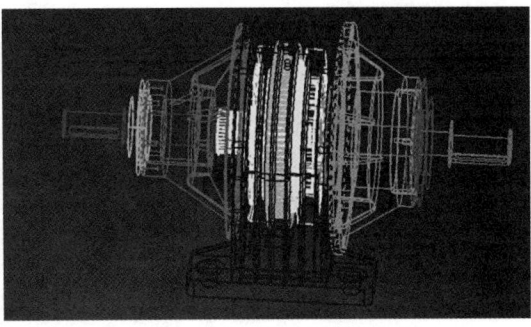

（a）不同零件的色彩搭配　　　　　　　　　（b）零件的透视效果

图2-21　装配模型中的零件显示

助设计（Algorithms Aided Design，AAD）"或"计算性设计（Computational Design）"，建筑领域的人们习惯称之为"参数化设计"。

这种方法起源于建筑领域，最近的十年中在建筑设计和视觉艺术领域得到广泛应用，图2-22所示为典型的创成式建筑设计。

图2-22　创成式建筑设计案例

近几年，随着增材制造技术的成熟，人们发现"设计"成了增材制造大量应用的瓶颈。于是GD方法开始引入产品设计领域，并率先在工业设计、珠宝设计等领域开始应用。

现在创成式设计已经成为一个新的交叉学科。它与计算机技术的深度结合，使得很多先进的算法和技术应用到设计中来。得到广泛应用的创成式算法包括：参数化系统、形状语法（Shape Grammars，SG）、L-系统（L-systems）、元胞自动机（Cellular Automata，CA）、拓扑优化算法、进化系统和遗传算法等。

可以用一个公式，即创成式设计=基于规则的编码过程+结构生长过程，来表达什么是创成式设计，基本思路如图2-23所示。因为创成式设计是通过编程进行设计，程序是按照一定的规则逻辑编写的，所以程序生成的模型是所有符合所编的规则逻辑的众多结果，可能是成千上万个模型。这本质地区别于CAD手工建模的方法，手工建模的结果是一个具体的模型，而程序建模包含了所有符合规则的模型。就像生物界的一个物种会有多种表现形式，但是我们一眼能够看出它们是同类。

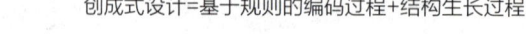

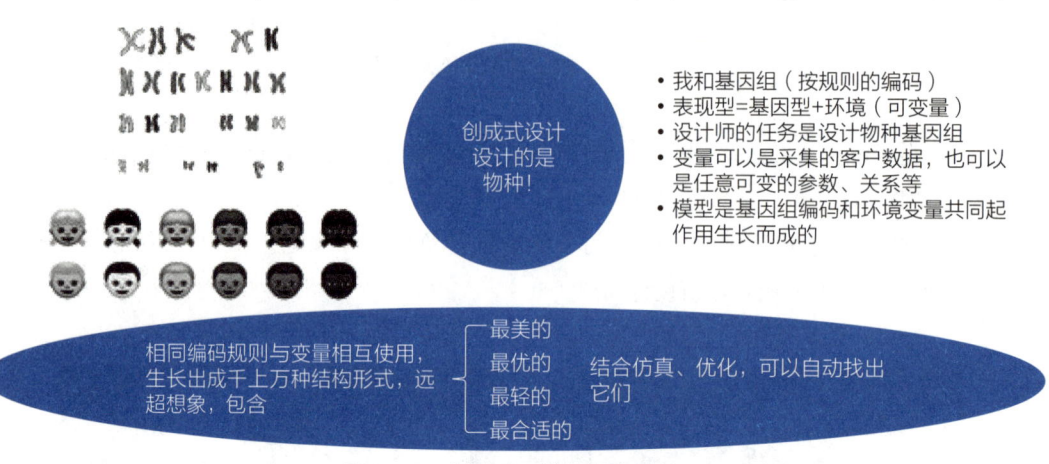

图2-23　创成式设计的基本思路

创成式设计是通过编程进行的，设计师们的设计思维模式和工作过程也更像是一个程序员。他们不再需要在脑子里想出具体的形象，而是需要围绕任务、设计目标、功能、约束、几何关系、变形规则等，厘清它们的关系，并且可以用规则来描述它们，这一描述规则的过程可以称为基于模型的系统工程。有了这些规则模型后，就可以着手进行编程了。

对于产品设计工程师来说，他们可能不擅长写代码，可以选择可视化编程的软件。创成式设计的方法流程如图2-24所示：设计师选择生成模型的策略、编写算法；算法自动地生成模型；模型的选择可以分为主观选择和客观选择。美学判断是一种主观选择，就是通过人机交互修改参数改变模型、观察并选择；客观选择是根据设计目标、参数，结合仿真、优化方法，由计算机自动完成。仿真、优化过程本身也是通过算法实现的。

（3）CAE分析

CAE，即Computer Aided Engineering，字面意义为计算机辅助工程，可以直观地理解为利用专业软件辅助求解、分析装备产品的力学等性能，并优化结构，从而实现对装备产品未来的工作状态和运行行为进行模拟，及早发现设计缺陷，并证实未来工程、产品功能和性能的可用性和可靠性。

CAE软件可以分为两类：针对特定类型的工程或产品所开发的用于产品性能分析、预测和优化的软件，称之为专用CAE软件；可以对多种类型的工程和产品的物理、力学性能进行分析、模拟和预测、评价和优化，以实现产品技术创新的软件，称之为通用CAE软件。

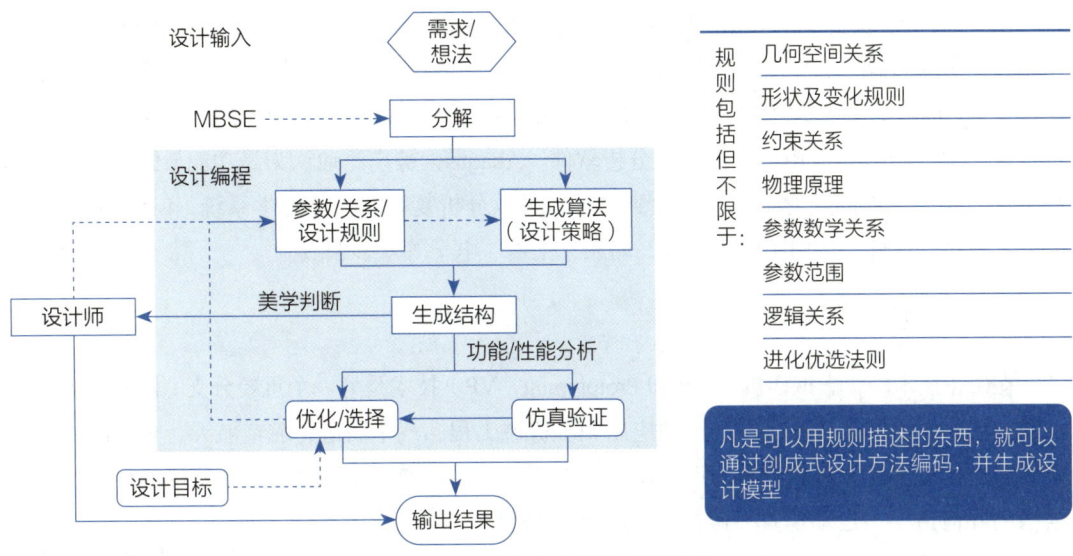

图2-24 创成式设计的方法流程

CAE软件的主体是有限元分析（Finite Element Analysis，FEA）软件。有限元方法的基本思想是将结构离散化，用有限个容易分析的单元来表示复杂的对象，单元之间通过有限个节点相互连接，然后根据变形协调条件综合求解。由于单元的数目是有限的，节点的数目也是有限的，所以称为有限元法。这种方法灵活性很大，只要改变单元的数目，就可以使解的精确度改变，得到与真实情况无限接近的解。

CAE软件，按研究对象分为静态结构分析、动态响应分析，其中动态响应分析又包括跌落、疲劳、冲击等研究领域；按研究问题分为线性问题、非线性问题；按物理场分为结构（固体）、流体、电磁、热以及复合场等。

应用CAE软件对装备产品进行性能分析和模拟时，一般要经历以下三个过程：

❶ **前处理**：包括实体建模与参数化建模、构件的布尔运算、单元自动剖分、节点自动编号与节点参数自动生成、载荷与材料参数直接输入或公式参数化导入、节点载荷自动生成、有限元模型信息自动生成等。

❷ **有限元分析**：对前处理得到的网络、载荷、参数，基于有限元法进行力学分析，导出单元节点、受力信息。分析过程会用到单元库、材料库及相关算法、约束处理算法、有限元系统组装模块，以及静力、动力、振动、线性与非线性算法库。一般有如下子系统：线性静力分析、动力分析、振动模态分析、热场电磁场流场分析等。

❸ **后处理**：根据工程或产品模型与设计要求，对有限元分析结果进行用户所要求的加工、检查，并以图形方式提供给用户，辅助用户判定计算结果与设计方案的合理性，如图2-25所示。

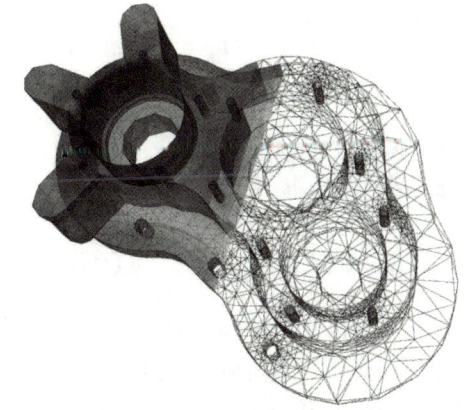

图2-25 利用CAE软件对零件进行有限元分析与输出

常用的CAE软件有：HyperWorks（主要做前处理、后处理）、SolidWorks Simulation、ANSYS、Abaqus等。ANSYS是很经典的CAE软件，国内应用最广，尤其是在高校科研领域应用广泛。2006年ANSYS收购了Fluent，2008年又收购了AN-SOFT。Fluent是应用最广的流体分析软件，AN-SOFT是应用最广的电磁分析软件。Abaqus，被广泛地认为是功能最强的有限元分析软件，对非线性问题的求解具有独到之处，可以分析复杂的固体力学系统。LiToSim是一款国产工业仿真软件，适用于航空航天、船舶、土木、电子等众多领域。

（4）虚拟样机

在CAE技术中，虚拟样机（Virtual Prototyping，VP）技术是另一个重要分支。随着计算机技术的发展，虚拟样机技术已经广泛地应用到了机械工程、汽车制造、航空航天、军事国防等各个领域，在很多具体机械产品的设计制造中发挥了作用，如复杂高精度数控机床的设计优化、结构的几何造型、运动仿真、碰撞检测、运动特性分析、结构优化设计、热特性和热变性分析、液压系统设计等。

虚拟样机有时也称数字样机，是在人们采用数字化设计方式开发新产品时，在概念设计阶段，通过学科理论和计算机语言，对数字化模型进行虚拟性能测试，达到提高性能、降低成本、缩短开发时间的目的。其在产品开发流程中的地位如图2-26所示。通过虚拟样机在未真正生产出真实产品以前进行仿真模拟，提前知道产品的各种性能，防止设计缺陷产生。同时，虚拟样机技术在虚拟造型设计、虚拟加工、虚拟装配、虚拟测试、虚拟现实技术培训、虚拟试验以及虚拟工艺等方面都取得了相应的成果。

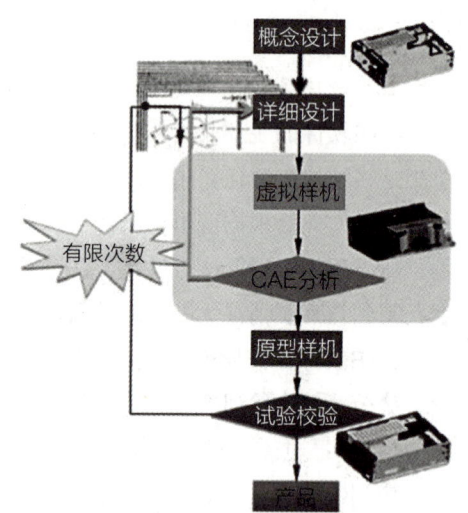

图2-26 基于虚拟样机技术的产品开发流程

常用的虚拟样机软件如ADAMS，可与SolidWorks、ANSYS、MATLAB等建模、数值计算工具软件联合使用。

相关知识

（1）CAD/CAE/CAM/CAPP

早期出现的Auto CAD以及后来逐渐出现的中望CAD、浩辰CAD、CAXA数码大方等工业软件俗称电子图板，它们在平面工程图绘制方面比较有优势，使人们彻底从烦琐的手工制图中摆脱出来。之后制造业的设计工作迅速进入数字化时代。后来出现的SolidWorks、Pro-E/Creo、UG、CATIA、Inventor等逐步成为计算机辅助设计的主流软件，它们更擅长设计三维的立体模型，然后生成二维的工程图和完成标注。随着智能化设计的发展，设计工作逐步与自动化生产拉近距离，于是出现了ANSYS、MSC、ADAMS、Abaqus、SolidCAM等计算机辅助分析仿真、制造、工艺规划或测试的软件或一体化平台，通常将它们与计算机辅助设计并称为CAD/CAE/CAM/CAPP工业软件，也有人统称为CAX，并笼统地称为产品设计。

CAD即Computer Aided Designing，主要用于解决几何建模问题。CAE即Computer Aided Engineering，主要进行虚拟实验。机械结构有静力、动力、疲劳等很多内容要考核。把材料数据输入三维模型可以计算出它的静力、动力、疲劳等性能，这些性能以前是要靠实验来检测的，现在有了三维数字化模型，就可以利用计算机求解数据，用于计算、仿真、分析和决策。CAM即Computer Aided Manufacturing，利用工业软件将几何模型进行编程，形成包含刀路或切片的数控加工设备可以执行的NC代码程序，进而加工成产品。CAPP即Computer Aided Process Planning，主要利用计算机进行数值计算、逻辑判断和推理等功能来制定机械加工工艺过程。它们之间的工作流程关系如图2-27所示。

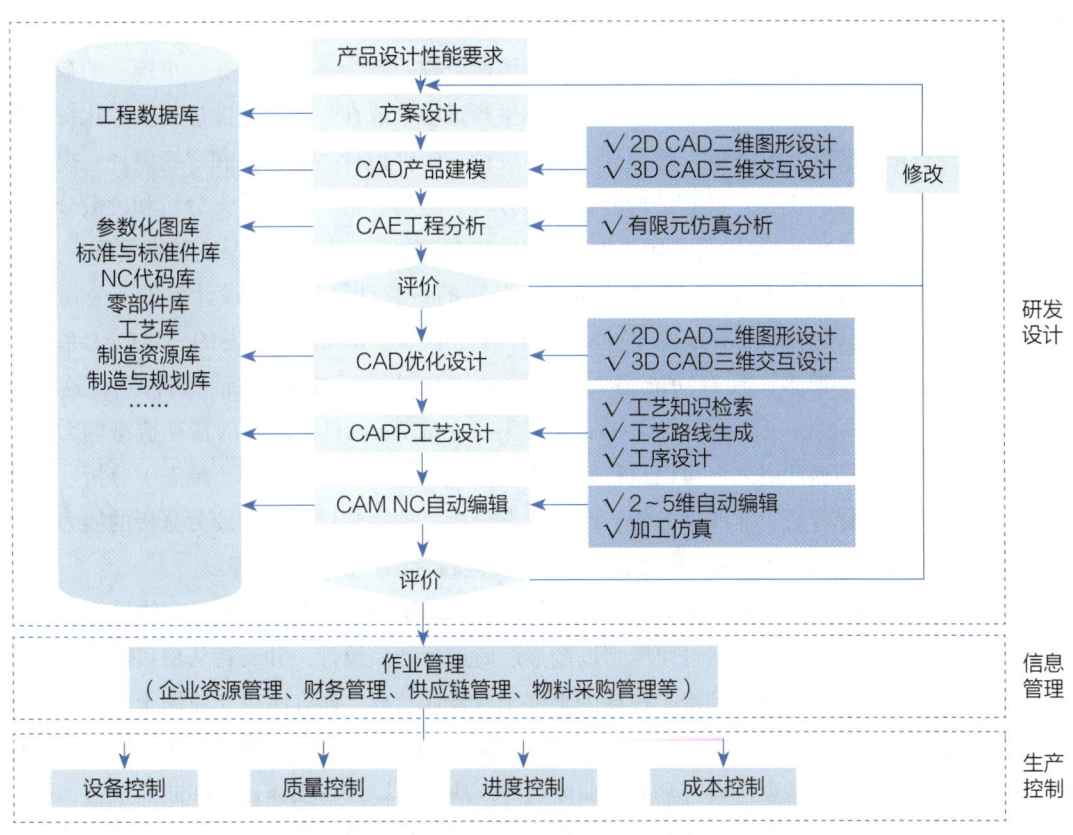

图2-27　CAD/CAE/CAM/CAPP系统工作流程图

（2）当前主流工业设计软件

❶ **中望**。中望（ZWSOFT）是一款国产的计算机辅助设计软件，有2D功能的中望CAD、3D功能的中望3D以及中望电磁仿真CAE软件。中望3D是一款三维CAD/CAM一体化软件，设

有实体建模、曲面造型、装配设计、工程图、钣金、模具设计、车削等功能模块，支持2～5轴数控加工编程与仿真。PMI（Product Manufacturing Information）数据可以直接标注在3D模型上，并以STEP格式输出。兼容各种三维模型、图形文件格式，提供多国的标准件库。能够直接创建基本体，再通过布尔运算添加特征、变形，从而得到大部分的零件模型，而不必基于草图建模，过程快捷实用。

❷ **UG NX。** UG NX是德国Siemens公司研发的产品工程解决方案，可以轻松实现各种复杂实体的建构，其功能强大，是一个集成交互式的CAD/CAE/CAM系统。UG NX软件支持产品开发中从概念设计到工程和制造的各个方面，为用户提供了一套集成的工具集，用于协调不同学科、保持数据完整性和设计意图以及简化整个流程。在我国，UG NX软件广泛应用于汽车、航空、航天、消费家电、模具和计算机零部件等领域。它具有很强的工程制图和实体建模能力，也具有特征建模、自由曲面建模以及装配建模功能，还具有有限元前后处理及分析功能。

❸ **Creo。** Creo是美国PTC公司推出的一款CAD/CAE/CAM一体化软件，整合了Pro/Engineer的参数化技术、CoCreate的直接建模技术和ProductView的三维可视化技术。它从工程角度出发，以先进的参数化设计和基于特征的造型而著称。整个系统建立在一个统一的数据库上，具有完整的、一致的模型，能将整个设计和生产过程集成在一起。它能进行参数化特征建模，可以进行虚拟装配，具备钣金件设计、机构设计、塑件设计、结构件和焊缝设计、模具设计等功能；能进行逆向工程，具有结构分析、热分析、运动分析、模具填充分析和疲劳分析等CAE功能，具有自动生成NC代码并仿真加工过程的CAM功能，能进行产品的数据管理。

❹ **SolidWorks。** SolidWorks是法国达索子公司的一款计算机辅助设计软件，公司总部位于美国马萨诸塞州。SolidWorks软件是世界上第一个基于Windows开发的三维CAD系统。SolidWorks软件组件繁多，具有功能强大、易学易用和可进行技术创新三大特点，这使得SolidWorks成为领先的、主流的三维CAD解决方案。SolidWorks具备较强的特征造型能力，可以进行面向对象的连接和嵌入，可以进行装配设计，具备应力分析、频率（模态）分析、扭曲分析、热分析、优化分析、非线性分析、线性动态分析、掉落测试分析及疲劳分析的能力，支持多轴加工、复杂曲面加工的NC编程能力，支持面向目标的产品数据管理。

❺ **CATIA。** CATIA是法国达索公司的一款CAD/CAM/CAE软件。作为PLM协同解决方案的一个重要组成部分，它可以通过建模帮助制造厂商进行产品设计，并支持从项目前阶段、具体的设计、分析、模拟、组装到维护在内的全部工业设计流程。CATIA主要应用于汽车、航空航天、船舶制造、厂房设计（主要是钢构厂房）、建筑、电力与电子、消费品和通用机械制造等领域。其产品功能和特点是具有强大的曲面设计模块，可以进行实体建模和曲面造型，可以进行航空钣金设计与加工、汽车曲面造型、模具设计以及焊接设计等，可以进行零件的结构分析，变形装配公差分析，可以进行电气线束设计和安装等，可以进行数控编程，支持面向目标的产品数据管理。

❻ **CAXA。** CAXA是一款国产计算机辅助设计软件，拥有2D电子图板、3D实体设计以及CAE、CAM、PLM、MES等功能。CAXA 3D实体设计是集创新设计、工程设计、协同设计于一体的新一代3D CAD系统解决方案。它提供的三维设计、分析仿真、专业工程图和数据管理

等功能可以满足产品开发流程各个方面的需求,帮助企业以更低的成本研发出更多的新产品,以更快的速度将新产品推向市场。CAXA集成了3D设计与2D设计,数据兼容,能实施智能装配,可以进行零件设计、产品虚拟装配、钣金设计及动画渲染等。CAXA 3D实体设计CAE软件完全继承于CAXA 3D平台,是特别针对CAD用户开发的多物理场分析仿真软件,提供了一系列自动化和智能技术,让设计人员能像专家一样进行分析设计,可以完成力学分析、力学热耦合分析、模态分析、动态分析、接触分析和屈曲分析等多种分析。CAXA CAM制造工程师软件除了能进行方便的特征实体造型外,还有高效的数控加工编程能力。

❼ **Fusion。** Fusion是基于云的CAD/CAM/CAE和PCB工具,适用于Mac和PC的计算机平台,支持远程互联供应链中的协作式产品开发,模块集成度好,可以快速生成用于机床的刀具路径,也可以发送到3D打印机进行切片。它是一个支持云的协作平台,允许设计师在任何设备上随时共享、查看项目数据,管理版本以及查找使用位置和分享观点。

❽ **Altair Inspire。** Altair Inspire是从概念设计到生产制造过程完整的产品设计创新平台,在流体机械、制冷设备拓扑优化方面表现突出,以CAE仿真为核心,拥有几何建模、结构仿真、优化、流体分析和工艺仿真等功能,通过设定约束、工况、材料等条件进行优化及仿真。支持传统工艺及增材制造工艺的零件及装配体设计优化。2024年年底,Altair Inspire并入西门子公司,促使该软件平台与工业主流硬件产生更好的协调性。

应用案例

波音的数字样机

著名的波音777飞机基于CATIA实现了真正意义上的三维数字化设计,这是世界上第一架全面采用工业软件以无图方式制造的飞机,其设计、装配、性能评价及分析采用了虚拟样机技术。数字化设计带来两个效果。第一个效果就是研制周期大幅缩短,过去单纯依靠手工画图,零件图还好画,装配图非常难画,大的图纸还要趴在地上画,现在变成了三维建模,飞机研制周期缩短了2/3。第二个效果是质量,第一架生产出来的波音777就比造了400架的波音747质量还要好,波音777因此成了历史上最赚钱的机型。2001年,我国的新飞豹战机成功首飞,基于Windows平台和PC机的CATIA V5在研制中发挥了决定性作用,这也是我国第一次采用3D建模设计出数字样机而制造出来的飞机。

带你见识飞机数模——波音777、787三维CATIA数模

技能练习

CATIA设计平台上机实作。根据图2-28中所给的图纸进行零件三维建模。

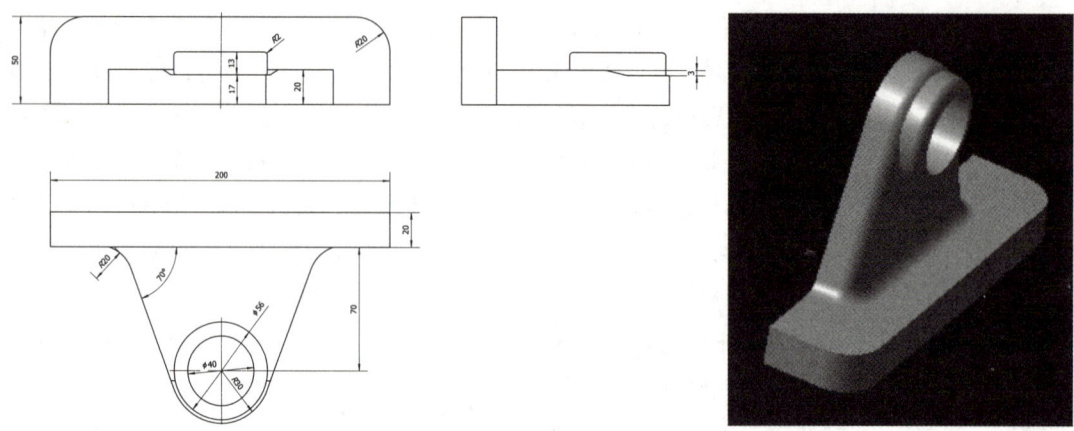

图2-28 零件模型图纸及效果图

评价

学生完成计算机辅助智能设计场景的学习，可以根据学习情况进行自我评价和教师评价，作为评判平时成绩的依据之一。学习评价记录表见附录2。

课题三
智能制造装备

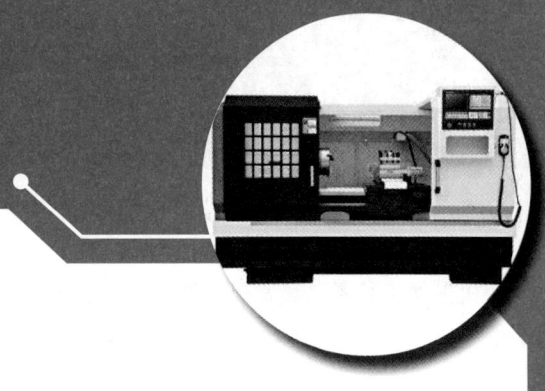

智能制造装备是制造业企业转型、升级的核心支撑,也是实现智能制造的重要基础保障。它融合了自动化设备、新一代信息技术、工业互联网以及人工智能等先进技术,在传统制造装备的基础上,赋予了感知、分析、推理、决策和执行等智能化功能。

智能制造装备目前涉及领域众多,在各个领域中的应用和需求逐渐增多,其重要性也随着制造产业的发展逐渐凸显。现阶段几种典型的智能制造装备主要包括以下五大类。

机械加工类:用于结构件的切削、磨削等加工过程,包括车、铣、刨、磨、镗、钻、拉等加工装备,具有高精度、高效率的特点。

成型制造类:包括铸造、锻造、焊接、轧制、冲压、增材制造等装备。

特种加工类:包括激光加工、电火花加工、超声波加工等新型工艺装备。

装配、检测类:包括智能装配生产线、智能检测设备等。

辅助赋能类:包括工业机器人、机械手臂、自动导引车(Automated Guided Vehicle,AGV)等,广泛应用于汽车制造、电子产品生产、食品加工等领域,能够执行重复性劳动、提高生产效率、降低作业强度与风险,如焊接、喷涂、包装、搬运、码垛等。

场景 3.1 机械加工类智能装备

机械加工装备是最常见的制造装备，通常我们所说的机床主要指的就是该类装备。

场景描述

在一家汽车零部件制造企业，为满足下一代高效发动机对缸体结构和性能的严格要求，技术团队需要完成一批复杂形状的新型缸体加工。该缸体不仅具有多层级孔道和不同角度的曲面交会，还要求极高的尺寸精度和表面光洁度，以保证发动机的燃烧效率与可靠性。传统的多道工序手动加工方式已经难以胜任这个复杂的、高精度的生产需求。

为此，企业引入了一套以"五轴加工中心+车铣复合中心"为核心的切削类智能装备生产线，该生产线还配备了机器人上下料系统、工业互联网系统、智能刀具管理系统和数字孪生技术，以实现从设计到加工的全流程数字化与智能化的生产工艺。

工程师在CAD/CAM软件中完成新型缸体的三维建模和加工工艺规划。通过数字孪生技术，对五轴加工中心执行路径进行虚拟仿真，同时预测刀具磨损和潜在的干涉风险，并自动反馈仿真结果到刀具管理系统和设备控制系统，以便于提前完成刀具配置与工艺参数优化。然后，根据系统指令，机器人按规划路径将毛坯抓取、放置在工作台的夹具内，传感器系统自动识别毛坯形状和位置，再由加工中心的控制系统对刀具零点进行自动校准。与传统方法相比，此工艺环节减少了人工操作环节，提高了定位精度，降低了人工劳动强度。

关键技术

在上述场景中，多个关键技术的应用共同推动了智能数控机床的高效运作和高质量输出。以下是该场景中涉及的主要关键技术及其具体应用。

（1）多轴复合加工技术

通过机床的多轴联动，可以实现复杂形状零件的加工，该加工技术的出现极大地拓展了产品设计自由度和性能空间。典型应用设备有：

❶ **五轴加工中心**。具备五个独立运动轴，能够同时在多个方向进行加工操作。这种多轴

联动功能使其能够高效地加工复杂曲面和多角度交会的零件，极大地提高了加工精度和效率。在新型发动机缸体的加工中，五轴加工中心能够一次性完成复杂曲面的切削，减少了工序转换次数，降低了装夹误差，确保了零件的几何精度和表面质量。

❷ 车铣复合中心。集成了车削和铣削功能，能够在同一台设备上完成多种加工工艺。针对不同的加工需求，经过智能控制系统分析并给出加工配方，使得此类设备能够灵活地切换到匹配的加工模式，提高了生产线的柔性化和生产效率。尤其在缸体加工过程中，在同一装夹中完成车削、铣削和钻孔等多道工序，缩短了加工周期，减少了工件在不同设备间的转运时间，同时保证了加工的一致性和精度。

（2）刀具管理系统

通过监测刀具的使用状态和磨损情况，自动管理刀具的更换与维护。该系统集成有传感器和数据分析系统，能够预测刀具寿命并优化刀具使用策略。在缸体加工过程中，刀具管理系统实时监控刀具的磨损状态，预测其使用寿命。当检测到刀具即将磨损到预警值时，系统会自动发出更换指令，以确保刀具始终处于最佳工作状态，从而避免因刀具故障原因导致的加工中断和零件报废。

（3）传感器技术

在切削加工过程中，嵌入式传感器实时采集切削力、振动和温度等数据，并将这些数据上传至中央控制系统。通过分析这些数据，系统能够及时识别加工过程中的异常状况，并自动调整到匹配的工艺参数，以确保加工过程的稳定和零件的质量。

（4）虚拟仿真技术

在加工前，通过计算机虚拟仿真技术对五轴加工的工艺路径进行预演，识别可能的刀具干涉和工艺瓶颈，并针对性地优化工艺流程，这些工作在工艺开发和优化中起到关键作用，减少了试错成本、缩短了工艺验证时间。

（5）智能控制系统

智能控制系统集成了先进的控制算法和人工智能技术，能够自主调节加工参数，实现自动化和智能化控制。它支持闭环控制，实时优化加工过程。在加工过程中，智能控制系统根据传感器采集的实时数据，动态调整切削速度、进给量和刀具路径。当检测到异常参数时，系统会自动降低进给速度或更换备用刀具，确保加工过程的稳定性和零件的高质量。

（6）在线检测模块

通过集成测量探针、激光扫描等检测设备，实时测量加工后的零件尺寸和表面质量。加工完成后，在线检测模块对缸体的关键尺寸和表面粗糙度进行测量，并与设计数据进行对比分析。若检测到微小偏差，系统会利用虚拟仿真技术进行工艺路径的二次修正，并将优化后的参数应用于后续加工，确保零件的高一致性和高质量。

智能数控机床的八个技术特征如图3-1所示。

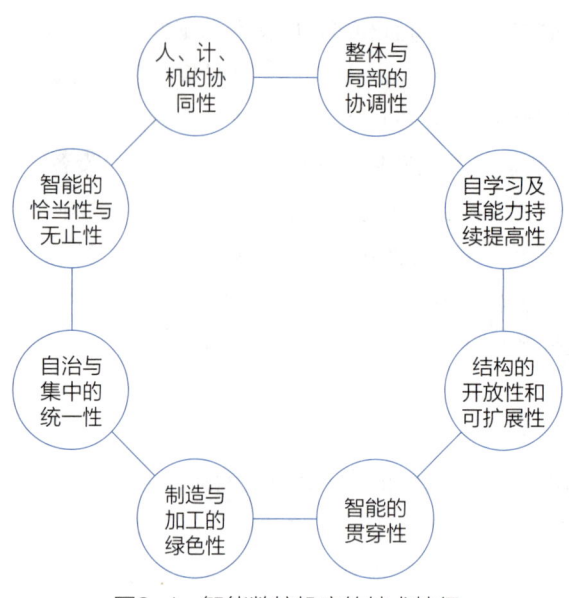

图3-1 智能数控机床的技术特征

相关知识

数控机床是制造业的"工作母机",是衡量一个国家制造业水平高低的战略物资。在我国加快转变经济发展方式、机床市场需求发生重大变化的新常态下,我国机床行业面临巨大的转型升级压力。数控机床已从数字化机床向智能化机床方向发展。

智能数控装备是当前制造业的基础性装备,这类装备从传统的数控加工发展为集智能感知、自适应控制、在线监测、远程诊断等功能于一体的智能化装备,实现了加工过程的智能优化与质量控制的闭环管理。

(1) 数控机床

❶ 什么是数控机床。数控机床是一种通过数字指令来控制机床运动的自动化加工设备。它能够根据预先编制的程序,自动完成各种复杂零件的加工。

数控机床的控制系统能够有逻辑地处理具有控制编码或其他符号指令规定的程序,并将其译码,用代码化的数字表示,通过信息载体输入数控装置。经运算处理后,数控装置发出各种控制信号,控制机床的动作,按图纸要求的形状和尺寸,自动地将零件加工出来。

数控机床较好地解决了复杂、精密、小批量、多品种的零件加工问题,是一种柔性的、高效能的自动化机床。数控机床能够进行多坐标联动,加工精度高,加工质量稳定。

❷ 数控机床的分类。

按加工工艺方法,数控机床可分为:

A. 金属切削类数控机床。包括数控车床、数控铣床、数控钻床、数控磨床等,适用于传统切削加工。

CNC加工技术

在普通数控机床上加装一个刀库和自动换刀装置就成为数控加工中心机床。它进一步提高了普通数控机床的自动化程度和生产效率，工件一次装夹后，可以对其大部分加工面进行多工序加工。

B．特种加工类数控机床。包括数控电火花线切割机床、数控激光加工机床等，适用于特殊材料或复杂形状的加工。

C．板材加工类数控机床。包括数控压力机、数控剪板机等，适用于金属板材的加工。

按联动坐标轴数，数控机床可分为：

A．二轴联动机床。广泛应用于数控车床加工旋转曲面或数控铣床加工曲线柱面时。

B．二轴半联动机床。通常用于三轴以上的机床，其中两根轴可以实现联动，而第三根轴则进行周期性进给。

C．三轴联动机床。三轴联动分为两种情况：一种是X、Y、Z三个直线坐标轴的联动，这在数控铣床和加工中心等设备上较为常见；另一种情况是，除了同时控制X、Y、Z中的两个直线坐标轴外，还需控制围绕其中某一直线坐标轴旋转的旋转坐标轴。例如，车削加工中心在加工时，除了纵向（Z轴）和横向（X轴）两个直线坐标轴的联动外，还需同时控制围绕Z轴旋转的主轴（C轴）进行联动。

D．四轴联动机床。要求同时控制X、Y、Z三个直线坐标轴，并与某一旋转坐标轴实现联动。应用于某些复杂的数控加工任务中。

E．五轴联动机床。除了同时控制X、Y、Z三个直线坐标轴进行联动外，还需控制围绕这些直线坐标轴旋转的A、B、C坐标轴中的两个。这样的配置使得刀具能够在空间内任意方向定位。

除上述分类外，数控机床还可以按机床运动的控制轨迹分类，分为点位控制数控机床、直线控制数控机床和轮廓控制数控机床；按伺服控制方式分类，分为开环控制数控机床、闭环控制数控机床和半闭环控制数控机床。

图3-2至图3-4为数控车床、数控铣床、加工中心的外形结构图。

图3-2 CK6150数控车床外形结构图

图3-3 XK6132数控铣床外形结构图

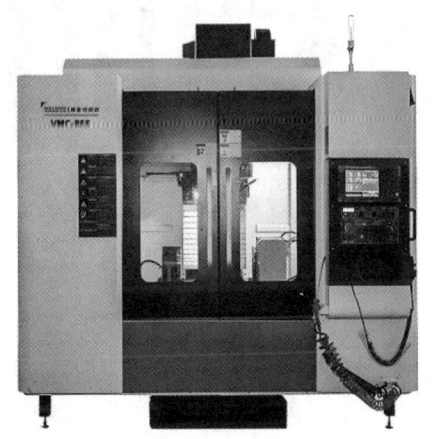

图3-4 VMC850立式加工中心外形结构图

❸ 数控机床刀具。

A. 数控机床刀具的特点。与传统机床刀具相比，数控机床刀具主要有以下特点：数控刀具必须有很高的切削效率；数控刀具必须具有高的精度；刀片和刀具几何参数和切削参数的规范化、典型化；实现刀具尺寸的预调和快速换刀；应有刀具在线监控及尺寸补偿系统；具有一个比较完善的刀具管理系统。

B. 数控机床刀具的分类。按刀具换刀方式分类，数控机床刀具分为常规刀具和模块化刀具两大类。常规刀具与前述的金属切削刀具的分类相同，按用途分为外圆车刀、切槽刀、螺纹车刀和内孔车刀等，按材料分为高速钢刀具、硬质合金刀具、金刚石刀具、立方氮化硼刀具和陶瓷刀具等，按结构分为整体式刀具、焊接式刀具、机夹式刀具和机夹可转位式刀具等。数控机床的刀具主要采用机夹可转位式刀具，图3-5为机夹可转位车刀刀片及数控车刀示例；图3-6为数控铣刀及其功能示意图。

模块化刀具是指由多个模块组成的刀具系统，这些模块可以按照一定的连接方式组合成一套能完成特定切削功能的刀具。刀具供应商已经将模块标准化和系列化，用户可以根据不同的需求在一定的范围内变换组合，从而获得不同的尺寸与规格。模块化刀具是数控机床刀具的发展方向，其主要优点有：减少换刀停机时间、加快换刀及安装时间、提高小批量生产的经济性、提高刀具的标准化和合理化程度、提高刀具的管理及柔性加工的水平、扩大刀具的利用率以及有效消除刀具测量工作的中断现象。模块化刀具通常包括车削刀具系统、钻削刀具系统和镗铣刀具系统。

图3-5　机夹可转位车刀刀片及数控车刀示例

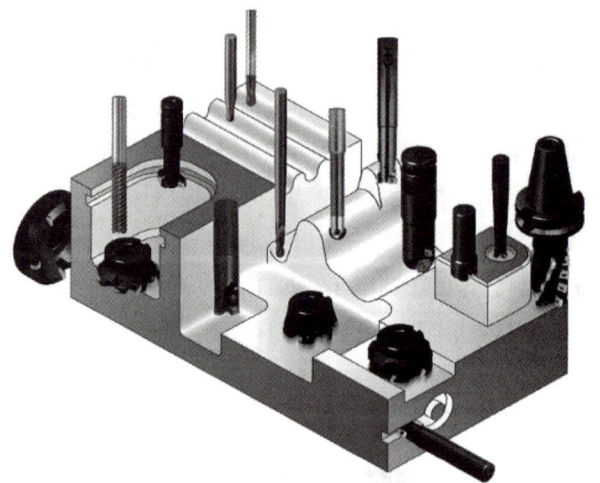

图3-6　数控铣刀及其功能示意图

现代加工技术的基本方向是高效率、高精度、高柔性和清洁化，要求整个切削过程必须十分可靠，而刀具的可靠性是整个加工过程系统的重要因素之一。高的切削可靠性不仅可以减少频繁换刀次数，提高切削效率，而且可以保证工件的质量及机床设备的安全运行，最终提高切削效益。如果刀具可靠性差，将会增加换刀时间，降低生产率，同时还将导致废品的产生，损坏机床与设备，甚至造成人员伤亡。因此，刀具的可靠性问题十分重要。

❹ **数控系统的构成**。数控系统的核心构成包括控制系统、伺服系统和位置测量系统三大部分。这三个部分通过闭环反馈机制协同工作，实现对机械加工过程的精确控制。

A．控制系统：作为数控系统的"大脑"。硬件架构由总线、CPU、电源、存储器、操作面板、显示屏等组成。现代系统还包含通信单元实现数据传输（如三菱数控系统的可编程控制器PLC接口）。具有的核心功能包括输入数据处理（译码、补偿计算）；插补运算生成运动轨迹指令；系统管理与故障诊断；通过FANUC 840D等典型系统实现人机交互。

B．伺服系统：负责执行控制指令的"动力中枢"。包含伺服驱动装置和电机（如三菱伺服电机）；通过PWM电流调节实现速度/加速度控制；与位置测量系统形成闭环，精度可达微米级。

C．位置测量系统："感知器官"的关键组成。采用光栅编码器或增量式位移编码器实时检测机械位置/速度参数；将反馈数据传送至控制系统修正指令。现代测量系统还整合工业网络接口（如Ethernet），支持多机床协同和智能制造。

（2）五轴加工中心

五轴加工中心是切削加工装备中的高端代表，它能够实现工件相对于刀具的五个自由度同步运动控制，完成复杂曲面的高精度加工。五轴加工中心采用高刚性龙门结构，配备高精度伺服驱动系统和智能化控制平台，通过传感器网络系统实现加工过程的实时监测和自适应控制。五轴加工中心有X、Y、Z、A、C五个轴，X、Y、Z和A、C轴形成五轴联动加工，擅长空间曲面加工、异型加工、镂空加工、打孔、斜孔、斜切等。相比传统三轴加工设备，五轴加工中心在加工能力、加工精度和加工效率等方面都具有显著提升。五轴加工中心的基本工作方式如图3-7所示。

图3-7 五轴加工中心的基本工作方式

❶ **五轴加工中心的系统构成**。在系统构成上，五轴加工中心包含多个智能化子系统。主轴系统采用内置式电主轴，配备智能温控装置和振动监测单元，通过多重传感器实时监测主轴的运行状态，确保主轴系统的稳定运行。温控系统采用闭环控制策略，通过智能算法实现主轴温

升的精确控制，将热变形控制在微米级水平。进给系统采用直线电机和力矩电机驱动，结合高精度光栅尺反馈，不仅提高了运动定位精度，还显著改善了系统的动态特性。

智能化功能在感知层面，体现在系统通过集成多种传感器（如切削力、振动、温度、声发射等），建立了完整的加工过程监测网络，为加工过程的优化提供了基础数据支持。在控制层面，系统采用自适应控制算法，能够根据实时监测数据自动调整进给速度、主轴转速等加工参数，保持最佳切削状态。特别是在复杂曲面加工中，系统通过智能插补算法和实时补偿技术，实现了高速、高精加工。

❷ **米克朗五轴加工中心的换刀装置。** 米克朗五轴加工中心的换刀装置有两种类型：一种为盘式刀库DT30（图3-8），另一种为链式刀库CT60（图3-9），两种换刀装置均能自动完成换刀，并由循环程序控制。

图3-8　盘式刀库DT30

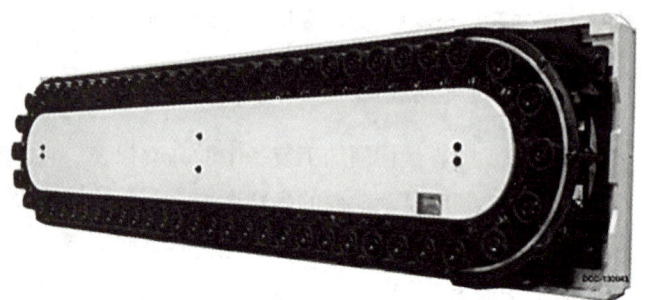
图3-9　链式刀库CT60

刀具由人工从主轴上装入，并储存在刀库中。刀尖的刃口朝下，以保护刀具锥柄免受脏物的污染。

（3）车铣复合中心

车铣复合中心是集车削、铣削、钻削等多种加工方式于一体的复合加工装备，通过主轴的高速切换和多轴联动，实现了工件的一次装夹多面加工，从根本上改变了传统多工序、多设备加工模式。复合中心配备了高性能数控系统和智能化工艺管理平台，通过深度集成人工智能技术，能够自动生成和优化复合加工工艺，实现加工过程的智能化控制。

在结构设计上，车铣复合中心采用了创新的双主轴结构设计。主轴系统采用内置式电机驱动，配备高精度陶瓷轴承和智能化冷却系统，实现了高速、高精、高刚度的加工能力。为确保加工精度的稳定性，系统采用智能温控技术，通过多点温度监测和补偿算法，将热变形控制在最小范围。同时，配备了主轴振动监测系统，通过实时分析振动特征，预测主轴状态，实现预防性维护。

KMC400S UMT五轴立式车铣复合加工中心（图3-10），其具有立式加工中心的全部特点，并在通用五轴立式加工中心的基础上，增加车削功能，具有铣削和车削两种模式，车削模式下回转工作台的C轴具有最高2000 r/min的转速。这种车铣复合的特殊化设计，减少因传统工序多次装夹造成的时间损耗和精度

多轴加工中心介绍

损失，提高加工效率和加工精度。由于采用主轴移动模式，相比传统机型具有更高的材料去除率。

（4）智能磨床

智能磨床是实现工件高精度表面加工的专用装备，代表了精密加工技术的最高水平。通过集成高精度运动控制、智能化砂轮修整、在线检测等技术，可实现亚微米级的加工精度和纳米级的表面质量，突破了传统磨床依赖人工经验的局限，为高端制造业提供了关键工艺支持。

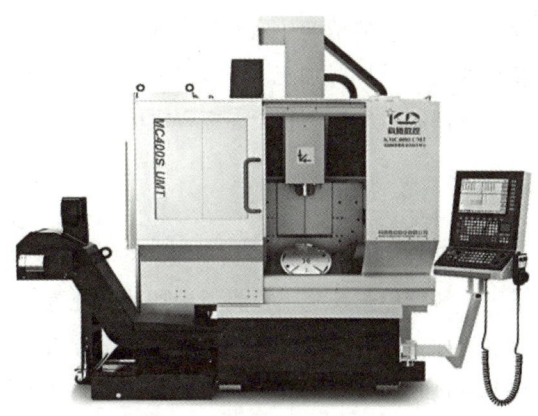

图3-10 KMC400S UMT五轴立式车铣复合加工中心

在结构设计上，智能磨床采用了高刚性铸件床身，通过有限元分析技术优化结构参数，实现了优异的静态和动态特性。导轨系统采用静压导轨设计，配合高精度光栅尺反馈，实现了0.1 μm的定位精度。为确保加工精度的稳定性，设备采用恒温控制系统，通过多区域温度场控制和智能补偿算法，将热变形影响控制在最小范围。主轴系统采用静压轴承支撑，集成了智能冷却和振动监测装置，实现了高速、高精、低热生成的运行特性。

砂轮管理系统是智能磨床的核心组成部分，通过声发射传感器实时监测砂轮状态，自动判断修整时机。修整过程采用闭环控制策略，通过精确控制修整深度和进给速度，确保砂轮型面精度和切削性能的稳定性。特别是在高精度型面磨削中，系统通过智能补偿算法，实现了砂轮磨损的实时补偿，保证了加工精度的一致性。

在质量检测方面，通过高精度探针和激光测量装置，实现了工件尺寸和表面质量的实时检测。测量数据通过高速网络实时反馈给控制系统、形成闭环控制，以确保加工质量的稳定性。

HC XCM 4000直线导轨磨床（图3-11）为高精度高效率智动化直线导轨专用磨床，可实现对直线导轨的智动磨削、自动误差补偿。磨床配置三个磨头，可同时磨削直线导轨的两侧基准面、滚道面、安装底面，实现一次装夹完成导轨上述表面的磨削加工，有效确保了直线导轨垂直方向和水平方向的直线度。通过精密的金刚滚轮修整，有效保证了砂轮修整的形状精度，

图3-11 HC XCM 4000直线导轨磨床

保证直线导轨的精度一致性，导轨精度达到UP级导轨副精度要求，可实现一次装夹两根导轨同时加工。广泛应用于工业母机制造、机器人制造、汽车制造、精密仪器制造、航空航天、工程机械等多个领域。

五轴刀具磨床

（5）柔性加工单元

柔性加工单元（图3-12）是一种高度集成的智能制造系统，它将加工中心、自动上下料系统、智能检测系统、智能刀具管理系统等集成为一个自主运行的制造单元。该设备代表了当前切削加工向柔性化、智能化和无人化方向发展的趋势，通过深度集成工业机器人、人工智能和工业物联网技术，可实现小批量、多品种零件的高效自动化加工。

图3-12　柔性加工单元

在系统构成上，智能柔性加工单元采用模块化设计理念，主要包括以下核心子系统。
❶ 加工系统。通常由高性能加工中心构成，具备多轴联动能力，可完成复杂零件的加工。
❷ 自动上下料系统。采用多关节机器人，配备视觉定位和力控制功能。
❸ 智能检测系统。集成在线测量和质量检测功能。
❹ 智能刀具管理系统。实现刀具的自动识别、更换和状态监控。
❺ 智能物流系统。包括工件缓存站、清洗站和分类输送系统。
❻ 中央控制系统。负责整个单元的调度和管理。

在智能化控制方面，该系统实现了多层次的创新。一是生产调度层面，通过人工智能算法实现了生产任务的智能排产和资源优化配置。系统能够根据订单需求和设备状态，自动生成最优的生产计划，并动态调整执行策略。二是工艺控制层面，建立了完整的工艺知识库，通过深度学习技术实现工艺参数的自动优化。特别是在多品种切换时，系统能够快速完成工艺调整，确保加工质量的稳定性。

柔性加工单元

应用案例

在某航空零部件生产工厂，为了满足新产品的精度与质量要求，以及提升生产效率、降低综合成本，工厂部署了一条以智能机床为核心的切削加工生产线。该生产线通过集成传感器系统、自动化装备、信息智能化管理系统，实现了对工艺过程的实时监测与智能化管理运用。

（1）具体应用

❶ **自动上下料**。生产线配备机器人系统以实现零部件的上料与下料操作，提升了生产效率，降低了人工劳动强度，减少了人为操作失误和安全风险。

❷ **柔性切削加工**。智能机床配备有内置/外置传感器（如切削力传感器、振动传感器、主轴功率检测等），在切削加工过程中，对机床状态和切削过程进行实时监测，以切削力、主轴载荷、振动频谱、刀具温度等数据为基础，通过机器学习智能算法，动态调整进给速度、主轴转速、切削深度等工艺参数，实现对工件的柔性切削，提升材料去除率及加工质量、降低刀具磨损。

❸ **刀具智能管理**。切削过程中，刀具管理系统实时采集主轴功率、切削振动、刀具表面温度等数据，经过相关性分析，判别刀具磨损的临界点、发出换刀或修磨指令，避免刀具过度磨损而导致零件报废或机床损伤。

随着加工工件样本的积累，智能管理系统通过对加工工件特征、刀具使用"画像"（特征）的统计与分析，输出更为匹配的加工工艺配方，同时工厂可制定更合理的刀具采购和备件策略，以降低刀具成本并缩短停机时间。

❹ **在线检测与工艺优化**。智能机床中集成的测量探针及3D激光测量仪，对加工后的工件尺寸和粗糙度进行检测，快速发现加工偏差并自动补偿加工。

完成工件加工后，通过自动化系统将工件移载至三坐标测量机（CMM）和自动化视觉检测设备上，全面检验工件的表面质量和尺寸精度。

检测数据通过工业网络系统上传至生产制造执行系统（MES），相关检测数据被用于加工工艺参数的相关性分析，形成完整的智能化加工"画像"。然后利用大数据分析与人工智能技术，针对典型失效模式（刀具崩刃、振纹、过切、热变形等）进行统计与溯源分析，能够快速迭代、优化加工工艺，提升工件加工质量及稳定性。

（2）应用成效

❶ **加工精度提升，产品合格率提高**。柔性切削策略与在线检测结合，使得尺寸精度和表面质量控制更加稳定，合格率明显提高。

❷ **设备综合效率提升**。刀具寿命预测性管理与维护降低了故障停机风险，大幅缩短待机时间，提高了机床利用率。

❸ **综合制造成本降低**。通过优化切削工艺参数、节约刀具资源以及减少废品率，制造成本显著下降。

❹ **工艺数据可追溯性增强**。所有加工与检测数据均被记录并自动关联至对应零件，可实现全过程质量数据可追溯，为后续工艺改进提供了强大数据支撑。

借助智能机床及其配套自动化装备、监测、控制与分析系统，该制造企业成功实现了对零部件的高精度、高可靠性和高效益的切削加工，并为未来的智能制造升级夯实了基础。

知识测试

评价

学生完成机械加工类智能装备场景的学习，可以根据学习情况进行自我评价和教师评价，作为评判平时成绩的依据之一。学习评价记录表见附录2。

场景 3.2 成型制造类智能装备

智能成型制造装备是在铸造、焊接、塑性成型、增材制造等成型类装备上，应用人工智能技术、数值模拟技术和信息处理技术，以一体化设计与智能化过程控制方法，取代传统材料制备与加工过程中的"试错法"设计与工艺控制方法，以实现材料组织性能的精确设计与制备加工过程的精确控制，获得最佳的材料组织性能与成型加工质量。

场景描述

在某型号航空发动机一个关键部件的制造任务中，部件的几何形状复杂，加工精度要求高，同时还是小批量的加工需求，这给传统制造、加工模式带来了巨大挑战。技术团队决定采用智能成型制造装备进行生产，以满足此关键部件的高精度、高效率和低成本的制造目标。

经过方案设计、评估、测试、仿真、优化、验证等工作，智能锻造装备制造出的部件，不仅满足了航空发动机的高性能要求，还显著缩短了生产周期，降低了制造成本。这一场景展示了成型制造类智能装备在复杂工艺条件下的灵活适应性和高效性，为先进制造领域的技术突破提供了可靠支持。

关键技术

（1）铸造

铸造是将液化材料（如熔融金属）倒入专门设计的模具型腔中并使其硬化的过程，在材料凝固后，将工件从模具中取出，然后进行各种精加工处理或用作最终产品。常见的铸造场景和零件如图3-13所示。铸造方法通常用于创建复杂的实心和空心形状，例如发动机机匣、液压泵泵体、电机壳体和端盖、变速箱等。

压铸自动化单元

一体化压铸

发动机缸盖铸造

精密铸造是一种利用一次性蜡型制作铸件的工艺。首先，将熔化的蜡料注入制备好的模具中，待蜡冷却固化后取出蜡型。接着，在蜡型表面涂覆耐火材料与黏合剂，经过逐层涂覆与干

 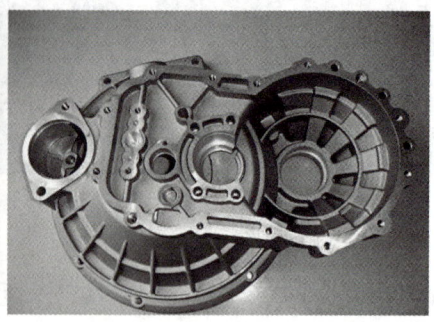

图3-13 铸造过程及铸件

燥后形成一层坚固的外壳。随后,将带有外壳的蜡型置于高温环境中,使蜡料熔化并流出,只保留下耐火外壳。最后,将高温熔融金属浇注到该空腔中,待金属凝固后去除耐火外壳,即可得到与蜡型相同形状的金属铸件。

压铸则是一种在高压条件下注入金属熔体的成型工艺,常用于锌、锡、铜、铝等有色金属及其合金的加工成型。具体做法是在高压状态下,将熔融金属迅速压入金属模具中,保持一定的压力与时间,直至工件完全凝固。在此过程中,模具一般无需拆分,适合进行大批量生产。压铸具有成型速度快、表面质量好、精度高等优点,但设备与模具成本较高,需根据生产批量和材料种类加以综合评估。

(2) 锻压

锻造是利用锻压机械,对金属坯料施加压力,使其产生塑性变形以获得具有一定机械性能、形状和尺寸的锻件的加工方法。锻造是机械制造中常用的成型方法。

智能锻模工艺

锻造按成型方法则可分为自由锻(图3-14)、模锻(图3-15)、冷镦、径向锻造、挤压、成型轧制、辊锻、辗扩等。坯料在压力下产生的变形基本不受外部限制的称自由锻,也称开式锻造;如果材料变形受到模具的限制,称为闭模式锻造。成型轧制、辊锻、辗扩等成型工具与材料之间有相对的旋转运动,对坯料进行逐点、渐近的加压和成型,又称为旋转锻造。

图3-14 自由锻

图3-15 模锻

锻造工艺能够有效消除铸造所产生的疏松和焊合孔洞等缺陷,使锻件的机械性能普遍优于同材料的铸件。在需要承受较高机械载荷或工作条件严苛的重要零部件中,一般会优先采用锻件以确保强度和可靠性。

锻造与冲压同属于塑性成型加工,统称为"锻压"。其生产流程通常包括:对坯料进行下料、加热及必要的预处理;随后完成成型;成型后还需对工件进行热处理、清理、校正和检验等后续操作。常用的锻压设备主要包括:锻锤、液压机和机械压力机。锻锤借助高速冲击实现金属的塑性流动;液压机通过静力锻造,工作较为平稳,但生产率相对较低;机械压力机则具有固定行程,便于实现机械化和自动化生产。

冲压成型

(3) 金属热处理

热处理是指金属材料在固态下,通过加热、保温和冷却的手段,以获得预期的晶体组织和机械性能的一种加工工艺。热处理一般不改变工件的形状和整体的化学成分,而是通过改变工件内部的显微组织,或改变工件表面的化学成分,从而赋予或改善工件的使用性能。典型应用场景如图3-16所示。

热处理的常见工艺与作用如下:

❶ **正火**。将钢材或钢件加热至临界点Ac_3或Ac_m以上的适当温度并保温一定时间后,置于空气中冷却,使材料获得珠光体类组织的一种热处理工艺,可显著细化组织晶粒,消除锻造或轧制过程中形成的不均匀组织,硬度和强度适中,韧性较好,适合承受一定载荷或作为后续加工的中间热处理。

图3-16 3D打印钛合金部件真空热处理

❷ **退火**。一种将金属材料加热到适当温度并保温一段时间后,缓慢冷却(通常随炉冷却)的热处理工艺。通过缓慢冷却,组织中残余应力得以充分释放,材料硬度降低、塑性和韧

性得到改善。可有效去除或减轻因锻造、轧制等加工产生的内应力,避免缺陷和裂纹的进一步扩展。退火后的材料硬度较低,塑性和韧性较好,更适合进行切削、变形等后续工序。

❸ 固溶。将合金加热至高温单相区并保温,使合金中过剩相或第二相充分溶解到母相(基体)中,然后迅速冷却,有助于细化晶粒并减少组织缺陷,使材料的塑性、韧性和综合力学性能得到改善,从而大幅提高合金的强度与硬度。固溶处理后,合金元素在基体中分布更加均匀,减少了金属表面局部贫化现象,可以显著提升材料的抗腐蚀能力。

❹ 时效。一种基于"过饱和固溶体在一定温度下随时间演变"原理的热处理方式,工件在室温或略高于室温条件下放置,随着时间的推移,过饱和固溶体内的溶质原子逐渐扩散并形成微细且弥散分布的析出相,从而显著提升合金的强度与硬度。通过控制时效温度与时间,可以兼顾材料的强度、韧性和延展性,满足多样化使用需求。

❺ 淬火。将钢或合金加热至奥氏体区温度并保温后,然后以较快的速度冷却(通常浸入水、油或其他冷却介质中),使得奥氏体无法充分扩散而转变为马氏体等高硬度相,从而显著提高材料的硬度和强度。淬火产生的硬化组织具有较高耐磨性,可显著延长零件的使用寿命,尤其适用于需承受摩擦、冲击等工况的零部件。

❻ 回火。对淬火后的工件再加热至临界温度Ac_1以下的合适温度并保温。由于淬火后组织变化剧烈且冷却速度快,工件内部残留了相当的内应力。回火可使部分应力得到释放,从而降低开裂风险,提高尺寸稳定性。随着回火温度和时间的不同,材料的硬度、强度会有所降低,但韧性、塑性随之得到提高。通过调节回火温度和保温时间,可实现综合力学性能的平衡。

❼ 调质。将淬火与高温回火相结合的一种热处理工艺。工件先经过淬火获得高硬度和高强度,再通过高温回火使组织内应力释放、组织转变为更加稳定的铁素体-碳化物体系,从而在保持较高强度的同时兼具良好的韧性与塑性,适用于承受较高载荷或冲击载荷的零部件。

❽ 碳氮共渗(又称氰化)。一种化学热处理工艺,在高温气氛炉中通入含碳、含氮的混合气体,并保持足够的保温时间,使得工件表层碳、氮元素浓度提高,从而获得高硬度、耐磨、抗疲劳的表层。由于碳氮共渗只在表层进行,芯部仍保留原始的较高韧性和塑性,使得零部件能够承受冲击或较大载荷。

相关知识

成型制造类智能装备是实现材料成型加工的关键设备,主要包括锻压类、铸造类和增材制造类等智能装备。这类装备通过施加外力或热能,使材料按照预定的工艺要求发生变形或相变,最终获得所需的几何形状和物理性能。近年来,随着智能制造技术的发展,成型制造装备在智能化、精密化和绿色化方面取得了显著进步。

(1)锻压类智能装备

智能锻造机是当前锻压装备的代表,它采用先进的伺服控制技术和智能化控制系统,实现了锻造过程的精确控制。该设备的核心在于其智能化控制系统，通过传感器系统实时监测锻造过程中的力、位移、速度等参数，系统采用闭环控制策略，能够根据材料变形特性自动优化锻造参数，确保产品质量的稳定性和一致性。图3-17为J58ZK-6300型伺服直驱式数控电动螺旋压力机，是当前国际业内最大吨位锻造机，该设备公称压力达到63000 kN、长期许用载荷100000 kN，机身采用整体铸钢结构，高近11 m，应用自主研制的大扭矩永磁同步环形电机直接驱动，实现零传动、无噪声、免维护，匹配自主开发的专用数控系统，对锻造工序中的打击能量、变形速率及滑块位置等实现精准控制。

图3-17　J58ZK-6300型伺服直驱式数控电动螺旋压力机

在功能实现上，首先是自适应控制能力，系统能够根据不同材料的变形特性自动调整锻造参数；其次是实时监测功能，通过传感器系统对锻造过程进行全方位监控；最后是智能诊断功能，能够及时发现和预警可能出现的问题。这些功能的实现极大地提高了锻造过程的可控性和产品质量的稳定性。

（2）铸造类智能装备

铸造类智能装备是当前铸造工业的核心装备，它通过金属材料熔化、浇注、凝固等一系列工艺过程的智能化控制，实现高质量铸件的规模化生产。这类装备的发展极大地推动了铸造工业的技术进步，使传统的劳动密集型制造向智能化、精密化方向转变。

智能造型设备是铸造生产线上的关键装备，主要用于制造高质量的铸造型芯，采用伺服电机精确控制和多轴联动技术，配备了实时监测系统，可以对砂型密度、硬度等关键参数进行在线检测和自动调节。通过集成的智能控制系统，设备能够根据不同产品需求自动调整造型参数，确保型砂的紧实度和表面质量。

在造型过程控制方面，射砂系统通过多点压力传感器实时监测射砂状态，基于算法自动调节射砂参数；紧实系统采用分段加压技术，通过振动和压实的协同作用，确保砂型密度的均匀性；合箱系统则运用高精度伺服定位技术，实现上下型砂的精确对位。这些技术的综合应用，显著提高了砂型的质量稳定性。

浇注机器人系统是另一项重要的铸造智能装备，它将机器人技术、视觉识别、温度控制等多种技术进行融合，实现浇注过程的精确控制。系统采用红外测温技术，实时监控金属液温度，配备机械臂和精密给汤系统，可根据不同铸件的要求自动调整浇注速度和温度曲线。

智能清理中心是铸造后处理的关键装备，集成了机器人技术、视觉识别和智能控制等多种技术。该设备采用多关节机器人和智能视觉系统，实现了铸件清理过程的智能化和柔性化。通过3D视觉扫描技术，系统能够精确识别待清理部位，采用力控制技术确保清理过程的稳定性和安全性。

智能铸造加工的主要组成部分如图3-18所示，包括组芯胎具、制芯造型、熔化浇注及机器人加工等。

（a）组芯胎具　　　　　　　　　　（b）制芯造型

（c）熔化浇注　　　　　　　　　　（d）机器人加工

图3-18　智能铸造加工的主要组成部分

（3）增材制造类智能装备

增材制造（Additive Manufacturing，AM），通常又称为3D打印或激光快速原型（LRP），融合了计算机辅助设计、材料加工与成型技术，以数字模型文件为基础，通过软件与数控系统融合，将专用的金属材料、非金属材料以及生物材料，按照铺粉、挤压、烧结、熔融、光固化、喷射等方式逐层堆积，获得实体物品的制造技术。

DMG MORI
增材制造技术

增材制造技术的基本原理是叠层制造。基于这种技术的增材制造在内部装有液体、料丝或粉末等"打印材料"，通过计算机控制把"打印材料"层层叠加起来，最终把计算机上的三维模型变成实物。市场现有增材制造技术（表3-1），与传统制造业的去除材料加工技术不同，其遵从的是加法原则，可以直接将计算机中的设计转化为模型，甚至直接制造零件或模具，不再需要传统的刀具、夹具、模具和机床。由于该技术将多维制造变为简单的由下至上的二维叠加，大大降低了设计与制造的复杂度，甚至可以制造传统方式无法加工的奇异结构，如封闭内部空腔、"套娃式"多层嵌套等。其优势是简化开发流程、降低研发成本、个性化产品定制、小批量生产。目前，使用该技术生产的零件的精度及表面质量大多不能满足工程直接使用，不能作为功能性部件，只能作为原型使用。由于采用层层叠加的增材制造工艺，层和层之间的黏结再紧密，也无法和传统模具整体浇注而成的零件相媲美，这意味着在一定外力条件下，"打印"的部件很可能会散架。如需批量生产的产品，对比传统的减材制造，增材制造的速度与成本显然无法与之相比。

表 3-1 增材制造技术分类

名称	市场技术名称	过程描述	优势	典型材料
光固化技术	SLA（光固化成型）、DLP（数字光处理）、CLP（连续液界面生产）	液态光敏树脂通过（激光头或者投影，以及化学方式）发生固化反应，凝固成产品的形状	高精度和高复杂性，光滑的产品表面	光敏树脂
粉末床熔融（PBF）	SLS（选择性激光烧结）、DMLS（直接金属激光烧结）、SLM（选择性激光融化）、EBM（电子束激光融化）	通过选择性地融化金属粉末床每一层的金属粉末来制造零件	高复杂性	塑料、金属粉末、陶瓷粉末、砂子
黏结剂喷射	3DP	黏结剂喷射3D打印技术是把约束溶剂挤压到粉末床，3D打印的名称也由此诞生	全彩打印，高通量，材料广泛	塑料粉末、金属粉末、陶瓷粉末、玻璃、砂子
材料喷射	MJ（材料喷射）、CMJ（连续材料喷射）、NPJ（纳米颗粒喷射）、DOD（按需滴落）	将材料以微滴的形式选择性喷射沉积	高精度，全彩，允许一个产品中含多种材料	光敏树脂、蜡
层压	LOM（层压技术）、SDL（选择性沉积层压）、UAM（超声波增材制造）	片状材料借助黏胶、超声焊接或钎焊被压合在一起，多余部分被层层切除	高通量，相对成本低（非金属类），可以在打印过程中植入组件	纸张、塑料、金属箔
材料挤出	FFF（电熔制丝）、FDM（熔融挤出）	丝状的材料通过加热的挤出头以液态的形状被挤出	价格便宜，多色，可用于办公环境，打印出来的零件结构性能高	塑料长丝、液体塑料、泥浆（用于建筑类）
定向能量沉积	LMD（激光金属沉积）、LENS（激光净型制造）、DMD（直接金属沉积）	金属粉末或金属丝在产品表面熔融固化，能量源可以是激光或光子束	适合修复零件，可以在同一个零件上使用多种材料，高通量	金属粉、金属丝、陶瓷
混合增材制造	AMBIT（该名称由Hybrid Mfg Tech 公司提出）	与当前的CNC数控机床配套的增材制造包	高通量，自由造型，可在自动化的过程中将制成材料去除，可精加工和方便检测	金属粉、金属丝、陶瓷

增材制造类智能装备作为成型制造的重要组成部分，不仅突破了传统减材和等材制造的局限性，还通过与智能化技术的融合，为复杂产品的高效制造提供了革命性解决方案。

图3-19为国内自主研发的首台大尺寸四光束成型装备ASA-500M，突破了高精度伺服控制系统、多光束协调扫描、航天密封等先进装备制造技术，零件最大成型尺寸为500 mm×500 mm×500 mm，达到了国内先进水平，为解决航天、航空等领域的大尺寸复杂结构件成型提供了一种"安全、高效、智能化"的新型平台。

图3-19 大尺寸四光束成型装备ASA-500M

❶ **增材制造类智能装备具有以下显著特点：**

A. 复杂结构的柔性制造。无需模具即可制造传统工艺难以实现的复杂结构，包括轻量化拓扑优化结构、多功能集成部件等。

B. 材料利用率高。仅消耗制造所需的材料，极大地减少了浪费，尤其适用于贵金属、稀有材料的成型制造。

C. 快速响应与定制化生产。结合智能设计与控制技术，可快速完成小批量或个性化定制零件的生产。

D. 智能化过程控制。通过传感器、机器视觉和AI算法，实现对制造过程的实时监控与动态调整，确保制品质量和精度。

❷ **增材制造类智能装备的核心技术方面主要包括以下几个方面：**

A. 智能建模与路径规划。以数字化设计为基础，通过采用CAD和拓扑优化技术生成精准的3D模型，以智能路径规划算法为核心，优化材料沉积路径、提高打印效率和质量。

B. 多材料与多工艺支持。不仅支持金属、陶瓷、高分子等多种材料的制造，而且兼容激光熔融、电子束熔融、材料喷射等多种增材制造工艺，能够满足不同应用场景的需求。

C. 过程监控与质量控制。配备高精度传感器和机器视觉系统，可以实时监测关键工艺参数（如温度场、熔池形态、层间结合质量），并能够结合智能算法进行动态调整和缺陷预警。

D. 自主学习与工艺优化。以生产工艺过程数据及分析结果为基础，此类型装备通过人工智能技术，自主学习制造过程规律，不断优化工艺参数和生产路径，以提升生产效率和质量稳定性。

应用案例

在某汽车零部件制造企业，为提升铝合金零部件的成型精度、节约生产成本并提高生产线的自动化与智能化程度，企业决定引入一条智能压铸装备生产线。该生产线由高性能压铸机、智能监测与控制系统以及自动化输送、装配等辅助设备组成。

（1）整体流程

❶ **上料与熔炼。** 自动上料系统将铝合金锭料按预定配方投入熔炉进行加热熔炼。

智能温控模块利用热电偶、红外测温仪等传感器，对熔炼温度和合金成分进行实时监控，并与工艺数据库进行比对，及时调整炉温与加料配比。

❷ **压铸成型。** 熔炼完成后，液态铝合金由机器人浇注系统注入压铸机。

压铸机内置多种传感器（压力传感器、位移传感器、速度传感器等）实时采集数据，并通过PLC/工控机实现高速数据交换。

借助嵌入的AI算法（如机器学习、专家系统），系统可依据实时数据对压铸过程中的关键参数（射料速度、压力曲线、保压时间等）进行自适应优化，保证制件尺寸精度与组织质量。

❸ **在线质量检测。** 压铸后，工件自动转移至视觉检测与X光无损检测单元。

视觉检测系统利用深度学习算法识别表面缺陷（如毛刺、飞边、气孔），并通过数据库中的训练模型判定合格率。

X光检测可识别内部孔隙、夹杂等潜在缺陷，如出现超标情况，自动分拣系统会将次品转移到报废/返修区域。

（2）应用成效

❶ 通过压铸机自适应调控与在线检测，大幅减少因过压、偏压或保压不足导致的铸件缺陷，产品合格率显著提升。

❷ 智能化的工艺优化与设备维护能有效缩短产线换模及维修时间，提升生产节拍，降低停机风险。

❸ 完善的检测与大数据分析使生产过程实现可追溯、可控，大幅节约了质量控制成本，并为后续工艺改进提供了可靠的数据支持。

凭借上述智能装备与系统集成，企业可满足汽车零部件在强度、表面质量、尺寸精度等方面的严格要求，并显著提升市场竞争力，实现从传统制造向智能制造的稳步升级。

知识测试

评价

学生完成成型制造类智能装备场景的学习，可以根据学习情况进行自我评价和教师评价，作为评判平时成绩的依据之一。学习评价记录表见附录2。

场景 3.3 特种加工类智能装备

特种加工是利用物理或化学方法去除或改变材料形状与性质的工艺技术，与传统切削、铸造、锻压等工艺相比，具有加工温度低、无机械应力、可加工高硬度及难加工材料等优势。随着先进制造技术的不断发展，特种加工在航空航天、电子信息、精密器械等领域发挥着越来越重要的作用。

在本场景中，将介绍几类典型的特种加工智能装备及其关键技术，包括激光加工、电火花加工、超声波加工、电化学加工等。通过对这些装备的核心工作原理与智能化应用进行剖析，学生将系统地了解相关智能装备的技术特点与应用优势，为进一步探索先进加工工艺与智能制造的融合奠定基础。

场景描述

某电子制造企业接到一批高端智能手机玻璃盖板的订单。由于设计指标有所提高，这批玻璃盖板不仅要具备超高的透光率和耐磨性能，还需在外观上呈现多曲面、高弧度的边缘造型，技术团队决定采用特种加工类智能装备，以满足高硬度、高精度及美观度的苛刻需求。

关键技术

（1）视觉检测与定位技术

利用工业相机和视觉系统对玻璃原片进行检测和定位，自动识别玻璃边缘位置、厚度等关键参数。避免人工干预导致的误差，提高加工效率和精准度。

（2）柔性激光切割技术

高能量激光束对指定路径处的玻璃进行局部加热，使材料快速熔化或汽化，实现高效分离。根据玻璃厚度、弧度和材料特性实时调整激光功率、聚焦位置和扫描速度，保证切口质量（边缘无明显崩边、表面平整度高）。

（3）边缘研磨与表面抛光技术

使用自动化研磨机及抛光机，对切割后的玻璃盖板进行进一步整形和表面处理，去除微小崩边并提升外观和耐磨性。装备配备的传感器系统实时监测研磨压力以判断磨损状况,当出现偏差时,自动调整进给速率或更换磨料,以确保各批次盖板品质的一致性。

(4) 化学强化技术(离子交换工艺)

将切割、研磨后的玻璃浸入化学溶液,使玻璃表层的钠离子与溶液中的钾离子进行交换,增加表面硬度和抗冲击能力。同时,通过传感器系统对溶液温度、浸泡时间和离子浓度进行实时监控和数据记录,确保强化效果的一致性,并根据工艺参数与检测数据的相关性分析结果进一步优化浸泡工序。

(5) 超声波清洗技术

利用高频振动在清洗液中形成空化效应,去除玻璃表面和内部微孔内残留的化学药剂、微尘等杂质。通过传感器系统监测温度、振动频率等工艺参数,以确保清洗过程的稳定性和可控性,同时,基于检测与相关性分析结果,柔性调节清洗工艺参数,确保清洗彻底且不损伤玻璃表面。

以上关键技术通过智能化与自动化的深度融合,使得手机玻璃盖板从定位、切割、研磨到强化、清洗的全流程都能兼顾高精度、高效率与稳定性,为消费电子产品的高品质外观和卓越性能提供了重要支撑。

相关知识

特种加工类智能装备是针对传统机械切削难以完成的特殊加工需求而开发的专用装备,主要利用激光、电加工、超声波、离子束等特殊能量形式实现材料的去除或改性。这类装备突破了传统加工方法的局限,在精密制造、特种材料加工和微细加工等领域发挥着不可替代的作用。随着智能制造技术的发展,特种加工装备通过深度融合人工智能、数字孪生等技术,实现了加工过程的智能化控制和质量的精确管理。

(1) 激光加工中心

激光加工中心是特种加工装备中的代表性装备(图3-20),通过高能激光束实现材料的切割、焊接、表面处理等多种加工功能。该设备融合了高功率光纤激光器、智能化控制平台和精密运动系统,通过深度集成机器视觉、实时监测和柔性控制技术,实现了复杂工件的高精度加工。作为当前制造业的关键装备,智能激光加工中心在航空航天、汽车制造、电子产业等领域发挥着重要作用。

图3-20　三维五轴激光加工中心

在设备结构上，智能激光加工中心采用了模块化的设计理念。激光发生系统采用新一代高功率光纤激光器，输出功率可达20 kW。光路系统采用全封闭式设计，配备智能化光束整形和自动聚焦装置，实现了光束参数的精确控制。

激光加工中心

目前，市场应用较多的是激光切割机，其结构和激光加工中心相似，功能单一，价格也相对低廉。

（2）电火花加工中心

电火花加工中心是利用电火花放电原理进行导电材料精密加工的现代化智能装备，在模具制造、精密零件加工等领域发挥着不可替代的作用。此类设备通过集成高性能数字化放电电源、智能控制系统和多轴联动平台，实现了复杂型腔的高精度加工。特别是在难加工材料的精密成型领域，其具有独特的技术优势。

在系统构成上，设备采用了全新的模块化设计理念。放电电源系统采用新一代数字化脉冲发生器，配备智能参数调节单元，能够实现纳秒级的放电控制精度。机械系统采用高刚性龙门结构，配备高精度静压导轨和光栅尺反馈，实现了亚微米级的定位精度。工作液循环系统采用多级过滤和温度精确控制，确保了加工环境的稳定性。

在工艺控制方面，实现了电火花加工过程的全方位智能化管理。系统通过建立完整的放电特性模型，能够精确识别正常放电、短路、空载等不同状态，并实时调整加工参数。在加工过程中，通过多传感器融合技术，实现了间隙、放电状态、加工效率等参数的实时监测和优化控制。

例如，DMT 40E电火花加工中心（图3-21），具备高精度和高效率的加工能力，工作台尺寸为400 mm×600 mm，最大工件重量500 kg，X、Y、Z轴行程分别为400 mm、300 mm和250 mm，加工精度达±0.005 mm，表面粗糙度Ra为0.2 μm。其智能化功能主要体现在：先进的数控系统、自适应控制、自动换刀和定位、实时监控与故障诊断、数据采集与分析、远程监控、CAD/CAM集成及加工模拟等。设备还配备智能节能模式和多重安全保护机制，确保高效、环保和安全运行。

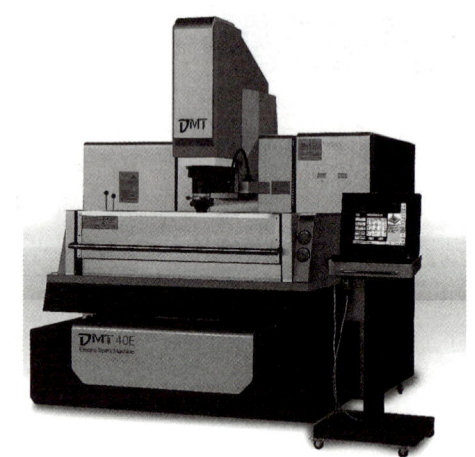

图3-21　DMT 40E电火花加工中心

（3）超声波加工中心

超声波加工中心是专门用于硬脆材料精密加工的现代化智能装备，在光学元件、半导体材料、陶瓷制品等领域具有独特优势。此类设备通过将超声波振动能量引入加工过程，具有宏观切削力小、微观切削力大的特点，结合精密进给系统和智能化控制平台，实现了硬脆材料的高效、低损伤加工。作为特种加工装备的重要分支，智能超声波加工中心为高端制造业提供了关键的工艺支持。

装备采用了先进的一体化设计理念，超声波振动系统采用新型压电材料和智能匹配电路，工作频率范围在20～60 kHz，振幅精度控制在±1 μm以内。机械系统采用三维气浮平台结构，配备高精度直线电机驱动。为确保加工环境的稳定性，设备配备了恒温控制系统和智能化磨料循环装置，工作温度波动控制在±0.1℃范围内。

工艺控制系统是设备的核心，实现了超声波加工过程的精确管理。系统建立了完整的超声波加工工艺模型，包含了振动特性、材料去除机理和加工参数优化等内容。通过深度学习算法，系统能够根据不同工件材料和加工要求，自动生成最优的工艺配方组合。特别是针对复杂曲面加工，通过实时监测和自适应控制技术，确保了加工质量的均匀性和稳定性。

例如，LASERTEC 20 Precision Tool（图3-22），是一款高精度超声波加工中心，其工作台尺寸为200 mm×200 mm，最大工件重量50 kg，X、Y、Z轴行程分别为200 mm、200 mm和150 mm，加工精度达±0.002 mm。其设备的智能化功能包括先进的数控系统、自动换刀、实时监控与故障诊断、数据采集与分析、远程监控、CAD/CAM集成及加工模拟等。设备还配备智能节能模式和多重安全保护机制，确保高效、环保和安全运行，适用于高精度模具和复杂零件的精密加工。

超声波加工中心

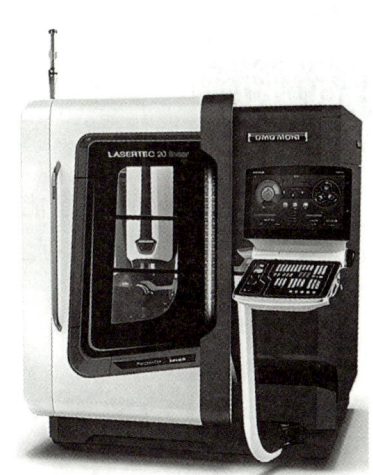

图3-22　LASERTEC 20 Precision Tool

应用案例

在航空发动机制造领域，燃油喷嘴的结构十分复杂，且采用高硬度合金材料，并对喷孔精度、表面光洁度具有极高要求。传统机械加工难以在高硬度合金材料上制造出细微孔道，容易产生切削残余应力和毛刺。为满足发动机燃油雾化及喷射均匀度的严格标准，某航空制造企业引入了特种加工类-电火花加工系统，以在高强度、高耐热合金材料上实现高精度微孔加工。这套智能电火花加工系统由高精度脉冲电源、工业相机监测单元、传感器网络和自动化伺服控制系统组成。

首先，技术人员利用CAD软件对燃油喷嘴的3D模型进行分解，找出需加工微孔的具体位置和尺寸，然后将模型数据导入CAM系统，自动生成电火花加工路径及工艺参数。系统根据孔径大小和加工深度，自动选择匹配的电极形状、材料（如铜、钨等），并精确计算电极磨损率。若检测到电极磨损超出阈值，设备会发出换电极指令或切换备用电极。

在加工过程中，传感器网络和工业相机为控制系统提供多维度数据（放电状态、加工间隙、电极损耗等）。若监测到火花不稳定或出现放电短路趋势，控制系统会自动调节脉冲宽度、放电电压，以及放慢电极进给速度，以保护工件和电极不受损坏。

微孔加工完成后，设备利用在线检测功能测量孔径、公差范围和表面粗糙度。测量结果与数据库中标准值进行对比，然后根据分析结果进一步优化脉冲参数或电极形式，为后续批量化加工奠定数据基础。

知识测试

评价

学生完成特种加工类智能装备场景的学习,可以根据学习情况进行自我评价和教师评价,作为评判平时成绩的依据之一。学习评价记录表见附录2。

场景 3.4 装配、检测类智能装备

在当前制造业中,产品的装配与检测环节是决定最终质量与性能的关键步骤。随着智能制造技术的迅猛发展,传统的依赖人工或半自动化的装配与检测模式,正逐步被具有更高柔性化与精度的智能装备所取代。这些装配、检测类智能装备将新一代信息技术、传感器技术、机器人技术和工业互联网深度融合,能够在复杂生产环境中实时感知、自适应、调整工艺流程,以提高生产效率与产品一致性。

场景描述

某新能源汽车制造企业需要快速扩建扁线电机总成生产线,以应对不断增长的订单需求。由于电机总成内部结构复杂、零部件精度要求高,传统的人工装配和检测模式难以保证产能及产品一致性的要求。为此,企业在新建生产线上引入了装配、检测类智能装备,希望借助智能机器人、视觉检测系统以及工业互联网技术,实现从零部件组装到出厂检测的全流程自动化与智能化。

新的生产线配置了多台协作机器人,这些机器人可在有限的空间内与操作人员共同作业。通过机器视觉系统,协作机器人能够识别电机转子、定子及轴承等零部件的准确位置与朝向,并采用高精度力控技术完成装配。若在安装过程中检测到配合阻力异常或零件错位,系统会自动暂停操作,通过视觉界面提示操作人员介入并进行纠正。同时,装配工位与中央控制系统保持实时数据连接,设备可根据订单和批次信息自动切换装配流程,对不同规格的电机部件实现快速柔性装配。

在装配完成后,电机总成会输送到智能检测工位。检测设备集成了多种传感器,包括视觉扫描、声学测试和扭矩监测等。首先,视觉系统对总成外观进行扫描,快速判断外壳表面质量和关键装配点是否达标;其次,声学检测模块通过模拟不同转速工况下的运行声音,判断轴承和齿轮的磨合状况;最后,设备将扭矩传感器采集到的数据与标准值进行比对,以确保电机输出性能参数符合设计指标。所有检测数据会通过工业互联网传输至中央数据中心,若检测结果超出公差范围,系统会立即通知装配工位进行工艺或零件调整。

整条生产线的装配和检测数据都被自动记录,形成可追溯的质量数据库。当某一批次产品出现性能异常时,质量工程师可在系统中迅速查询到该批次所用零件的供应商信息、装配力学曲线以及检测报告,定位可能的故障环节并制定改进方案。同时,企业也利用此数据库定期进行大数据分析,通过对装配力值、运行噪声和检测合格率等参数进行综合评估,以发现潜在的质量隐患并及时优化装配和检测的工艺流程。

 关键技术

（1）柔性装配技术

在扁线电机转子、定子及其他精密部件的自动化装配环节中，协作机器人起到核心作用。它们配备了高精度伺服电机以及力控传感器，可根据装配过程中瞬时产生的力反馈进行自适应调整，避免过度压装或零件错位。通过与人协同作业，机器人能在小批量、多品种生产环境下灵活切换装配流程，实现对不同规格电机部件的快速装配和精准定位。

（2）机器视觉与智能识别

装配工位和检测工位中使用了多样化的机器视觉技术，包括2D/3D相机和图像处理算法。机器视觉系统可识别零部件的尺寸、形状、朝向以及表面质量，进而指导机器人抓取、定位或筛选不合格件。在检测环节，视觉扫描对总成外观进行全方位检查，为质量判定提供准确的信息输入。

（3）在线检测与多传感器融合

检测工位将视觉、声学、扭矩等多种传感器技术深度融合，使得电机总成的检测维度更加全面。声学传感器通过采集不同转速下的声音，然后通过傅里叶变换、获得噪声谱，经过对比，可快速发现轴承和齿轮的磨合异常；扭矩传感器则检测输出扭矩曲线，判断电机性能是否达标。多维度数据互补使检测过程更可靠，也为后续的大数据分析提供了丰富的数据支撑。

（4）工业互联网与实时数据传输

在该生产线上，所有装配与检测设备均通过工业互联网协议与中央控制系统相连，实现数据的实时传输与共享。一旦检测数据发现异常，系统能立即通知装配工位或质量工程师介入，以及时解决问题。借助工业互联网的高带宽、低延时特点，整个生产环节的互联互通效率得到大幅提升，减少了信息孤岛的出现。

（5）大数据分析与质量追溯

企业将装配过程中的力学数据、声学数据等检测环节的多维信息，以及零部件供应批次等信息统一汇总到质量数据库中，借助大数据分析技术，快速定位异常批次或环节，并挖掘潜在故障模式。如若出现产品性能异常，工程师能够追溯到具体的零部件供应商、装配力值范围及检测数值，便于及时修正工艺或更换零部件，实现精细化质量管控。

（6）数字孪生与智能决策

随着新技术导入，企业将数字孪生技术引入到生产过程中，通过在虚拟环境中同步模拟装配路径、检测流程和可能出现的故障，工程师在实际生产开始前对方案进行预验证与优化。结合人工智能算法的迭代训练，系统给出更优的装配顺序、检测策略，以提高整条生产线的柔性化与稳定性，为电机总成的大规模定制化提供可行方案。

相关知识

装配、检测类智能装备是当前制造系统中实现产品最终装配和质量检验的关键装备,代表着制造过程的最后环节和质量保证的重要手段。这类装备通过融合机器人技术、机器视觉、精密测量和人工智能等先进技术,实现了复杂产品的智能化装配和全方位质量检测。作为智能制造的重要支撑装备,它的发展水平直接影响着产品的最终质量和生产效率(图3-23)。

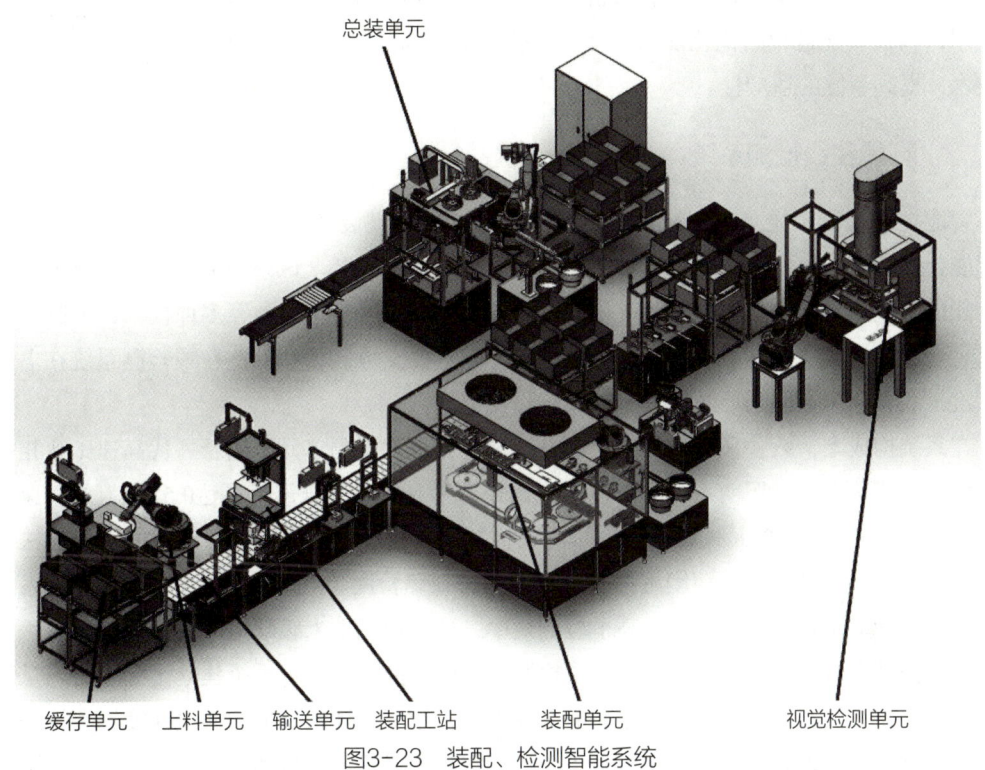

图3-23 装配、检测智能系统

(1) 智能柔性装配系统

智能柔性装配系统是实现产品自动化装配的核心装备,通过集成多关节机器人、视觉引导、力反馈控制等技术,完成复杂产品的精密装配。该系统突破了传统装配设备在柔性化和智能化方面的局限,通过深度集成人工智能技术和数字孪生技术,实现了多品种、小批量产品的高效装配。

在系统构成上,装备采用了模块化的设计理念。机器人系统采用高精度六轴机器人,配备智能化末端执行器,位置重复精度达到 ± 0.02 mm。视觉系统采用高分辨率工业相机阵列,配合结构光扫描装置,实现了亚毫米级的零件定位精度。力控制系统采用六维力/力矩传感器,配合自适应控制算法,实现了精密零部件的柔性、精准装配。

工艺控制系统是装备的核心,实现了装配过程的智能化管理。系统建立了完整的装配知识库,包含了不同类型零件的装配特征和工艺参数。通过深度学习算法,系统能够自主规划最优装配路径和装配策略。特别是在复杂零件装配中，通过多传感器信息融合和实时反馈控制，确保了装配质量的稳定性。

在过程监测方面，设备配备了全方位的智能化监控系统。装配过程监测采用多模态传感器网络，实现了力、位置、姿态等参数的实时监控；质量检测系统通过视觉检测和尺寸测量，实现了装配质量的在线验证；状态监测系统通过数据分析平台，实现了装配过程的全程追溯。

从技术发展趋势来看，智能柔性装配系统正在向更高水平的智能化和柔性化方向发展。在技术创新方面，通过发展新型人机协作技术和智能决策算法，进一步提升系统的自适应能力；在智能化方面，通过深度学习和数字孪生技术的应用，增强装配过程的优化能力；在柔性化方面，通过模块化设计和快速切换技术，提高系统的适应性。

小批量多品种生产中的柔性管理

（2）智能在线检测系统

智能在线检测系统是实现产品全流程质量监控的关键装备，通过集成多种先进检测技术和智能化分析平台，实现了产品质量的实时监测和智能化诊断。该系统突破了传统检测设备单一功能的限制，融合了机器视觉、光学测量、声学检测、X射线检测等多种技术，为制造过程提供了全方位的质量保证手段。作为当前制造业的重要支撑装备，智能在线检测系统在电子制造、汽车工业、航空航天等领域发挥着关键作用。

在系统构成上，装备采用了集成化的设计理念。视觉检测单元采用新一代高速工业相机阵列，配备智能化多光谱照明系统和自适应图像处理平台，图像分辨率可达0.5 μm，处理速度达到1000帧/s。尺寸测量单元采用高精度激光扫描技术，通过多点同步测量和智能补偿算法，实现了复杂曲面的快速测量，精度可达 ±1 μm。内部缺陷检测单元采用微焦点X射线成像系统，配备智能化图像重建算法，不仅提高了检测效率，还实现了微米级缺陷的精确识别。

工艺控制系统是装备的核心，实现了检测过程的智能化管理。系统建立了完整的质量特征模型库，涵盖了外观缺陷、尺寸偏差、内部缺陷等多维度的评价标准。通过深度学习算法，系统不仅能够自动识别和分辨各类缺陷，还能进行缺陷形成机理分析和质量趋势预测。特别是在复杂形状零件的检测中，系统通过多传感器数据融合技术和智能化决策算法，建立了完整的质量评价体系，为制造过程提供了精确的质量反馈。

在数据分析方面，系统开发了创新的智能化平台。通过构建基于深度学习的大数据分析模型，实现了产品质量的实时评估和预测分析。系统不仅能够对当前检测数据进行实时处理，还能通过历史数据挖掘，发现潜在的质量问题和工艺缺陷。通过数字孪生技术的应用，系统建立了产品质量的虚拟模型，实现了质量控制的预见性和主动性。同时，平台还具备完整的质量追溯功能，支持产品全生命周期的质量管理。

检测流程

从技术发展趋势来看，智能在线检测系统正在向更高水平的集成化和智能化方向发展。在检测技术方面，通过发展新型传感器和智能算法，进一步提升检测精度和速度；在智能化水平方面，通过人工智能和大数据技术的深度应用，增强系统的自适应能力和预测能力；在应用集成方面，通过云端协同和工业互联网技术，实现检测资源的网络化共享。同时，系统的柔性化也在不断提升，以适应当前制造业的发展需求。

（3）智能视觉检测系统

智能视觉检测系统是实现产品外观和精密尺寸快速检测的现代化智能装备，通过集成高性能图像采集、智能算法处理和自动化控制等技术，实现了产品质量的高速在线检测。该系统突破了人工视觉检测的局限性，融合了深度学习、多光谱成像和计算机视觉等先进技术，为制造业提供了高效、准确的质量检测手段。作为智能制造中的关键检测装备，智能视觉检测系统在电子制造、半导体产业、新能源制造等领域发挥着重要作用。

智能处理系统是装备的核心，实现了检测过程的智能化管理。系统通过深度学习技术构建完整的缺陷特征库，包含了表面划伤、凹坑、异物、变形等多种缺陷类型。采用改进的卷积神经网络算法，实现亚像素级的缺陷检测能力。

在检测策略方面，系统开发了创新的智能化解决方案。通过建立自适应的图像增强模型，系统能够针对不同材质表面自动优化成像参数；通过多光谱数据融合技术，增强了细微缺陷的检出能力；通过深度学习的迁移学习策略，实现了新产品的快速建模和检测方案生成。系统还具备在线学习功能，能够通过生产数据的积累不断优化检测算法。

视觉检测

从技术发展趋势来看，智能视觉检测系统正在向更高水平的智能化和集成化方向发展。在技术创新方面，通过发展新型传感器和先进算法，进一步提升检测精度和速度；在智能化方面，通过人工智能技术的深化应用，增强系统的自适应能力和决策能力；在应用集成方面，向三维立体视觉和多模态融合方向发展。同时，系统的网络化和云端协同能力也在不断增强，以支持智能制造的深化发展。

（4）智能输送系统

智能输送系统是连接各物流节点的关键装备，通过集成模块化输送单元、智能控制和状态监测等技术，实现物料的连续高效、精准传输。该系统突破了传统输送设备单一功能的局限，融合了物联网、边缘计算和智能调度等先进技术，为智能制造提供了可靠的物料流转保障。作为智能物流系统的"血管"，智能输送系统在工业制造、仓储配送、机场物流等领域发挥着基础性作用。

在系统构成上，装备采用了创新的模块化设计理念。输送单元采用智能化驱动模块设计，每个模块都集成了独立的控制器和通信单元，实现了真正的分布式控制架构。动力系统采用伺服电机和智能变频器，通过精确的速度控制，显著提升了运行效率。系统根据不同场景需求，集成了多种输送方式，包括皮带输送机、辊筒输送机和链板输送机等。特别是在换向和分流节点，配备了智能化执行机构，确保物料输送的平稳性和可靠性。

控制系统的创新设计是装备的核心。系统通过建立完整的物流控制模型，实现了输送过程的智能化管理。采用边缘计算技术，每个输送单元都具备自主决策能力，能够根据当前状态和任务需求，自动调整运行参数。在复杂输送路径中，系统通过分布式协同算法，实现了多点协同控制，确保了物料输送的连续性和高效性。同时，系统配备了智能化的异常处理机制，能够快速识别和处理堵塞、积压等异常情况，最大限度地减少系统停机时间。

在汽车制造领域，系统实现了重要突破。以某整车生产线为例，通过优化的输送策略和智能化控制算法，系统实现了输送速度的精确控制，范围从0.1到2 m/s可调，定位精度达到±5 mm。特别是在总装车间，系统通过智能化的节拍控制和路径优化，将生产线平衡率提升到95%以上，设备综合效率提升30%。同时，通过能源智能管理，系统运行能耗降低40%，维护成本降低50%。

柔性输送线

智能高架输送技术

应用案例

在智能手机的制造过程中，摄像头模组作为核心部件，直接影响成像质量与用户体验。某电子制造企业需要对摄像头模组进行自动化装配并执行高精度的质量检测。若仅依靠人工或普通设备，操作过程不仅烦琐，而且易出现装配偏差、检测精度不足等问题，导致合格率难以提升。为此，该企业引入了装配、检测类智能装备，力图打造柔性、智能且高效的生产线。

在摄像头模组的组装过程中，重点在于镜头、传感器及电路板之间的高精度定位和粘接。为满足这一要求，生产线安装了多台协作机器人，配备高分辨率机器视觉系统和力控传感器。

❶ 机器视觉系统。用于识别摄像头模组的各个零部件位置和角度，对比设计数据实时指导机器人抓取与定位。

❷ 力控传感器。在镜头与传感器贴合的瞬间监控压力，若超过预设范围则立即停止或提醒操作人员进行调整，避免损坏精密部件。

组装完成后，模组进入智能检测工位。此处配备了多种检测手段：

❶ 视觉检测。高速相机拍摄成像，自动比对清晰度、偏色或亮度等参数，检测图像品质是否符合要求。

❷ 尺寸测量。利用激光测距或三维扫描检测镜头与传感器之间的中心偏差，确保模组装配精度。

❸ 功能测试。在特定光照条件下拍摄测试图并测量成像效果，与标准样本做实时比对。若检测数据超出允许公差范围，系统会自动记录异常信息并触发维修或返工流程；符合标准的产品则进入下一环节包装。此闭环检测模式极大地提高了产品一致性，减少了不良品流入市场的风险。

知识测试

评价

　　学生完成装配、检测类智能装备场景的学习,可以根据学习情况进行自我评价和教师评价,作为评判平时成绩的依据之一。学习评价记录表见附录2。

场景 3.5 辅助赋能类智能装备

以工业机器人为代表的制造赋能类装备的广泛应用,为加工、检测、储运等机械制造活动提供了极大的方便与安全。工业机器人是集计算机技术、制造技术、自动控制技术、传感技术及人工智能技术于一体的智能制造装备,其主体包括机器人本体、控制系统、伺服驱动系统和检测传感装置,具有拟人化、自控制、可重复编程等特点。智能机器人可以利用传感器对环境变化进行感知,基于物联网技术,实现机器与人员之间的交互,并自主做出判断,给出决策指令,从而在生产过程中减少对人的依赖。工业机器人已然成为智能制造的代表性符号。

场景描述

电动车车架由多根异形管件交错焊接而成,涉及三维空间内的精准对位与连续焊缝。例如,主梁与后平叉的连接处需承受高强度振动,焊缝质量直接影响整车安全性能。传统人工焊接易因疲劳或操作误差导致虚焊、漏焊。高强度劳动、高温烟尘环境与职业发展瓶颈,使年轻人普遍回避焊接岗位,企业人力成本飙升。

焊接机器人可以便捷地适用于弧焊、激光焊接、智能焊接等方案的系统集成,轻松实现全场景应用覆盖。面对电动车市场需求的激增与制造升级的迫切挑战,焊接机器人通过替代高强度人工焊接、突破复杂结构工艺瓶颈,不仅助力企业实现产能跃升与质量飞跃,更推动行业向智能化、可持续化转型。

关键技术

(1) 本体设计关键技术

❶ **传动结构设计**。设计机器人结构形式和传动结构,要求设计者熟悉常见的结构形式和传动原理。

❷ **减速器选型**。理解减速器的结构类型和性能参数,进行选型和计算校核。

❸ **电机选型**。了解电机的工作特性,计算和校核电机扭矩、功率和惯量。

❹ **仿真分析**。进行静力学和动力学仿真分析,校核电机和减速器的选型,优化机器人工作效率。

❺ 可靠性设计。采用简化设计原则，使用高性能材料，进行详细的装配和测试，提高整机防护等级。

（2）伺服驱动关键技术

❶ 电机轻量化。通过优化设计和工艺，提高伺服电机效率，减小尺寸和重量。
❷ 高速。提高电机最高转速，影响机器人末端速度和工作节拍。
❸ 直驱、中空。发展高力矩直接驱动电机和盘式中空电机。
❹ 伺服。快速响应，精确定位。伺服响应时间影响机器人工作效率。
❺ 无传感器方式实现弹性碰撞。基于编码器和电机电流耦合关系，提高机器人安全性。
❻ 驱动多合一、驱控一体。多核CPU多轴驱控一体化技术，提高系统性能。
❼ 在线自适应抖振抑制。智能控制策略，抑制机器人末端抖动，提高定位精度。

（3）运动控制关键技术

❶ 运动解算及轨迹规划。提高机器人运动精度和工作效率。
❷ 动力学补偿。建立动力学模型，进行重力、惯量、摩擦和耦合补偿。
❸ 标定补偿。通过检测和算法标定补偿机器人模型参数。
❹ 工艺包完善。根据行业需求开发和完善工艺包，提高系统功能和操作简便性。

这些关键技术的应用，使得工业机器人在现代制造业中发挥着越来越重要的作用，不仅提高了生产效率，还改善了劳动环境，降低了生产成本。

（4）路径规划与导航技术

AGV系统的智能路径规划与导航功能通过集成先进的技术和算法，根据车辆的实时位置和状态，调整导航参数，确保车辆安全、准确地到达目的地。

❶ 环境感知。AGV配送系统首先通过车载传感器和仓库中的固定传感器网络，实时感知周围环境。这些传感器能够检测障碍物、货架、通道和其他关键元素的位置和状态。环境感知是路径规划的基础，为AGV提供了关于车间、仓库布局和实时条件的准确信息。

❷ 路径计算。基于环境感知数据，AGV配送系统采用先进的路径规划算法来计算最优或近似最优的行驶路径。这些算法考虑了多种因素，如路径长度、避障要求、行驶时间和能源消耗等。

常见的路径规划算法包括Dijkstra算法、Hybrid A*算法、蚁群算法和遗传算法等，它们能够在不同的环境和任务需求下生成高效的路径。

❸ 动态调整。在行驶过程中，AGV配送系统能够实时响应环境变化，如障碍物的出现或移动、其他车辆的行驶状态等。系统通过实时更新路径规划数据，确保AGV能够灵活地避开障碍物，保持行驶效率和安全性。

❹ 精准定位。AGV配送系统利用GPS、惯性导航系统（INS）或其他定位技术，实现车辆的精准定位。这有助于系统更准确地掌握车辆的位置和姿态。

❺ 实时导航。结合路径规划数据，AGV配送系统为车辆提供实时导航信息，包括行驶方向、速度和转弯半径等。

相关知识

（1）工业机器人系统组成

工业机器人是面向工业领域的多关节机械手或多自由度的机器装置，它能自动执行工作，是靠自身动力和控制能力来实现各种功能的一种机器。它可以接受人类指挥，也可以按照预先编排的程序运行，现代的工业机器人还可以根据人工智能技术制定的原则纲领行动。

一个典型的工业机器人如图3-24所示，工业机器人按照技术发展水平可以分为三代：第一代示教再现机器人、第二代感知机器人、第三代智能机器人。

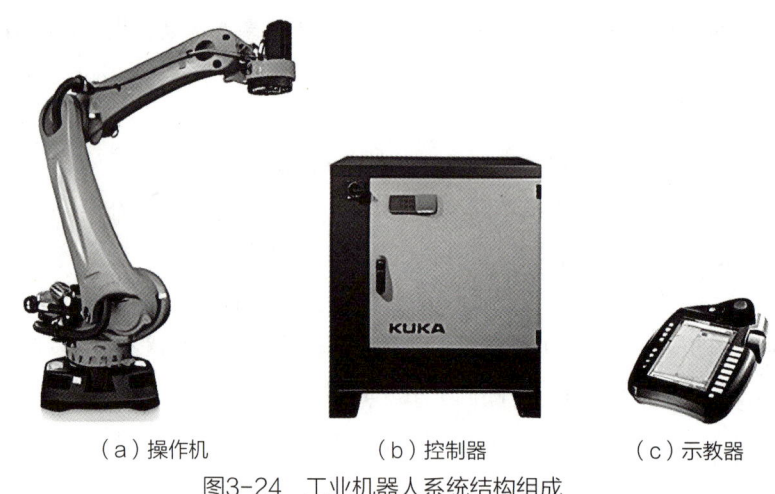

（a）操作机　　　　（b）控制器　　　　（c）示教器

图3-24　工业机器人系统结构组成

如图3-24所示，第一代工业机器人在外部结构上主要由三部分组成：操作机（或称机器人本体）、控制器和示教器。第二代及第三代工业机器人还包括感知系统和分析决策系统，它们分别由传感器及软件实现。

❶ **操作机**。用于完成各种作业任务的机械主体，主要包含机械臂、驱动装置、传动单元以及内部传感器等部分。

❷ **控制器**。即根据指令及传感器信息控制机器人本体完成一定动作的装置，是决定机器人功能和性能的关键部分，也是工业机器人更新和发展最快的部分。

❸ **示教器**。即机器人的人机交互接口，操作者可通过它对机器人进行编程或手动操纵机器人移动。

工业机器人从功能上由三大部分六个子系统组成。三大部分分别是机械部分、控制部分和传感部分；六个子系统分别是驱动系统、机械结构系统、人-机交互系统、控制系统、感受系统、机器人-环境交互系统，其对应关系如图3-25所示。

（2）工业机器人的控制系统

控制系统是机器人的大脑，是决定机器人功用的主要因素。控制系统的任务是根据机器人

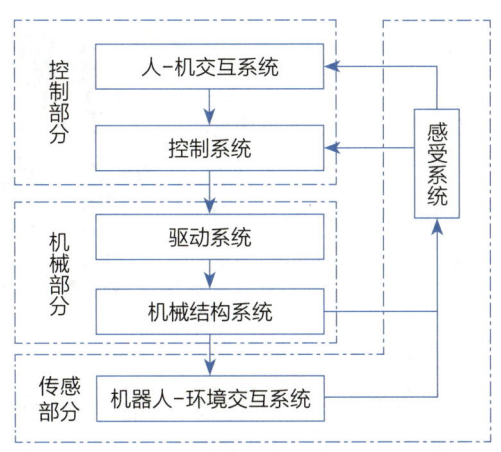

图3-25 工业机器人系统功能组成

的作业指令从传感器获取反馈信号,控制机器人的执行机构,使其完成规定的运动和功能,如控制工业机器人在工作空间中的活动范围、姿势和轨迹、动作的时间等。若机器人不具备信息反馈特征,则该控制系统称为开环控制系统;若机器人具备信息反馈特征,则该控制系统称为闭环控制系统。

该部分主要由计算机硬件和软件组成。软件主要由人-机交互系统和控制算法等组成。工业机器人控制器是机器人控制系统的核心大脑。控制器的主要任务是对机器人的正向运动学、逆向运动学进行求解,以实现机器人的操作空间坐标和关节空间坐标的相互转换,完成机器人的轨迹规划任务,实现高速伺服插补运算、伺服运动控制。机器人轴数越多,对控制器性能要求也越高。机器人自由度的高低取决于其可移动的关节数目,关节数越多,自由度越高,位移精准度也越高,其所使用的伺服电动机数量就相对较多。

(3) 工业机器人的分类

关于机器人的分类,有很多种划分方式,国际上没有制定统一的标准,可按控制方式、结构坐标系特点、驱动方式及应用领域等进行划分。

❶ 按照控制方式,工业机器人可分为:

A. 点位控制机器人。只能控制从一个特定点移动到另一个特定点,而无法控制其移动路径的机器人。适用于上下料、点焊、卸运等作业。

B. 连续轨迹控制机器人。能够在运动轨迹的任意特定数量的点处停留,但不能在这些特定点之间沿某一确定的路线运动。采用这种控制方式的机器人,常用于焊接、喷漆和检测等作业。

C. 可控轨迹机器人。又称计算轨迹机器人,其控制系统能够根据要求,精确地计算出直线、圆弧、内插曲线和其他轨迹。在轨迹中的任何一点,机器人都可以达到较高的运动精度。因此,只要输入符合要求的起点坐标、终点坐标及指定轨迹的名称,机器人就可以按指定的轨迹运行。

D. 伺服型与非伺服型机器人。伺服型机器人可以通过某些方式,如智能传感器感知自己的运动位置,并把所感知的位置信息反馈回来控制机器人的运动;非伺服型机器人则无法确定自己是否已经到达指定位置。

❷ 按照结构坐标系特点，工业机器人可分为：

A. 直角坐标式工业机器人（PPP）。直角坐标式工业机器人（图3-26）的外形与数控镗铣床和三坐标测量机相似，机器人末端执行器（手部）空间位置的改变是通过三个互相垂直的坐标 X、Y、Z 轴的移动来实现的。

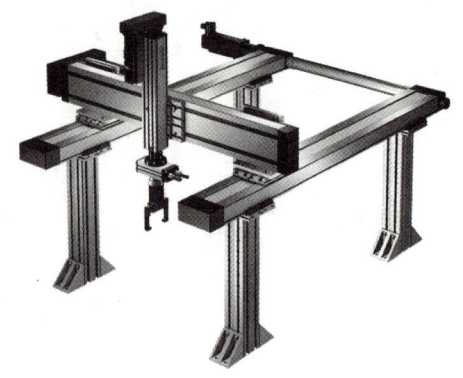

图3-26　直角坐标式工业机器人（PPP）

其优点是刚度好、可做成大型龙门式或框架式结构，位置精度高、运动学求解简单、控制无耦合；但其结构较庞大、动作范围小、灵活性差且占地面积较大。因其稳定性好，适用于大负载搬运作业。

B. 圆柱坐标式工业机器人（RPP）。机器人末端执行器空间位置的改变是由两个移动关节（2P）和一个转动关节（1R）来实现的。作业范围为圆柱形，如图3-27所示。

其特点是位置精度高、运动直观、控制简单、结构简单、占地面积小、价格低廉，因此应用广泛；但其不能抓取靠近立柱或地面上的物体。Verstran 机器人是该类机器人的典型代表。

C. 球坐标式工业机器人（RRP）。又称极坐标式工业机器人，机器人手臂的运动由一个移动关节（1P）和两个转动关节（2R）组成，即沿 X 轴的伸缩，绕 Y 轴的俯仰和绕 Z 轴的回转，如图3-28所示。Unimate 机器人是该类机器人的典型代表。其优点是结构紧凑、动作灵活、占地面积小，但其结构复杂、定位精度低、运动直观性差。

D. 多关节坐标式工业机器人（RRR）。多关节坐标式工业机器人由立柱、大臂和小臂组成。其具有拟人的机械结构，即大臂与立柱构成肩关节，大臂与小臂构成肘关节。具有三个转动关节（3R），可进一步分为一个转动关节和两个俯仰关节，如图3-29所示。

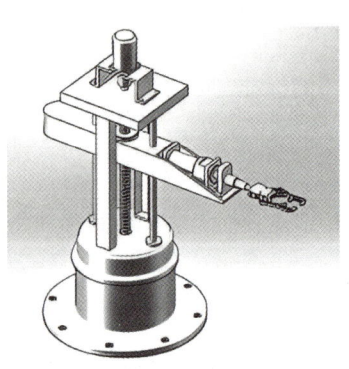 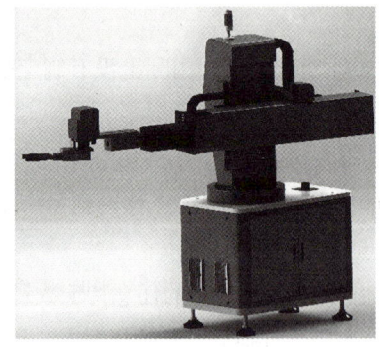 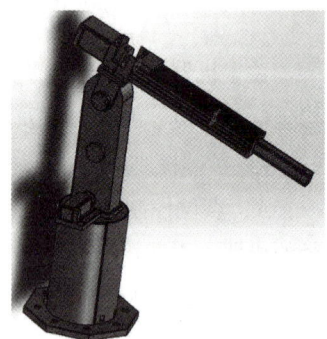

图3-27　圆柱坐标式工业机器人（RPP）　　图3-28　球坐标式工业机器人（RRP）　　图3-29　多关节坐标式工业机器人（RRR）

该类机器人的特点是作业范围大、动作灵活、能抓取靠近机身的物体；但其运动直观性差，要达到较高定位精度很困难。由于灵活性高，该类机器人应用最为广泛。PUMA机器人是该类机器人的典型代表。

图3-30所示为以上四种不同坐标结构的机器人结构示意图。

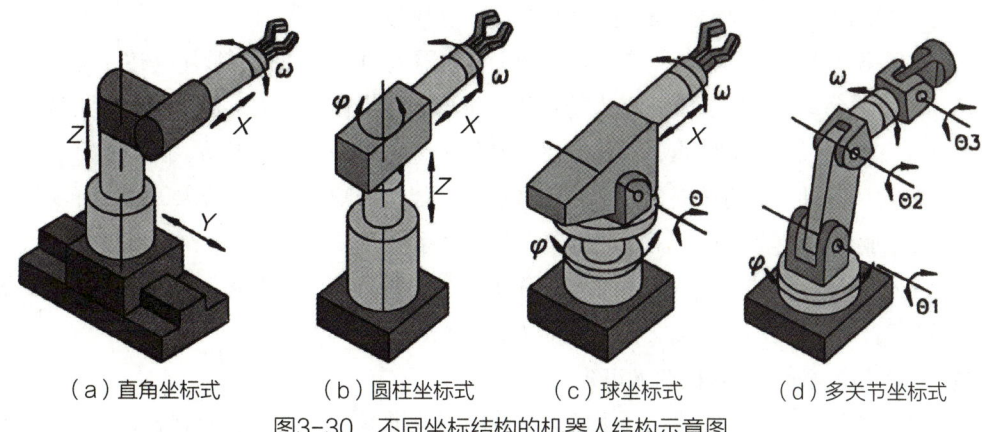

（a）直角坐标式　　　（b）圆柱坐标式　　　（c）球坐标式　　　（d）多关节坐标式

图3-30　不同坐标结构的机器人结构示意图

E．并联型工业机器人。前述均为采用开链空间连杆机构的串联型机器人，而并联型工业机器人的基座和末端执行器之间通过至少两个独立的运动链相连接，机构具有两个或两个以上自由度，并且以并联方式驱动。工业应用最广泛的并联型工业机器人是DELTA并联型工业机器人，如图3-31所示。并联型工业机器人的特点是无累积误差、精度较高、运动部分重量轻、速度快、动态响应好、结构紧凑、刚度高、承载能力大、工作空间较小。

F．SCARA型工业机器人。SCARA型工业机器人有三个转动关节，其轴线相互平行，可在平面内进行定位和定向。其还有一个移动关节，用于完成手爪在垂直于平面方向上的运动，如图3-32所示。该类机器人的特点是在垂直平面内具有很好的刚度，在水平面内具有较好的柔顺性，且动作灵活、速度快、定位精度高。SCARA型工业机器人最适用于平面定位，以及在垂直方向上进行装配，所以又称为装配机器人。

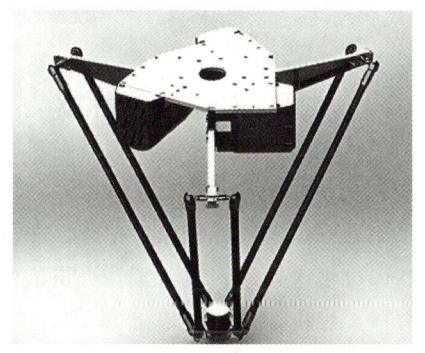

图3-31　DELTA并联型工业机器人

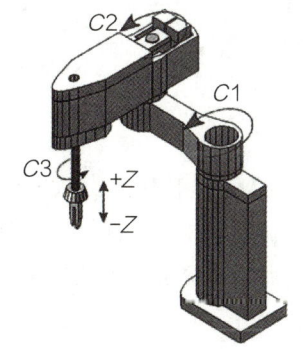

图3-32　SCARA型工业机器人

❸ **按照驱动方式，工业机器人可分为：**

A．电力驱动式工业机器人。电力驱动目前仍是工业机器人使用最多的一种驱动方式，驱动元件可以是步进电动机、直流伺服电动机和交流伺服电动机，其中，交流伺服电动机是主要的驱动方式。

电力驱动式工业机器人的特点是电源方便、响应快、驱动力较大（关节型机器人的承载能力最大已达400 kg)、信号检测、传递、处理方便,控制方式灵活。

B. 液压驱动式工业机器人。液压驱动式工业机器人通常由油缸、液压马达、电磁阀、油泵、油箱等组成驱动系统,驱动机器人的各执行机构进行工作。这类工业机器人的负载能力很高,可达几百千克以上,其特点是结构紧凑、动作平稳、耐冲击、耐振动、防爆性好、动作也较灵敏,但液压元件要求有较高的制造精度和密封性能,否则会有漏油现象,造成环境污染。

C. 气压驱动式工业机器人。这种机器人的驱动系统通常由气缸、气阀、气罐和空气压缩机等气动元件组成,其特点是气源方便、动作迅速、结构简单、造价低,但对速度和位置很难进行精确控制,且气压不可太高,故负载能力较低。

❹ **按照应用领域,工业机器人可分为:**

A. 搬运机器人。用于实现自动化搬运作业的工业机器人,广泛运用于化工、食品加工、包装物流行业等领域,如图3-33所示。

B. 码垛机器人。是在物流线末端取代工人或码垛机完成工件自动码垛功能的设备,是机械与计算机程序有机结合的产物,如图3-34所示。码垛机器人能在工业生产过程中实现大批量工件、包装件的快速获取、搬运、装箱、堆垛、拆垛等作业,是可以集成在生产线上任意阶段的高新机电产品。

图3-33 搬运机器人

图3-34 码垛机器人

C. 焊接机器人。是替代人类从事焊接(包括切割与喷涂)的工业机器人,如图3-35所示。焊接机器人集焊接技术、计算机控制、数控加工等多种知识领域于一体,在制造业中的应用数量逐年增加,焊接机器人的使用可以提高焊接生产效率,改善工作人员的劳动条件,稳定和保证产品质量。通常所说的焊接机器人包括点焊机器人、弧焊机器人、激光焊接机器人、搅拌摩擦焊接机器人、等离子焊接机器人等,其中点焊、弧焊和激光焊接机器人应用比较普遍。

D. 装配机器人。用于装配生产线上对零件或部件进行装配的一类工业机器人,是柔性自动化装配作业线的核心设备,如图3-36所示。

E. 协作机器人。协作机器人是指能够与人类进行安全、高效合作的机器人系统。作为工业机器人的补充,协作机器人可以满足中小企业自动化改造的需求。与粗线条充满力量感的工业机器人相比,其速度不高、力量不强、功率也只有几百瓦,但却可以与人协作,代替人去完

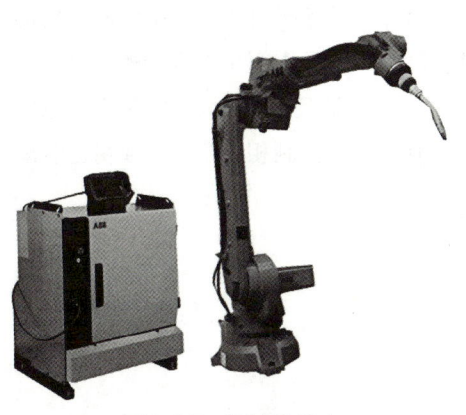

图3-35 焊接机器人

图3-36 装配机器人

成重复、定位精度要求高的工作。协作机器人通常具有传感器、视觉系统以及先进的控制系统，能够感知周围环境并做出相应的反应，从而与人类共同完成任务。协作机器人更多地追求轻量化、柔性及安全协作性，在应用于工业场景中时，最大的特点是打破了传统工业场景的局限，在机器人与工人之间无须设置隔离栏进行分离，双方能够在共同空间中进行近距离交互，实现人机共融协同作业，充分发挥机器人的效率及人类的智能。

F．AGV。AGV作为移动机器人的一种，已成为现代工业物流系统的关键设备，在车间输送、智能仓储、物流配送等方面应用广泛，可以在复杂环境中高效、准确地运动，如图3-37所示。

图3-37 移动机器人AGV

应用案例

瑞典的ABB公司研究了工业机器人对力的感觉能力和顺从性，并开发了基于力或位置混合控制的工业机器人平台，其中基于力控制的工业机器人汽车部件装配系统如图3-38所示。通过控制工业机器人末端操作器的接触力和力矩，工业机器人具有对接触信息做出反应的能力，这种基于力控制的工业机器人装配系统能够应用到汽车总成装配线中。日本的Fanuc公司研究了基于六维力信息的三维装配技术，在工

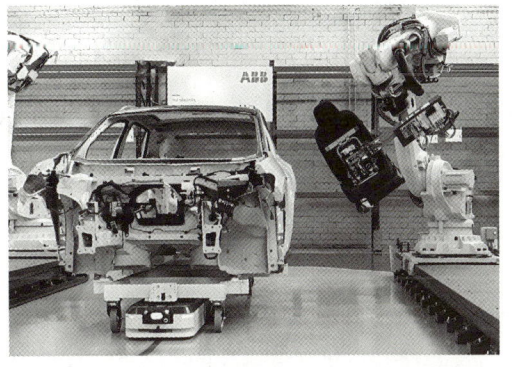

图3-38 ABB工业机器人——汽车装配

业机器人力或力矩控制器的控制下实现零部件的装配，Fanuc公司将该项技术应用到汽车发动机舱和地板前、后部的装配过程中。此外，美国卡内基梅隆大学、日本东京大学和德国宇航中心的研究人员也分别搭建了自主装配机器人平台。这些平台通过在工业机器人上安装力传感器和视觉传感器来识别、定位并抓取物体，采用视觉伺服控制和阻抗控制相结合，完成精密装配任务。

知识测试

评价

学生完成辅助赋能类智能装备场景的学习，可以根据学习情况进行自我评价和教师评价，作为评判平时成绩的依据之一。学习评价记录表见附录2。

课题四
机械加工技术

　　制造业是国民经济的基础。随着以计算机技术与微电子技术为主导的现代科学技术的迅速发展,传统的机械制造业正在发生深刻和重大的转变。传统制造技术不断吸收、融合机械、电子、信息、材料、能源及现代管理等的先进技术成果,综合应用于机械加工全过程,实现优质、高效、低能、清洁、灵活生产,已取得理想的技术经济效果。

场景 4.1 传统机械加工工艺

场景描述

小刘在产品研发部门工作。图纸设计完成交给车间，在生产车间完成产品零件加工与装配之前，需要工艺人员根据图纸进行加工工艺设计。小刘收到反馈，说有个结构特征需要修改，因为加工不了。他不理解，设计是符合标准的，功能没问题，检查无干涉，怎么就不行呢？

师傅带他到车间看，才知道那个结构是刀具无法进入的，不可能完成加工。机械加工工艺规程涉及零件图样分析，加工方法确定，工序安排，加工设备、夹具、刀具、量具选择，切削参数选取，工时计算等诸多内容。对于不符合企业生产实际情况、无法匹配工艺实践要求的图纸，需反馈给图纸设计人员进行相应的结构修改。

关键技术

机械加工工艺规程是按一定格式以文件形式记录的工艺过程和操作方法，具有稳定生产秩序、保证加工质量、指导生产计划、组织和管理生产等作用，是生产人员执行的纪律性文件。

（1）机械加工工艺规程的格式

将机械加工工艺规程的内容填入一定格式的卡片，即成为工艺文件。目前，工艺文件还没有统一的格式，各厂都是按照一些基本的内容，根据具体情况自行确定。各种工艺文件的基本格式如下。

❶ 机械加工工艺过程卡（表4-1）：主要列出了零件加工所经过的整个路线（称为工艺路线）以及工装设备和工时等内容。各工序的说明不是很具体，多作为生产管理方面使用。

❷ 机械加工工艺卡（表4-2）：是以工序为单位，详细说明零件工艺过程的工艺文件。它用来指导工人操作，帮助管理人员及技术人员掌握零件加工过程，广泛用于批量生产的零件和小批生产的重要零件。

❸ 机械加工工序卡（表4-3）：是用来具体指导工人操作的一种最详细的工艺文件。在这种卡片上，要画出工序简图，注明该工序的加工表面及应达到的尺寸精度和粗糙度要求、工件的安装方式、切削用量、工装设备等内容。在大批量生产时采取这种卡片。

表 4-1 机械加工工艺过程卡示例

××厂	机械加工工艺过程卡片	产品型号		零件图号		第 页	
		产品名称		零件名称		共 页	
材料牌号	毛坯种类	毛坯外形尺寸		每毛坯可制件数		备注	
工序号	工序名称	工序内容	车间	工段	设备	工艺装备	工时
							准终	单件
				设计(日期)	审核(日期)	标准化(日期)	会签(日期)
标记	处数	更改文件号	签字	日期			

表 4-2 机械加工工艺卡示例

××厂	机械加工工艺卡片	产品型号			零件图号			第 页	
		产品名称			零件名称			共 页	
材料牌号	毛坯种类	毛坯外形尺寸		每毛坯可制件数		每台件数		备注	
工序	工种	工步	工序内容	同时加工件数	切削用量			设备名称编号	工艺装备名称编号			工时	
					背吃刀量	切削速度	进给量		夹具	刀具	量具	准终	单件
						设计(日期)		审核(日期)		标准化(日期)		会签(日期)	
标记	处数	更改文件号	签字	日期									

(2)机械加工工艺规程的制订

在制订一个零件的机械加工工艺规程之前,通常需要有产品装配图、零件图、年生产纲领、零件材料和现有生产条件标准等相关资料。机械加工工艺规程的制订大致步骤如下:分析产品的零件图与装配图;计算零件的生产纲领,确定生产类型,计算生产节拍;选择毛坯,根据零件的材料、结构、生产节拍选择毛坯的种类与制造方法;确定加工方法,拟定工艺路线;确定各工序所用的设备和工艺装备;确定各工序的加工余量,计算各工序的尺寸与公差;计算切削用量,估算工时定额;确定各主要工序的检验方法;评价各种工艺路线,进行技术经济分析;按相应的工艺规范和格式誊写成正式的工艺规程。

表 4-3 机械加工工序卡示例

机械加工工序卡片		产品型号		零件图号			共 页
		产品名称		零件名称			第 页
	车间	工序号	工序名称		材料牌号		
	金工						
	毛坯种类	毛坯外形尺寸	每毛坯可制件数		每台件数		
	设备名称	设备型号	设备编号		同时加工件数		
	夹具编号		夹具名称				
	主轴转速	切削速度	走刀量	吃刀深度	走刀次数	单件工时定额	
						机动	辅助
工步号	工步内容	刀具名称及编号	量具名称及编号	辅具名称及编号			
					编制（日期）	校对（日期）	标准化（日期）	会签（日期）	审核（日期）
标记	处数	更改文件号	签字	日期			
标记	处数	更改文件号	签字	日期			

相关知识

（1）机械加工工艺基本概念

❶ 机械产品生产过程和工艺过程。

A. 机械产品生产过程。即机械产品从原材料开始直到制造成为产品的全部劳动过程。

生产过程主要包括生产技术准备工作、毛坯的制造、零件的机械加工、热处理和其他表面处理，产品的装配、调试、检验、油漆和包装等各种生产服务活动。

B. 工艺过程。在机械产品的生产过程中，对于那些直接改变原材料（或毛坯）的形状、尺寸或性能，使之变为成品的过程，称为工艺过程。例如铸造、锻造、冲压、焊接、机械加工、热处理和装配等，都属于工艺过程。

❷ 生产纲领。 企业根据市场需求和自身的生产能力决定生产计划。在计划期内应当生产的产品产量和进度计划称为生产纲领。计划期一般定为一年，产品的生产纲领就是产品的年产量。零件的生产纲领应计入废品和备品的数量。

零件的年生产纲领可按式（4-1）计算。

$$N = Q_n(1 + a\% + b\%) \qquad (4-1)$$

式（4-1）中，N表示零件的年产量，单位为件/年；Q表示产品的年产量，单位为台/年；n表示每台产品中该零件的数量，单位为件/台；$a\%$为备品的百分率；$b\%$为废品的百分率。

❸ 生产类型。 生产类型是衡量一个生产单位（企业、车间、班组等）生产某一产品的专业化程度的指标，其实质是某一个产品生产规模的大小，通常可分为：

A. 单件小批量生产。单个或少量重复生产某一产品。常用于新产品试制，专用设备制造，大型、重型机器制造。

B. 成批生产。一年中分批制造相同产品。例如一、三季度生产A产品，二、四季度生产B产品。

C. 大量生产。常年重复生产相同产品。例如汽车通用件、标准件等都以此种生产方式组织生产。

生产类型和生产纲领的关系如表4-4所示。

表4-4 生产类型和生产纲领的关系

生产类型	生产纲领/（单位为台/牛或件/年）			工作地每月担负的工序数/（单位为工序数/月）
	小型机械或轻型零件	中型机械或中型零件	重型机械或重型零件	
单件生产	≤100	≤10	≤5	不作规定
小批生产	101～500	11～150	6～100	21～40
中批生产	501～5000	151～500	101～300	11～20
大批生产	5001～50000	501～5000	301～1000	2～10
大量生产	≥50001	≥5001	≥1001	1

注：小型机械、中型机械和重型机械可分别以缝纫机、机床（或柴油机）和轧钢机为代表。

(2) 工艺过程的组成

工艺过程的基本单元是工序。工序是指同一个或一组工人在同一台机床或同一场所对同一个或同时对几个工件所连续完成的那一部分工艺过程，即三个"同一"、一个"连续"。一个工艺过程需要包括的工序数量和工序内容是由被加工零件结构复杂的程度、加工要求及生产类型决定的。工序由安装、工位、工步和走刀组成。

❶ **安装**。有些零件加工时，需要经过几次不同的装夹（即安装）。工件的装夹就是将工件定位并夹紧的过程。一道工序可以有多次安装，也可以只有一次安装。

❷ **工位**。为了减少工件的安装次数，常采用多工位夹具或多轴（或多工位）机床，使工件在一次安装中先后经过若干个不同位置顺次进行加工。此时工件在机床上占据每一个位置所完成的那一部分工序称为工位。

❸ **工步**。工步是指在加工表面不变、加工工具不变、主要切削用量不变的条件下所连续完成的那一部分工序内容，即三个"不变"、一个"连续"。

❹ **走刀**。同一加工表面往往要用同一工具加工几次才能完成，每次加工所完成的那一部分工步称为一次走刀或一个工作行程。

工序、安装、工位、工步、走刀之间的关系如图4-1所示。

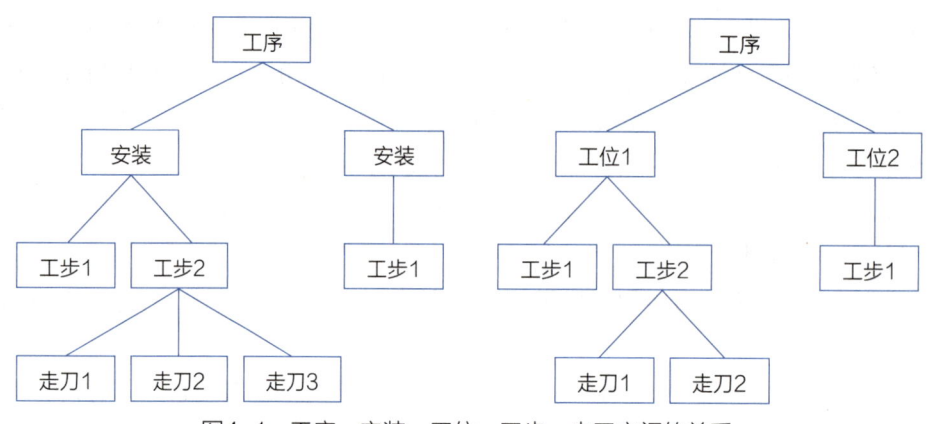

图4-1　工序、安装、工位、工步、走刀之间的关系

(3) 零件图样的分析

在检查零件图完整性和正确性的基础上，还要进行以下分析：

❶ **零件的技术要求分析**。包括加工表面的尺寸精度，主要加工表面的形状精度，主要加工表面之间的相互位置精度，加工表面的粗糙度以及表面质量方面的其他要求，热处理要求以及其他要求（如动平衡、未注圆角或倒角）等方面的分析。

❷ **零件的结构工艺性分析**。零件的结构工艺性，是指这种结构的零件被加工的难易程度。零件的结构工艺性良好，是指所设计的零件在保证使用要求的前提下能较经济、高效、合格地加工出来。一个好的机械产品和零件结构，不仅要满足使用性能的要求，而且要便于制造和维修，即满足结构工艺性的要求。表4-5为三个零件的结构工艺性分析示例。

表 4-5 零件的结构工艺性分析示例

序号	A 结构工艺性差	B 结构工艺性好	说明
1	a)	b)	在结构A中，件2上的凹槽a不便于加工和测量。宜将凹槽a改在件1上，如结构B
2	c)	d)	键槽的尺寸、方位相同，则可在一次装夹中加工出全部键槽，提高生产率
3	e)	f)	结构A的加工面，不便引进刀具

（4）零件毛坯的选择

选择毛坯的基本任务是选定毛坯的制造方法及其制造精度。毛坯的选择不仅影响毛坯的制造工艺和费用，而且影响到零件机械加工工艺及其生产率与经济性。选择毛坯要从机械加工和毛坯制造两方面综合考虑，以求得到最佳效果。毛坯分为以下几种：

❶ **铸件**。适用于形状较复杂的零件毛坯。其铸造方法有砂型铸造、精密铸造、金属型铸造、压力铸造等。铸件材料有铸铁、铸钢及铜、铝等有色金属。

❷ **锻件**。适用于强度要求高、形状比较简单的零件毛坯。其锻造方法有自由锻和模锻两种。自由锻毛坯适用于单件小批生产以及大型零件毛坯；模锻毛坯适用于中小型零件毛坯的大批大量生产。

❸ **型材**。有热轧和冷拉两种。热轧适用于尺寸较大、精度较低的毛坯；冷拉适用于尺寸较小、精度较高的毛坯。

❹ **焊接件**。即根据需要将型材或钢板焊接而成的毛坯件，它成型简单方便、生产周期短。

❺ **冲压件**。冲压件非常接近成品要求，在小型机械、仪表、轻工电子产品方面应用广泛。因冲压模具昂贵，仅适用于大批大量生产。

（5）定位基准的选择

机械零件是由若干个表面组成，研究零件表面的相对关系，必须确定一个基准，基准是零件上用来确定其他点、线、面的位置依据。

❶ **定位基准的分类**。根据用途不同，基准可分为设计基准和工艺基准两大类。

A．设计基准。零件图上用以确定其他点、线、面位置的基准，是标注设计尺寸的起点。

B．工艺基准。在零件加工、测量和装配过程中所使用的基准。工艺基准按用途不同又分为定位基准、工序基准、测量基准和装配基准。定位基准是指在加工时用以确定零件在机床夹具中的正确位置所采用的基准，又分为精基准和粗基准；工序基准是指在工艺文件上用以标定被加工表面位置的基准；测量基准是指零件检验时用以测量已加工表面尺寸及位置的基准；装配基准是指装配时用以确定零件在机器中位置的基准。

❷ 选择定位基准的原则。

　　A．精基准的选择要考虑加工精度和工件的安装，其选择原则有：
- 基准重合原则，即选用设计基准作为定位基准，以避免定位基准与设计基准不重合而引起的基准不重合误差。
- 基准统一原则，即应采用同一组基准定位加工零件上尽可能多的表面。
- 自为基准原则，即某些要求加工余量小而均匀的精加工工序，选择加工表面本身作为定位基准。
- 互为基准原则，即当对工件上两个相互位置精度要求很高的表面进行加工时，需要用两个表面互相作为基准，反复进行加工，以保证位置精度要求。

　　B．粗基准的选择要能保证足够的加工余量，尽快获得零件的精基准，其选择原则有：
- 如果主要要求保证工件上某重要表面的加工余量均匀，则应选该表面为粗基准。
- 如果主要要求保证加工面与不加工面间的位置要求，则应选此不加工面为粗基准。
- 作为粗基准的表面，应尽量平整光洁，有一定面积，以使工件定位可靠、夹紧方便。
- 粗基准在同一尺寸方向上只能使用一次。

（6）工艺路线的拟订

　　工艺路线是工艺规程的主体，包括表面加工方法的选择、加工顺序的安排、机床与工艺装备的选择等工作，是制定工艺规程最实质性的工作。

❶ 表面加工方法的选择。应按各种加工方法的经济加工精度进行选择。经济加工精度是指在正常生产条件下（指设备、工装、技能等均无特殊要求）所能获得的精度，只有在一定的精度范围内加工才是经济的。应根据工件材料特性选择合适的加工方法，例如有色金属加工应用切削加工方法而不宜用磨削，淬火钢工件则应用磨削加工方法。加工方法必须与生产类型相协调，要同现有生产条件相协调，充分利用已有设备并不断革新改进。

　　外圆表面、孔、平面的加工方案如表4-6至表4-8所示。

表 4-6　外圆表面加工方案

序号	加工方案	经济精度等级	表面粗糙度 $Ra/\mu m$	适用范围
1	粗车	IT12~IT11	50~12.5	适用于淬火钢以外的各种金属
2	粗车→半精车	IT9~IT8	6.3~3.2	
3	粗车→半精车→精车	IT7~IT6	1.6~0.8	
4	粗车→半精车→精车→滚压（或抛光）	IT6~IT5	0.2~0.025	

续表

序号	加工方案	经济精度等级	表面粗糙度Ra/μm	适用范围
5	粗车→半精车→磨削	IT7~IT6	0.8~0.4	
6	粗车→半精车→粗磨→精磨	IT6~IT5	0.4~0.1	主要用于淬火钢,也可用于未淬火钢,但不宜加工有色金属
7	粗车→半精车→粗磨→精磨→超精加工(或轮式超精磨)	IT5	0.1~0.012	
8	粗车→半精车→精车→金刚石车	IT6~IT5	0.4~0.025	主要用于要求较高的有色金属加工
9	粗车→半精车→粗磨→精磨→超精磨或镜面磨	IT5以上	0.025~0.006	极高精度的外圆加工
10	粗车→半精车→粗磨→精磨→研磨	IT5以上	0.1~0.006	

表4-7 孔加工方案

序号	加工方案	经济精度级别	表面粗糙度Ra/μm	适用范围
1	钻	IT11~IT12	12.5	主要用于未淬火钢及铸铁,也用于有色金属
2	钻→铰	IT9	3.2~1.6	
3	钻→铰→精铰	IT7~IT8	1.6~0.8	
4	钻→扩	IT10~IT11	12.5~6.3	同上,孔径可大于20 mm
5	钻→扩→铰	IT8~IT9	3.2~1.6	
6	钻→扩→粗铰→精铰	IT7	1.6~0.8	
7	钻→扩→机铰→手铰	IT6~IT7	0.4~0.1	
8	钻→扩→拉	IT7~IT9	1.6~0.1	大批量生产
9	粗镗(或扩孔)	IT11~IT12	12.5~6.3	
10	粗镗(粗扩)→半精镗(精扩)	IT8~IT9	3.2~1.6	除淬火钢以外的各种材料,毛坯有铸件或锻件
11	粗镗(扩)→半精镗→精镗(铰)	IT7~IT8	1.6~0.8	
12	粗镗(扩)→半精镗(精扩)→精镗→浮动镗刀精镗	IT6~IT7	0.8~0.4	
13	粗镗→半精镗磨孔	IT7~IT8	0.8~0.2	主要用于淬火钢和未淬火钢,但不宜用于有色金属
14	粗镗→半精镗→精镗→精刚镗	IT6~IT7	0.2~0.1	
15	粗镗→半精镗→精镗→精刚镗	IT6~IT7	0.4~0.05	
16	钻→(扩)→粗铰→精铰→珩磨 钻,(扩)→拉→珩磨 粗镗→半精镗→精镗→珩磨	IT6~IT7	0.2~0.025	用于精度要求很高的孔
17	以研磨代替上述方案中的珩磨	IT6以上	0.2~0.025	

表4-8 平面加工方案

序号	加工方案	经济精度级别	表面粗糙度Ra/μm	适用范围
1	粗车→半精车	IT9	6.3~3.2	
2	粗车→半精车→精车	IT7~IT8	1.6~0.8	主要用于端面加工
3	粗车→半精车→精磨	IT8~IT9	0.8~0.2	

续表

序号	加工方案	经济精度级别	表面粗糙度Ra/μm	适用范围
4	粗刨（或粗铣）→精刨（或精铣）	IT9~IT12	6.3~1.6	用于一般不淬硬表面
5	粗刨（或粗铣）→精刨（或精铣）→刮研	IT6~IT7	0.8~0.1	精度要求较高的未淬火平面，批量较大时宜采用宽刃精刨
6	以宽刃刨削代替上述方案中的刮研	IT7	0.8~0.2	
7	粗刨（或粗铣）→精刨（或精铣）→磨削	IT7	0.8~0.2	精度要求较高的淬硬平面或未淬硬平面
8	粗刨（或粗铣）→精刨（或精铣）→粗磨→精磨	IT5~IT6	0.4~0.02	
9	粗铣→拉削	IT7~IT9	0.8~0.2	进行大量生产的较小平面（精度由拉刀精度而定）
10	粗铣→精铣→磨削→研磨	IT6	0.1以下	高精度的平面

❷ **加工顺序的安排**。虽然每个加工表面的加工方法已经确定，但要顺利实施，还需安排加工先后顺序。顺序的安排不是简单的排列组合，而是要充分考虑加工质量、生产率、成本及管理等各方面的因素。根据加工阶段，切削加工顺序可参考下列原则安排：先粗后精，即先安排粗加工，中间安排半精加工，最后安排精加工和光整加工；先主后次，即先加工主要表面，后加工次要表面；先基准面后其他，即通常在第一道工序中便加工出所需的精基面；先面后孔，即加工孔时，先加工孔口平面再加工孔。

切削是加工过程的主体，可实现绝大多数加工质量要求。切削可分为四个阶段：粗加工阶段——大部分切削余量在这一阶段完成，由于通常这一阶段不作为表面加工的终结工序，因此加工质量不是主要因素，而生产率则是重点考虑对象；半精加工阶段——通常在最终热处理前进行，主要为一些重要表面的精加工做准备，留有一定的精加工余量，完成一些次要表面的终结工序加工（如钻孔、攻丝、铣键槽等）；精加工阶段——全面达到图纸设计要求，对于一些精度特别高（主要指尺寸精度和表面粗糙度）的加工表面，还需要光整加工；光整加工阶段——以提高尺寸精度、降低表面粗糙度为主，而几何形状精度和位置精度应依靠前道工序保证。

热处理工序可分为三类：预备热处理——主要目的在于改善切削性能，消除内应力，通常安排在机械加工前进行，常用方法有退火、正火、调质；最终热处理——根据零件设计要求安排的热处理，主要是为了获得材料的高强度和高硬度，常用方法有淬火、回火，还有其他一些特殊热处理方法，如渗碳、渗氮、发蓝等；消除内应力热处理——消除残余应力，避免工件变形，常用方法有时效、退火、敲击等。

图4-2所示为典型的机械加工工艺路线。

❸ **机床与工艺装备的选择**。当工件加工表面的加工方法确定后，各工序所用的机床类型也就已经确定。在设计加工工序时，需要正确地选择机床设备名称、型号和工艺装备（即夹具、刀具、量具、辅具）的名称与型号，并填入相应工艺卡片中，这是保证零件的加工质量、提高生产率和经济效益的重要措施。

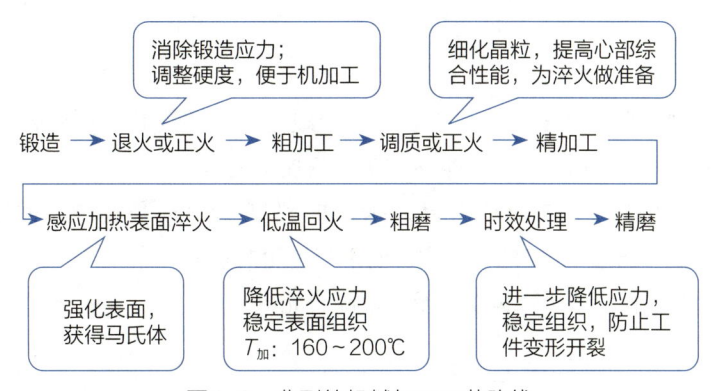

图4-2 典型的机械加工工艺路线

应用案例

现有输出轴零件如图4-3所示,零件材料为45钢,年产量500件,技术要求为:调质处理28~32HRC;未注圆角为R1;保留中心孔。试进行零件图样分析、工艺分析,拟定其机械加工工艺过程卡。

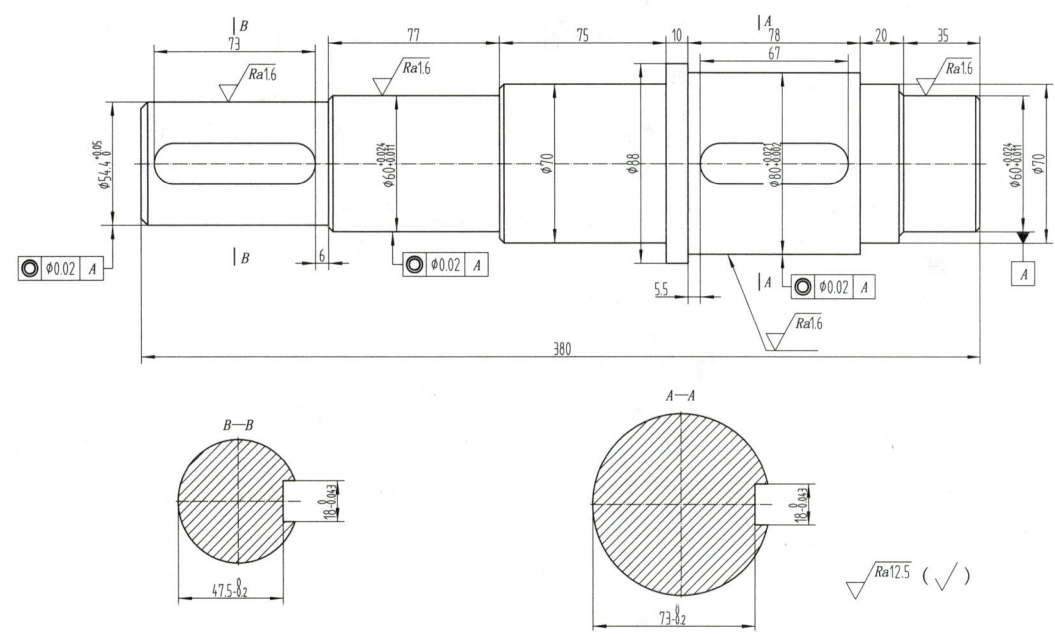

图4-3 输出轴零件二维图

(1)零件图样分析

❶ 两个$\phi 60_{+0.011}^{+0.024}$外圆的同轴度公差为$\phi 0.02$。

❷ $\phi 54.4_{0}^{+0.05}$与$\phi 60_{+0.011}^{+0.024}$外圆的同轴度公差为$\phi 0.02$。

❸ $\phi 80_{-0.002}^{+0.021}$与$\phi 60_{+0.011}^{+0.024}$外圆的同轴度公差为$\phi 0.02$。

❹ 键槽$18_{-0.043}^{0}$需考虑对称度问题。

（2）工艺分析

❶ 该轴结构比较典型，其加工工艺过程具有普遍性。外圆采用车削、磨削加工。

❷ 调质处理安排在粗加工之后、半精加工或精加工之前。

❸ 键槽加工采用在专用夹具或组合夹具上进行铣削加工。图样中键槽未标注对称度要求，实际加工中也应保证±0.025的对称度，便于与齿轮的装配。

❹ 键槽对称度的检验可采用偏摆仪及量块配合完成。

（3）机械加工工艺过程卡（表4-9）

表4-9 输出轴机械加工工艺过程卡

工序号	工序名称	工序内容	工艺装备
1	下料	$\phi 90 \times 400$	锯床
2	粗车	夹左端，车右端面，见平即可。钻中心孔B2.5，粗车右端各部，$\phi 88$见圆即可，其余均留双面余量3 mm	CA6140
3	粗车	调头装夹工件，车端面保证总长380，钻中心孔B2.5，粗车外圆各部，留双面余量3 mm，与工序2加工部分相接	CA6140
4	热处理	调质处理28~32HRC	
5	精车	夹左端，顶右端，精车右端各部，其中$\phi 60^{+0.024}_{+0.011} \times 35$、$\phi 80^{+0.021}_{-0.002} \times 78$处分别留磨削余量0.8 mm	CA6140
6	精车	调头，一夹一顶精车另一端各部，其中$\phi 54^{-0}_{-0.05} \times 85$、$\phi 60^{+0.024}_{+0.011} \times 77$处分别留磨削余量0.8 mm	CA6140
7	磨削	用两顶尖装夹工件，磨削$\phi 60^{+0.024}_{+0.011}$两处、$\phi 80^{+0.021}_{-0.002}$至尺寸	M1432A
8	磨削	调头，用两顶尖装夹工件，磨削$\phi 54^{-0}_{-0.05}$至尺寸	M1432A
9	铣削	铣削键槽$18^{0}_{-0.043}$两处	X5032、专用夹具
10	检验	按图样检验各部尺寸精度	
11	入库	涂油入库	

技能练习

大批量生产接头零件，其二维图如图4-4所示，零件材料为Q235-A，技术要求为：发蓝处理；未注倒角为C1。请进行零件图样分析、工艺分析，完成工艺路线的制订，将工序号、工序名称和工序内容填写在工艺表格4-10中。

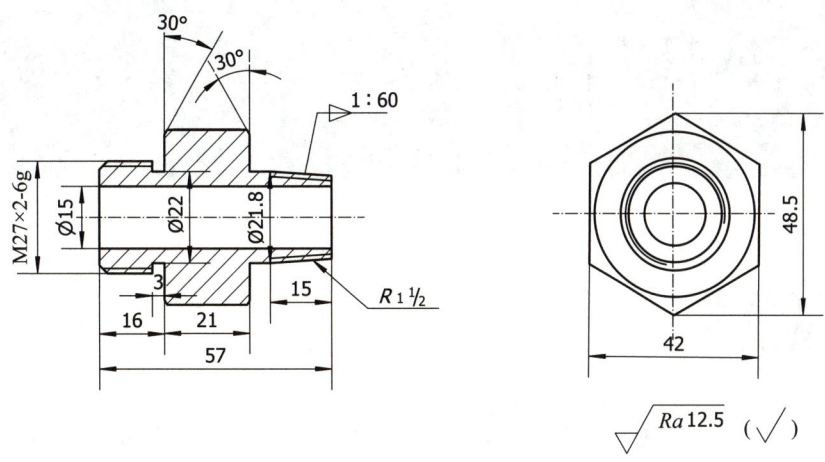

图4-4 接头零件二维图

表4-10 接头机械加工工艺过程

工序号	工序名称	工序内容

评价

学生完成传统机械加工工艺场景的学习,可以根据学习情况进行自我评价和教师评价,作为评判平时成绩的依据之一。学习评价记录表见附录2。

场景 4.2 数控加工工艺

场景描述

车工老刘一直引以为豪的就是自己炉火纯青的加工手艺,从他手上出了不少精品。看着公司新买的数控车床,半天也出不了一件活,有点不服气。后来,当厂家来的技术员对刀完毕开始加工,一批坯料不到一个小时就干完了,个个精度高、一致性好。老刘看呆了,下决心要学学新技术、掌握新工艺。经过深入了解,他终于明白:数控加工工艺和以前的"手艺"有很大的不同,设备精密、逻辑性强,老师傅也要"数字化"转型了。

关键技术

数控加工使用数字信息控制零件和刀具位移,可获得较高的加工效率和质量,是解决零件品种多变、批量小、形状复杂、精度高等问题和实现高效化、自动化加工的有效途径。

（1）数控加工基本过程

数控机床加工零件的过程要比普通机床复杂得多,主要包括分析零件图样、确定加工工艺过程、计算走刀轨迹（数学处理）、得出刀位数据、编写数控加工程序、制作控制介质、输入数控系统、校对程序以及首件试切,如图4-5所示。具体可分为5个阶段:

❶ **准备阶段**。根据加工零件的图纸,进行工艺分析,确定加工方案、工艺参数、位移参数等加工信息和夹具选用、刀具类型选择等相关辅助信息。

❷ **数值运算**。确定工艺方案后,需要根据零件的几何尺寸、加工路线等计算刀具中心运动轨迹,以获得刀位数据。

❸ **编程和传输**。编程人员使用数控系统规定的代码及程序段格式编写数控加工程序,或用自动编程软件直接生成数控加工程序,并输入控制系统。

❹ **程序调试**。机床将程序语句译码、运算转换成动作指令,在系统的统一协调下驱动各运动部件进行刀具路径模拟、试运行；安装工件,完成对刀操作,实施首件试切。

❺ **加工阶段**。运行程序,自动完成对工件的加工。

（2）数控编程

数控机床要按照预先编制好的程序自动加工零件,因此程序编制的好坏直接影响数控机床

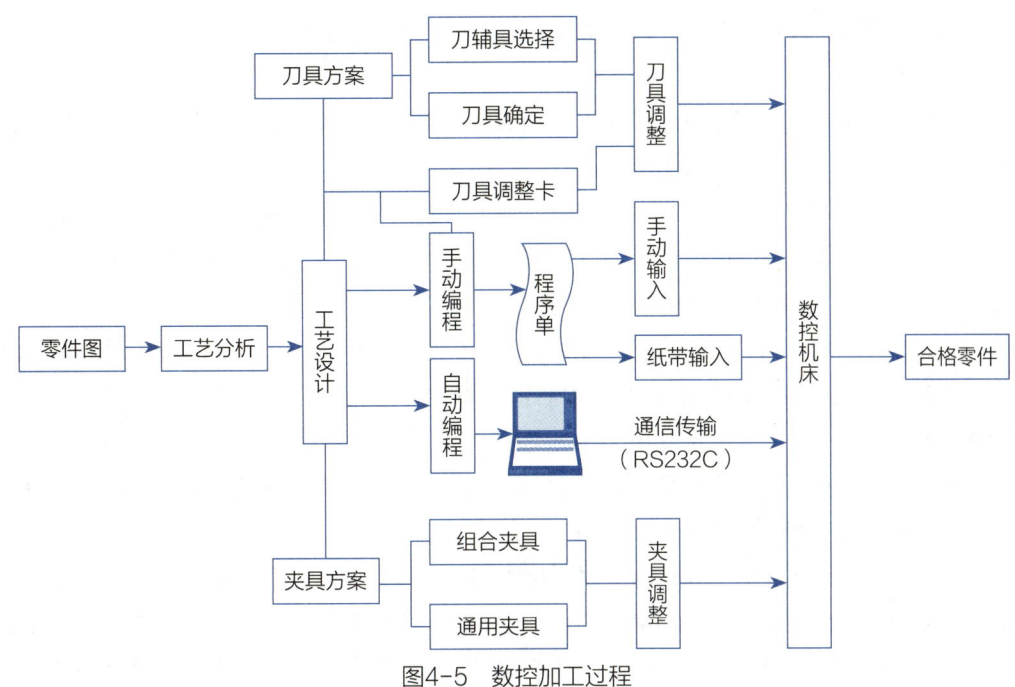

图4-5 数控加工过程

的正确使用和数控特点的发挥。数控编程是数控加工准备阶段的主要内容之一，具体包括加工工艺路线、工艺参数、刀具的运动轨迹、位移量、切削参数（主轴转数、进给量、吃刀量等）以及辅助功能（换刀、主轴正转、反转、切削液开、关等），按照数控机床规定的指令代码及程序格式编写成程序，再把这一程序单中的内容记录在控制介质（如U盘等）上，然后输入到数控机床的数控装置中，指挥机床加工零件。这种将零件加工的全部信息用规定的文字、数字、符号组成的代码按一定的格式编写成加工程序单，并将程序单的信息变成控制介质的整个过程就是数控编程。

数控编程的方法主要有手工编程和自动编程两种。

❶ **手工编程**。手工编程是指整个编程过程由人工完成，利用一般的计算工具，通过三角函数等方式，人工计算刀具轨迹、编制指令。这种方法对编程人员的素质要求高（熟悉数控代码功能、编程规则，具备机械加工工艺知识和数值计算能力），适用于以下情况：点位加工（如钻、铰孔）或几何形状简单（如平面、方形槽）零件的加工；三坐标联动及以下加工程序。

在这些情况下，计算量小、程序段数有限、编程直观易于实现。对于具有空间自由曲面、复杂型腔的零件，刀具轨迹数据计算相当烦琐且很难校对，有些甚至根本无法完成，需要采用自动编程。

❷ **自动编程**。自动编程是由计算机完成数控加工程序编制过程中的全部或大部分工作，可以大大提高编程效率和质量。它又分为数控语言型、人机交互图像编程和数字化编程等类型。其中，人机交互图像编程是直接利用计算机辅助设计（CAD）系统所生成的零件图像，在图形屏幕上通过光标选择加工部位，定义走刀路线，输入有关工艺参数后，便自动生成数控加工程序。这种方法具有直观、高效、能实现信息集成等优点，是当前先进的数控加工编程方法。

自动编程方法适用于以下情况：形状复杂的零件；虽不复杂但编程工作量很大的零件（如

有数千个孔的零件）；虽不复杂但计算工作量大的零件（如非圆曲线轮廓的计算）。

自动编程的具体步骤通常包括：

A．零件的几何建模。对于基于图纸以及型面特征点测量数据的复杂形状零件数控编程，首要环节是建立被加工零件的几何模型。

B．加工方案与加工参数的合理选择。数控加工的效率与质量有赖于加工方案与加工参数的合理选择，其中刀具、刀轴控制方式、走刀路线和进给速度的优化选择是满足加工要求、机床正常运行和延长刀具寿命的前提。

C．刀具轨迹生成。这是复杂形状零件数控加工中最重要的内容。刀具轨迹生成的首要目标是使所生成的刀具轨迹能满足无干涉、无碰撞、轨迹光滑、切削负荷光滑并满足要求、代码质量高等条件。

D．数控加工仿真。由于零件形状的复杂多变以及加工环境的复杂性，为确保所生成的加工程序不存在问题，需要进行数控加工仿真。

E．后置处理。后置处理是数控加工编程技术的一个重要内容，它将通用前置处理生成的刀位数据转换成适合于具体机床数据的数控加工程序。其技术内容包括机床运动学建模与求解、机床结构误差补偿、机床运动非线性误差校核修正、机床运动的平稳性校核修正、进给速度校核修正及代码转换等。

自动编程常用软件有UG、Catia、Cimatron、Mastercam、SolidCAM、CAXA制造工程师、EdgeCAM、VERICUT、PowerMill等。

（3）机床对刀

对刀点是程序执行的起点，也称"程序原点"。要根据程序编制时选择的对刀点进行对刀。对刀的基本步骤如下：

对刀操作

❶ **选择刀具、夹具**。数控加工用的刀具由加工方法、切削用量及其他与加工有关的因素来确定。操作刀库或刀架将当前需用的刀具切换到工作位置，实现换刀。

❷ **装夹**。使用选定的夹具固定好工件毛坯。

❸ **回零操作**。启动机床后，首先进行回参考点操作（回零），以清除之前的坐标数据并建立机床坐标系基准。

❹ **主轴启动**。切换至MDI（手动数据输入）模式，输入指令（例如M03 S400）使主轴以中等转速正转。

❺ **试切对刀**。

X轴对刀：手动移动刀具轻触工件外圆→退刀并测量外圆直径→在刀具补偿界面输入X测量值（系统自动计算工件原点）。

Z轴对刀：刀具轻触工件端面→在刀具补偿界面输入Z0。

❻ **设置坐标系**。

刀具补偿法：将试切获得的X、Z值输入对应刀补号，建立工件坐标系。

G54—G59坐标系：将当前机械坐标值输入G54等预设坐标系，程序中调用即可。

注意：对刀准确性直接影响加工精度，操作中需确保刀具轻触工件时的微进给控制，避免过切。

相关知识

（1）数控加工工艺设计

❶ **主要内容**。合理的加工工艺设计方案能保证零件的加工精度、表面质量的要求。图4-6所示为影响数控加工工艺设计的主要因素。

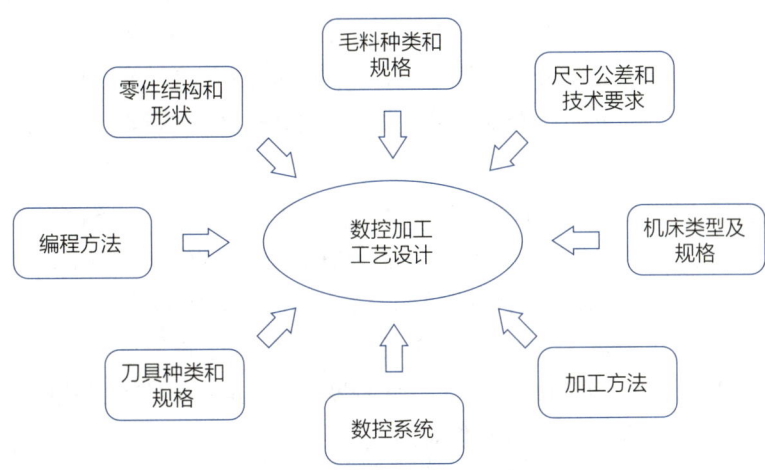

图4-6 影响数控加工工艺设计的主要因素

数控加工工艺设计的内容包括确定加工方法、确定零件的定位和装夹方案、安排加工顺序、安排热处理、检验及其辅助工序等，其主要内容如下：

A．零件加工工艺分析。仔细阅读零件设计图和技术要求，结合加工表面的特点，对零件进行工艺分析。

B．加工方法和机床的选择。根据零件的工艺要求，选择具体的加工方法，并选择既能满足零件外形尺寸，又能满足零件加工精度的数控机床。

C．装夹方案的确定。数控设备尽管减少了对于夹具的依赖程度，但还不能完全取消，所以制订装夹方案的原则是在满足零件加工精度和技术要求的前提下越简单越好。

D．规划加工区域。对加工对象进行分析，按其形状特征、功能及精度、粗糙度等要求将加工对象划分为若干个加工区域。通过对加工区域进行规划可以提高加工效率和质量。

E．加工工艺路线设计。合理安排零件从粗加工到精加工的数控加工工艺路线，进行加工余量分配。

F．刀具及切削用量的选择。根据加工零件的特点和精度要求，选择合适的刀具，确定合理的切削用量。

G. 编写和调整数控加工程序。根据零件的难易程度，采用手工或自动编程的方式，按照确定的加工规划内容进行数控加工程序编制。

❷ **数控加工工艺的特点**。数控加工工艺将传统的加工工艺、计算机数控技术、计算机辅助设计和辅助制造技术有机地结合在了一起。由于数控加工采用计算机对机械加工过程进行自动化控制，因此其工艺具有以下特点：

A. 数控加工工艺远比传统机械加工工艺复杂。数控加工工艺既要考虑加工零件的工艺性、定位基准、装夹方式，也要选择刀具，制订工艺路线、切削方法、工艺参数等，而这些在传统机械加工工艺中均可以简化处理。因而有必要对数控编程的全过程进行综合分析、合理安排，然后整体完善。

相同的数控加工任务，可以有多个数控加工工艺方案，既可以选择以加工部位作为主线安排加工工艺，也可以选择以加工刀具作为主线来安排加工工艺。数控加工工艺的多样化是数控加工工艺的一个特色，是其与传统机械加工工艺的显著区别。

B. 工艺设计具有严密的逻辑性。由于数控加工的自动化程度较高而自适应能力较差，工艺过程复杂，影响因素多，因此数控加工工艺设计必须具有很好的逻辑性，也就是说，设计过程必须周密、严谨。

C. 工艺具有较好的继承性。凡经过调试、校验和试切削验证的，并在数控加工实践中证明是好的数控加工工艺，都可以作为模板供后续加工调用，这样不仅节约时间，而且可以保证重复精度。加工工艺模板本身在调用中也会得到不断修改和完善，逐步达到标准化、系列化的效果。

D. 必须经过验证才能指导生产。在传统机械加工中，工艺员编写的工艺文件可以直接下到生产线用于指导生产。而数控加工由于自动化程度高，安全和质量问题至关重要，因此数控加工工艺必须经过实际验证后才能用于指导生产。

❸ **零件的数控加工工艺性分析**。在数控加工前，要将机床的运动过程、零件的工艺特点、刀具的形状、切削用量及走刀路线都编入程序，这就要求程序设计人员对零件进行工艺分析，全面周到地考虑零件加工的全过程，正确合理地编制零件的加工程序。

A. 对零件结构进行数控加工工艺性分析。对于一个零件来说，往往只有其中的一部分工艺内容适合数控加工。这就需要对零件结构进行仔细的工艺分析，选择最适合、最需要进行数控加工的内容和工序，一般可按下列顺序考虑：通用机床无法加工的内容作为优先选择内容；通用机床难以加工、质量也难以保证的内容应作为重点选择内容；通用机床加工效率低、手工操作劳动强度大的内容，可在数控机床尚存在富余加工能力时选择。

此外，在选择和决定加工内容时，也要考虑批量生产、生产周期、工序间周转情况等。总之，要尽量做到发挥优长，防止把数控机床降格为通用机床使用。

B. 对零件图纸进行数控加工工艺性分析。对零件图纸进行数控加工工艺性分析时，主要考虑以下内容：尺寸标注应符合数控加工的特点——在数控编程中，所有点、线、面的尺寸和位置都是以对刀点为基准的，因此零件图样上最好直接给出坐标尺寸，或尽量以同一基准引注尺寸；零件图的完整性与正确性分析——必须充分掌握构成零件轮廓的几何参数及各几何要素间的关系，因为在自动编程时要对零件轮廓的所有几何元素进行定义，手工编程时要计算出每个节点的坐标，无论哪一点不明确或不确定，编程都无法进行；定位基准选择——在数控加工中，加工工序往往较集中，因此以同一基准定位十分重要，有时需要设置辅助基准，特别是正、反两面都采用数控加工的零件，其工艺基准的统一是十分必要的。

❹ **数控加工工艺路线设计**。数控加工的工艺路线设计与用普通机床加工的常规工艺路线拟订的区别主要在于它仅是几道数控加工工序的具体描述，而不是指从毛坯到成品的整个工艺过程。在数控加工工艺路线设计中，一定要兼顾常规工序的安排，使之与整个工艺过程协调吻合。

A. 加工方法的选择。选择加工方法时应保证加工表面的加工精度和表面粗糙度的要求。数控车床适合加工形状比较复杂的轴类零件和由复杂曲线回转形成的模具内型腔；立式数控铣床适合加工平面凸轮、样板、形状复杂的平面或立体零件以及模具的内、外型腔等；卧式数控铣床适合加工箱体、泵体和壳体类零件；多坐标联动的加工中心还可以用于加工各种复杂的曲线、曲面、叶轮和模具等。

B. 定位基准选择。在数控加工中，加工工序往往较集中，以同一基准定位十分重要，否则可能因基准转换引起定位误差。对于箱体类工件最好选一面两孔为定位基准，如果工件上没有合适的定位孔，则可以设置工艺孔。如果无法设置工艺孔，也一定要以精基准作为重新装夹的定位基准。

C. 工序的划分。工序划分的原则有工序集中原则和工序分散原则两种。

在数控机床上加工的零件，一般按工序集中原则划分工序，每道工序包含尽可能多的加工内容，从而使工序的总数减少。划分方法如下：

- 以一次安装、加工作为一道工序。这种方法适合于加工内容较少的零件，加工完成后就能达到待检状态。
- 以同一把刀具加工的内容划分工序。有些零件虽然能在一次安装中加工出很多待加工表面，但程序太长则会受到某些限制，如控制系统的限制（主要是内存容量），机床连续工作时间的限制（如一道工序在一个工作班内不能结束）等。
- 以加工部位划分工序。对于加工内容很多的工件，可按其结构特点将加工部位分成几个部分，如内腔、外形、曲面或平面，并将每一部分的加工作为一道工序。
- 以粗、精加工划分工序。一般来说，凡要进行粗、精加工的过程，都要将工序分开。

D. 工序的安排。工序的安排应根据零件的结构和毛坯状况以及定位与夹紧的需要来考虑，重点是使工件的刚性不被破坏。加工顺序的安排一般按下列原则进行：工序安排应考虑到装夹方便——上道工序的加工不能影响下道工序的定位与夹紧；先内后外——先进行内形内腔加工，后进行外形加工；一次安装，尽可能多地连续加工各个表面——以相同定位、夹紧方式或同一把刀具加工的工序，最好连续进行，以减少重复定位次数、换刀次数与装夹次数，每道工序尽量减少刀具的空行程移动量，按最短路线安排加工表面的加工顺序；先安排对工件刚性破坏较小的工序。

E. 数控加工工艺与普通加工工序的衔接。数控加工工序前后一般都穿插有其他普通加工工序，如衔接得不好就容易产生矛盾。因此，在熟悉整个加工工艺内容的同时，要清楚数控加工工序与普通加工工序各自的技术要求、加工目的、加工特点，例如，要不要留加工余量，留多少；定位面与孔的精度要求及形位公差；对校形工序的技术要求；对毛坯的热处理状态等，这样才能使各工序相互满足加工需要且质量目标及技术要求明确，交接验收有依据。

（2）数控指令集

数控加工中，程序指令种类丰富，用途各不相同，常用的程序指令分为以下几种类型。

❶ **G指令**。G指令为使数控机床建立起某种加工指令方式，如规定刀具和工件的相对运动轨迹（即规定插补功能）、刀具补偿、固定循环、机床坐标系及坐标平面等多种加工功能。

G指令由地址符G和后面的两位数字组成，从G00到G99共100种。常用G指令的用法及功能如表4-11所示。

表4-11 常用G指令的用法及功能

代码	功能	代码	功能
G00	点定位	G50	刀具偏置0/-
G01	直线插补	G51	刀具偏置+/0
G02	顺时针圆弧插补	G52	刀具偏置-/0
G03	逆时针圆弧插补	G53	零点偏移注销
G04	暂停	G54	零点偏移1
G05	不指定	G55	零点偏移2
G06	抛物线插补	G56	零点偏移3
G07	不指定	G57	零点偏移4
G08	加速	G58	零点偏移5
G09	减速	G59	零点偏移6
G10—G16	不指定	G60	准确定位（精）
G17	XY平面选择	G61	准确定位（中）
G18	ZX平面选择	G62	准确定位（粗）
G19	YZ平面选择	G63	攻丝
G20—G32	不指定	G64—G67	不指定
G33	螺纹切削，等螺距	G68	刀具偏置，内角
G34	螺纹切削，增螺距	G69	刀具偏置，外角
G35	螺纹切削，减螺距	G70—G79	不指定
G36—G39	不指定	G80	固定循环注销
G40	刀具补偿/刀具偏置注销	G81—G89	固定循环
G41	刀具补偿--左	G90	绝对尺寸
G42	刀具补偿--右	G91	增量尺寸
G43	刀具偏置--左	G92	预置寄存
G44	刀具偏置--右	G93	进给率，时间倒数
G45	刀具偏置+/+	G94	每分钟进给
G46	刀具偏置+/-	G95	主轴每转进给
G47	刀具偏置-/-	G96	恒线速度
G48	刀具偏置-/+	G97	每分钟转数（主轴）
G49	刀具偏置0/+	G98—G99	不指定

❷ M指令。M指令为辅助功能指令，用于指定主轴的启停、正反转、冷却液的开关、工件或刀具的夹紧与松开、刀具的更换等。

辅助功能由指令地址符M和后面的两位数字组成，从M00到M99共100种。M指令有续效指令与非续效指令。常用M指令的用法及功能如表4-12所示。

表4-12 常用M指令的用法及功能

代码	功能	代码	功能
M00	程序停止	M36	进给范围1
M01	计划结束	M37	进给范围2
M02	程序结束	M38	主轴速度范围1
M03	主轴顺时针转动	M39	主轴速度范围2
M04	主轴逆时针转动	M40—M45	齿轮换挡
M05	主轴停止	M46—M47	不指定
M06	换刀	M48	注销M49
M07	2号冷却液开	M49	进给率修正旁路
M08	1号冷却液开	M50	3号冷却液开
M09	冷却液关	M51	4号冷却液开
M10	夹紧	M52—M54	不指定
M11	松开	M55	刀具直线位移，位置1
M12	不指定	M56	刀具直线位移，位置2
M13	主轴顺时针，冷却液开	M57—M59	不指定
M14	主轴逆时针，冷却液开	M60	更换工作
M15	正运动	M61	工件直线位移，位置1
M16	负运动	M62	工件直线位移，位置2
M17—M18	不指定	M63—M70	不指定
M19	主轴定向停止	M71	工件角度位移，位置1
M20—M29	永不指定	M72	工件角度位移，位置2
M30	纸带结束	M73—M89	不指定
M31	互锁旁路	M90—M99	永不指定
M32—M35	不指定		

❸ F指令。F指令为进给速度指令，用来指定坐标轴移动进给的速度。F指令为续效代码，一经设定后如未被重新指定，则先前所设定的进给速度继续有效。该指令一般有以下两种表示方法。

A．代码法。代码法后面的数字不直接表示进给速度的大小，而是机床进给速度数列的序号。

B．直接指定法。F后跟的数字就是进给速度的大小，如F150，表示进给速度为150 mm/min。

这种方法比较直观，目前大多数数控机床都采用直接指定法。

❹ **S指令**。S指令用来指定主轴转速，用字母及后面的1~4位数字表示，有恒转速（单位为r/min）和恒线速（单位为m/min）两种指令方式。

S指令仅设定主轴转速的大小，并不会使主轴回转，必须有M03（主轴正转）或M04（主轴反转）指令时，主轴才开始旋转。S指令是续效代码。

❺ **T指令**。T指令用于选择所需的刀具，同时还可用来指定刀具补偿号。一般加工中心程序中的T代码后的数字直接表示所选择的刀具号码，如T12，表示12号刀；数控车床程序中的T代码后的数字既包含所选择的刀具号，也包含刀具补偿号，如T0102，表示选择01号刀，调用02号刀补参数。

应用案例

数控车削实例——变速手柄轴的车削

（1）根据零件图样要求、毛坯情况，确定工艺方案及加工路线

图4-7为变速手柄轴，毛坯为ϕ25 mm×100 mm棒材，材料为45钢，完成数控车削。

❶ 对细长轴类零件，轴心线为工艺基准，用三爪自定心卡盘夹持ϕ25 mm外圆一头，使工件伸出卡盘85 mm，用顶尖顶持另一头，一次装夹完成粗精加工。

❷ 工步顺序。
- 手动粗车端面。

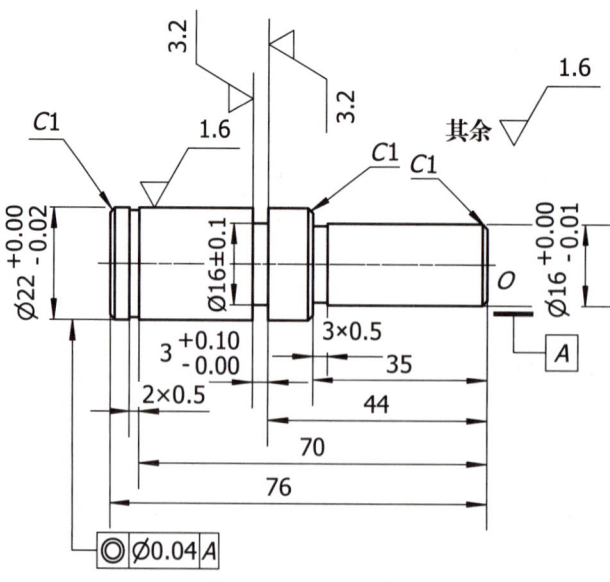

图4-7 变速手柄轴

- 手动钻中心孔。
- 自动加工粗车ϕ16 mm、ϕ22 mm外圆,留精车余量1 mm。
- 自右向左精车各外圆面:倒角→车削ϕ16 mm外圆,长35 mm→车ϕ22 mm右端面→倒角→车ϕ22 mm外圆,长45 mm。
- 粗车2 mm × 0.5 mm槽、3 mm × ϕ16 mm槽。
- 精车3 mm × ϕ16 mm槽,切槽3 mm × 0.5 mm槽,切断。

(2)选择机床设备

根据零件图样要求,选用经济型数控车床即可达到要求。因此选用CK6132型数控卧式车床。

(3)选择刀具

根据加工要求,选用五把刀具,定01号刀为粗加工刀,选90°外圆车刀;02号刀为精加工刀,选90°外圆车刀;03号刀为切槽刀,刀宽为2 mm(对刀点设在左刀尖处);04号刀为切断刀,刀宽为3 mm。

同时把4把刀在自动换刀刀架上安装好,且都对好刀,把它们的刀偏值输入相应的刀具参数中。

(4)确定切削用量

切削用量的具体数值应根据该机床性能、相关的手册并结合实际经验确定,详见加工程序。

(5)确定工件坐标系、对刀点和换刀点

确定以工件右端面与轴心线的交点O为工件原点,建立XOZ工件坐标系。
采用手动试切对刀方法把点O作为对刀点。换刀点设置在工件坐标系下X35、Z30处。

(6)编写程序(以配置SIEMENS 802C数控系统的车床为例)

按该机床规定的指令代码和程序段格式,把加工零件的全部工艺过程编写成程序清单。该工件的加工程序如下:

N10 M03 S700
N20 T01
N30 G00 X20 Z1
N40 G01 X20 Z-34-8 F0.2
N50 G00 X22 Z1
N60 G00 X17 Z1
N70 G01 X17 Z-34-8 F0.2
N80 G00 X23 Z-34-8
N90 G01 X23 Z-80
N100 G00 X35 Z30

```
N110  T02
N120  M03  S1100
N130  G00  X14  Z1
N140  G01  X14  Z0
N150  G01  X16  Z-1  F0.1
N160  G01  X16  Z-35
N170  G01  X20  Z-35
N180  G01  X22  Z-36
N190  G01  X22  Z-80
N200  G00  X35  Z30
N230  T03
N240  M03  S600
N250  G00  X23  Z-72
N260  G01  X21  Z-72  F0.05
N270  G04  F2
N280  G00  X23
N285  Z-46
N290  G01  X16  Z-46
N300  G00  X35
N305  Z30
N310  T04
N320  G00  X23  Z-47
N330  G01  X16  Z-47  F0.08
N340  G04  F2
N350  G00  X23
N355  Z-35
N360  G01  X15  Z-35  F0.05
N370  G00  X23
N375  Z-79
N380  G01  X20  Z-79  F0.05
N390  G00  X22
N400  G01  Z-78
N410  G01  X20  Z-79
N420  G01  X0  Z-79
N430  G00  X35  Z30
N440  M05
N450  M02
```

技能练习

使用半径R为5 mm的刀具加工如图4-8所示的零件,加工深度为5 mm,编制加工程序。

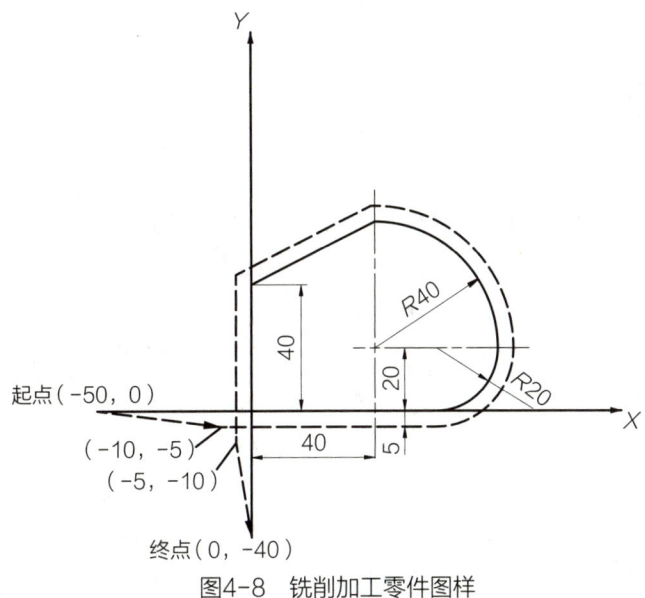

图4-8 铣削加工零件图样

评价

学生完成数控加工工艺场景的学习,可以根据学习情况进行自我评价和教师评价,作为评判平时成绩的依据之一。学习评价记录表见附录2。

场景 4.3 特种加工工艺

场景描述

小王的师傅交给他一块金属毛坯材料,要他去找一家线切割加工厂做个模型零件。他觉得很奇怪,我们自己不能做吗?车间里的各种机床刀具他都尝试了,线锯也用了,确实切不动。测试一下表面硬度竟然达到了HRC69!比普通车刀还硬。他用AI工具查询了一下,原来线切割是一种采用电火花技术进行"切割"的特殊加工工艺。传统机械加工方法是利用机械能和切削力进行加工,以硬切软,但对于高硬度材料,如各种高强度合金钢、硬质合金等难切削材料以及陶瓷、玻璃、人造金刚石、半导体硅片等非金属材料,传统切削加工方法往往无能为力。特种加工是指利用如化学的、物理的(电、声、光、热、磁)或电化学的方法对材料进行加工的方法,可适应高强度、高硬度、耐高温、耐低温、耐高压等特殊性能的材料加工,以及形状极复杂的形面、结构加工,广泛应用于机械特别是模具制造中,加工范围小至几微米的小轴、孔、缝,大到几米的超大型模具和零件。

关键技术

目前已经得到市场化应用的特种加工工艺技术有:电火花成型加工、电火花线切割加工、激光加工、超声波加工、电子束加工、离子束加工、电解加工、化学加工、增材制造等,其能量来源、加工原理如表4-13所示。

表 4-13 特种加工方法的类型

特种加工方法		能量来源	加工原理
电火花加工	电火花成型加工	电能、热能	熔化、汽化
	电火花线切割加工		
电化学加工	电解加工	电化学能	金属离子阳极溶解
	电解磨削	电化学能、机械能	阳极溶解、磨削
激光加工	激光切割、打孔	光能、热能	熔化、汽化
	激光打标记		
	激光处理、表面改性		熔化、相变

续表

特种加工方法		能量来源	加工原理
电子束加工	切割、打孔、焊接	电能、热能	熔化、汽化
离子束加工	蚀刻、镀覆、注入	电能、动能	原子撞击
等离子体加工	切割（喷镀）	电能、热能	熔化、汽化（涂覆）
化学加工	化学铣削	化学能	腐蚀
	化学抛光		
	光刻	光能、化学能	光化学腐蚀
超声波加工	切割、打孔、雕刻	声能、机械能	磨料高频撞击
增材制造	液相固化法	光能、化学能	逐层叠加
	粉末烧结法	光能、热能	
	熔融层压法	光能、机械能	
	熔丝堆积法	电能、热能、机械能	

几种常用特种加工方法的可加工材料和主要应用范围如表4-14所示。

表4-14 几种常用特种加工方法的可加工材料和主要应用范围

特种加工方法	可加工材料	主要应用范围
电火花成型加工	任何导电金属材料，如硬质合金、耐热钢、不锈钢、淬火钢、钛合金等	从数微米的孔、槽到数米的超大型模具、工件等，如圆孔、方孔、异形孔、深孔、微孔、弯孔、螺纹孔以及冲模、锻模、压铸模、塑料模、拉丝模，还可进行刻字、表面强化、涂覆加工
电火花线切割加工		切割各种冲模、塑料模、粉末冶金模等二维及三维直纹面组成的模具及工件。可直接切割为各种样板、磁钢、硅钢片冲片。也常用于铂、钨、半导体材料或贵重金属的切割
电解加工		从细小零件到成吨的超大型工件及模具，如仪表微型小轴、齿轮上的毛刺、涡轮叶片、炮管膛线、螺旋花键孔等各种异形孔、锻造模、铸造模、以及抛光、去毛刺等
电解磨削		硬质合金等难加工材料的磨削，如硬质合金刀具、量具、轧辊、小孔、深孔、细长杆的磨削，以及超精光整研磨、珩磨
激光加工		精密加工小孔、窄缝及成型切割、刻蚀，如加工金刚石拉丝模、钟表宝石轴承、化纤喷丝孔，在镍、不锈钢板上打小孔、切割钢板、石棉、纺织品、纸张等，还可进行焊接、热处理
电子束加工	任何材料	在各种难加工材料上打微孔、切缝、蚀刻、曝光以及焊接等，现常用于制造中、大规模集成电路的微电子器件
离子束加工		对零件表面进行超精密、超微量加工、抛光、蚀刻、掺杂、镀覆、注入等表面改性等
超声波加工	任何脆性材料	硬质合金等难加工材料的磨削，如硬质合金刀具、量具、轧辊、小孔、深孔、细长杆的磨削，以及超精光整研磨、珩磨
增材制造	金属、塑料、陶瓷和复合材料等	快速制作各种样件、零件，广泛应用在模具、航空航天、汽车、医疗、电子、建筑、艺术创作等行业、领域

相关知识

特种加工方法种类较多,这里仅简要介绍电火花加工、激光加工和增材制造三种方法。

(1) 电火花加工

电火花加工(Electrical Discharge Machining, EDM)是利用工具电极和工件电极之间脉冲火花放电时局部瞬时产生的高温,将金属接触部分融化蚀除的一种加工方法,也称为电脉冲加工。电火花加工主要分为电火花成型加工和电火花线切割加工两类,其加工方法示意图如图4-9所示。

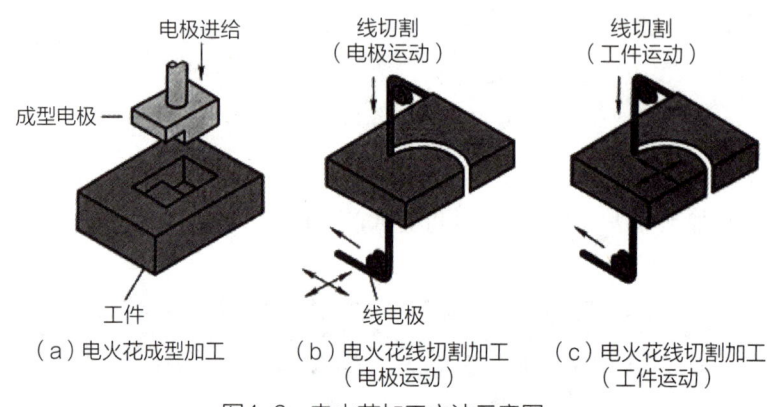

图4-9 电火花加工方法示意图

电火花成型加工的工作原理如图4-10所示。脉冲电流由电源2供给;自动进给调节装置3由液压油缸和活塞组成,它可使工具和工件间一直保持很小的放电间隙,使工具电极随着金属蚀除的进行而不断地送进。当电火花放电时电路通道内的电流密度高达$10^5 \sim 10^8$ A/cm²时,产生了10000℃以上的高温,从而使工件电极表面局部金属熔化和汽化,成为很细的颗粒,在电磁力和电极间爆发力的作用下,被抛入工作液中,而在电极表面形成一个小凹坑。当电压下降后,工作液恢复到绝缘状态。这种放电循环每秒重复数千到数万次,逐步蚀除零件加工表面上的余量,把工具的轮廓和截面形状复制到工件上。

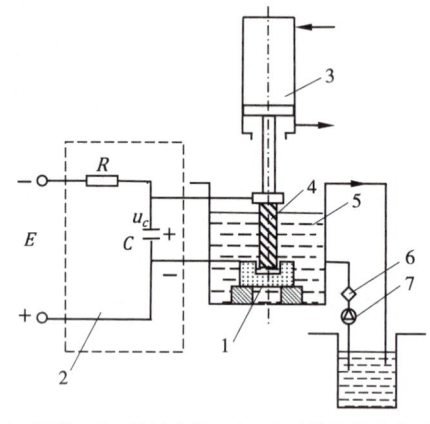

1—工件 2—脉冲电源 3—自动进给调节装置
4—工具 5—工作液 6—过滤器 7—工作液泵
图4-10 电火花成型加工的工作原理

电火花线切割加工则不同,它不是靠成型的电极工具将尺寸形状复制在工件上,而是通过连续地沿自身轴线行进的金属电极丝与工件间的火花放电来切割工件,工件加工部位所需的形状是由电极丝和工件切割过程中的连续相对运动形成的。常用的电极丝有钼丝、钨丝、黄铜丝和涂层金属丝等。电火花线切割加工的工作原理如图4-11所示。

线切割是什么?
一根0.2mm的
钼丝能切

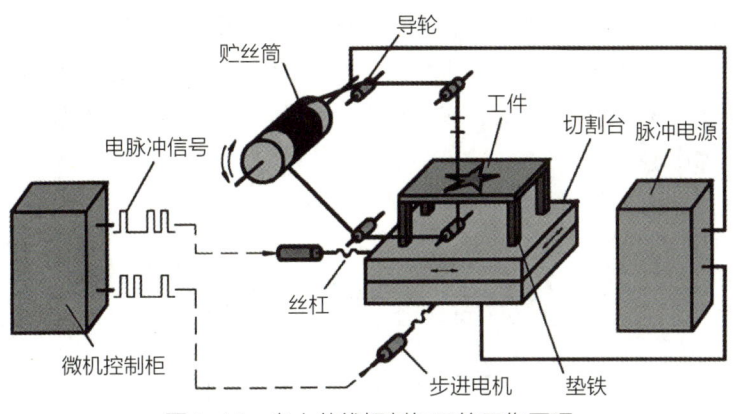

图4-11 电火花线切割加工的工作原理

线切割加工典型零件如图4-12所示。

图4-12 线切割加工零件

电火花加工的主要优点有：

❶ **适用于任何难切削导电材料的加工**。加工中材料的去除是靠放电时的电热作用实现的，材料的可加工性主要取决于材料的导电性和热学特性，几乎与其力学性能（硬度、强度等）无关，从而可以突破传统切削加工对刀具的限制，实现用软的工具加工硬韧的工件，甚至可以加工像聚晶金刚石、立方氮化硼之类的超硬材料。

❷ **可以加工特殊及复杂形状的表面和零件**。加工中工具电极和工件不直接接触，没有机械加工中的宏观切削力，因此适宜加工低刚度工件及进行微细加工。由于可以简单地将工具电极的形状复制到工件上，因此特别适用于表面形状复杂工件的加工，如复杂型腔模具的加工等。

（2）激光加工

激光加工是利用高能量密度的激光束使工件材料熔化、蒸发和汽化而予以去除的高能束加工。其工作原理是：当能量密度极高的激光束照射到加工表面时，光能转换成热能，照射斑点局部区域温度迅速上升，使工件金属熔化、汽化蒸发、金相组织变化以及产生相当大的热应力，达到加热和去除材料的目的。

激光加工设备由四个部分组成：激光器、电源、光学系统和机械系统。激光加工原理如

图4-13所示,其中激光器是关键器件,激光加工中通常采用两类激光器:固体激光器(如红宝石的、钕玻璃及钇铝石榴石YAG)、气体激光器(如CO_2的、氦氖气的)。CO_2气体激光器的能量效率较高,可达25%,输出功率大,有的高达上万瓦,广泛用于金属热处理、切割、焊接、金属表面合金化等加工。

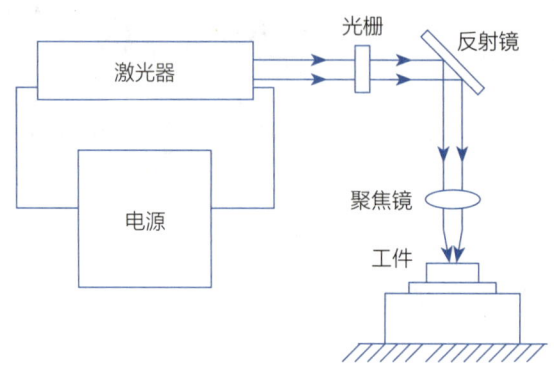

图4-13 激光加工原理图

激光加工的应用极其广泛,在打孔、切割、打标、焊接、金属表面强化等众多加工领域都得到了成功的应用。近年来,激光技术还应用于快速成型、三维去除加工、微纳米加工、激光微调、录像与存储、动平衡去重。下面简单介绍激光打孔、激光切割、激光打标、激光焊接和激光强化。

❶ **激光打孔**。利用激光几乎可以在任何材料上打微型小孔,目前已应用于火箭发动机和柴油机上燃料喷嘴的加工、化学纤维喷丝板打孔、钟表及仪表中的宝石轴承打孔、金刚石拉丝模加工等方面。激光打孔的直径可以小到φ0.01 mm以下,深径比可达50∶1。例如生产化学纤维用的喷丝板,要在φ100 mm的不锈钢喷丝板上打一万多个φ0.06 mm的小孔,采用数控激光加工,不到半天即可完成。图4-14为激光打孔工况和激光打孔零件。

图4-14 激光打孔工况和激光打孔零件

❷ **激光切割**。激光切割以其切割范围广、切割速度高、切缝质量、热影响区小、加工柔性大等优点,在现代工业中得到广泛应用,是激光加工技术中最为成熟的技术之一。

激光切割原理和激光打孔原理基本相同。与激光打孔不同的是，激光切割的工件与激光束要相对移动。如果是直线切割，还可以借助于柱面透镜将激光束聚焦成线，以提高切割速度。在精密机械加工中，一般都采用高重复频率的脉冲激光器。图4-15为激光切割工况和激光切割后的零件。

图4-15　激光切割工况和激光切割后的零件

❸ **激光打标**。小功率的激光束可用于对金属或非金属表面进行刻蚀打标记，加工出文字或工艺美术图案。图4-16为激光打标后的零件。

❹ **激光焊接**。激光焊接是利用激光束聚焦到工件表面，使辐射作用区表面的金属"烧熔"黏合而形成焊接接头。因此，激光束焊接所需要的能量密度较低，通常可采用减小激光输出功率来实现。如果加工区域不需限制在微米级的小范围内，也可通过调节焦点位置来减小工件被加工点的能量密度。图4-17为激光焊接后的零件。

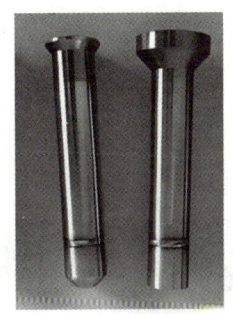

图4-16　激光打标后的零件　　图4-17　激光焊接后的零件

激光照射时间短，焊接过程极为迅速，不仅有利于提高生产率，而且被焊材料不易氧化，焊点小、焊缝窄、热影响区小，故焊接变形小、精度高，适用于微型、精密、排列密集和受热敏感的焊件。激光束不与被焊材料接触，也不产生焊渣，不需要去除工件的氧化膜，故可以焊接难以接近的部位，甚至可以透过透明材料进行焊接。

❺ **激光强化**。金属表面的激光强化是一项高新技术，被称为激光加工应用的第二代。激光强化可使金属工件表面显著地提高硬度、强度、耐磨性、耐蚀和高温等性能。激光强化包含

激光淬火、激光涂覆、激光合金化、激光冲击硬化、激光非晶化和微晶化等。其中激光淬火是利用激光束快速扫描工件，使其表层温度急剧上升，而工件基体仍处于冷态。由于热传导的作用，工件表层的热量迅速传到工件其他部位，在瞬间可进行自冷火，实现工件表面相变硬化。

（3）增材制造

增材制造（Additive Manufacturing，AM）也称为3D打印、快速成型、快速原型、快速制造、增量制造等，是近30年来全球先进制造领域兴起的一项集光、机、电、计算机及新材料等学科于一体的先进制造技术。增材制造是制造领域的重大突破，发展迅速，与材料切削等"减材"加工截然不同，它利用三维模型数据将粉末、液体等离散材料逐层叠加或堆积为三维实体的一种加工方法。增材制造和减材制造的差异如图4-18所示。

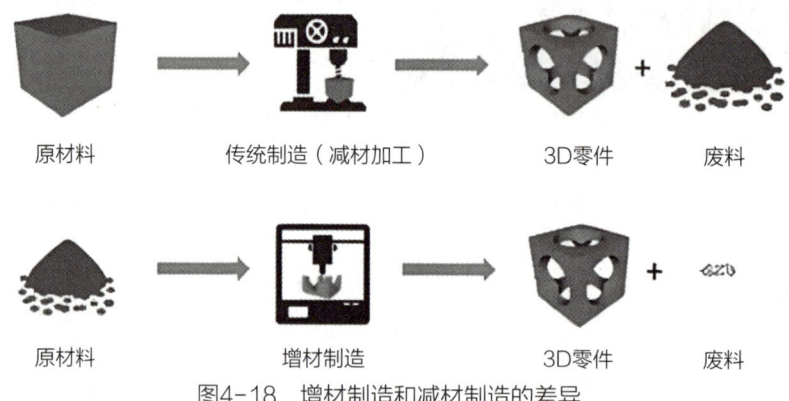

图4-18 增材制造和减材制造的差异

增材制造是基于离散-堆积原理，如图4-19所示。首先创建或获取零件的三维数字化模型。然后根据设定的路径和工艺参数，将材料以离散的单元形式逐层堆积起来，最终构建出完整的三维实体零件。

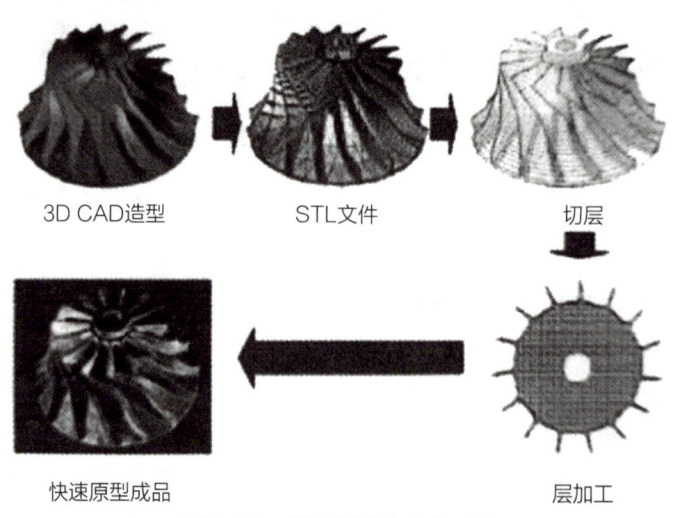

图4-19 增材制造的基本原理

三维数字化模型可由两种方法获得：一种是计算机设计模型，另一种是物理实体或零件的扫描模型。计算机设计模型可由计算机辅助设计（CAD）系统建立，计算机设计模型可以是平面模型，也可以是立体模型。从物理实体扫描获得数据模型，要通过一种称为逆向工程的方法获得数据。逆向工程广泛使用三坐标测量仪或激光三维扫描仪，通过扫描格式捕捉实体模型的数据点，然后在CAD系统中进行连接重建。构建的三维数字化模型必须为一个闭合曲面，即这些数据必须详细描述模型内、外及边界。这一要求确保了模型所有水平截面都是闭合曲线，对于增材制造十分关键。

构建三维数字化模型后，要将其转化为特定的文件格式，用于制造设备。常见的文件格式为STL，是利用最简单的多边形和三角形逼近模型表面。

计算机程序分析STL文件后，将模型按照某一坐标轴线分层为截面切片。通过打印设备将液体或粉末材料固化后，形成截面切片，然后层层结合形成3D模型。

从本质上讲，增材制造技术基于离散-堆积原理，将三维模型离散成一系列二维层面，再通过材料的逐层堆积，实现模型的实体化。这一过程不仅减少了材料浪费，还显著缩短了产品开发周期。

目前，常见的增材制造工艺有光固化成型、激光选区烧结成型和熔丝沉积成型三种。

❶ **光固化成型**（Stereo Lithography Apparatus，SLA）。SLA是最成熟和应用最广泛的增材制造工艺。它以光敏树脂为原料，通过计算机，用特定波长与强度的激光聚焦到光固化材料表面，使之由点到线、由线到面顺序凝固，完成一个层面的绘图作业，然后升降台在垂直方向移动一个层面的高度，再固化另一个层面，这样层层叠加构成一个三维实体。这种方法能简捷、全自动地制造出表面质量和尺寸精度较高、几何形状复杂的原型。图4-20所示为SLA的基本原理和加工结果示例。

科技新闻史：光固化3D打印技术

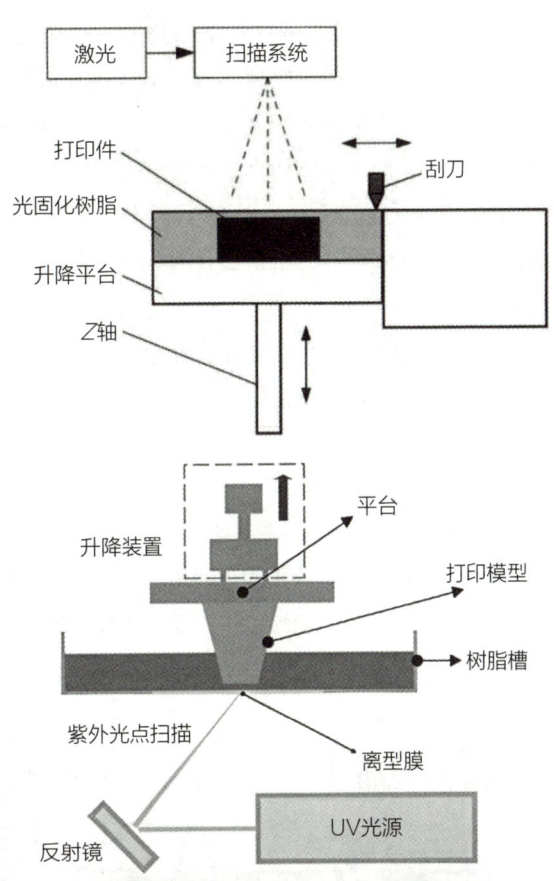

图4-20 SLA基本原理和加工结果示例

SLA制作的工艺过程一般可以分为前处理、原型制作和后处理三个阶段。

A．前处理阶段。对原型的CAD模型进行数据转换、确定摆放方位、施加支撑和切片分层，实际上是为原型制作做数据准备。

B．原型制作阶段。光固化成型是在专用的光固化快速成型设备系统上进行。在模型制作之前，需要提前启动光固化快速成型设备系统，使得树脂材料的温度达到预设的合理温度，激光器点燃后也需要一定的稳定时间。设备启动正常后，启动原模型制作控制软件，读入前处理，运行打印。

C．后处理阶段。首先，清洗模型，去除多余的液态树脂；其次，去除支撑并修整原型，消除逐层硬化形成的台阶纹路；最后，做后固化处理。

SLA工艺的优点为：SLA是最早出现的快速原型制造工艺，成熟度高；由CAD数字模型直接制成原型，加工速度快，产品生产周期短，无需切削工具与模具；可以加工结构外形复杂或使用传统手段难以成型的原型和模具；使CAD数字模型直观化，降低错误修复成本；为实验提供试样，可以对计算机仿真计算的结果进行验证与校核；可联机操作，可远程控制，利于自动化生产。

SLA工艺的缺点有：SLA系统造价高昂，使用和维护成本过高；SLA系统是需要对液体进行操作的精密设备，对工作环境要求苛刻；成型件多为树脂类，其强度、刚度、耐热性有限，不利于长时间保存。

❷ **激光选区烧结成型（Selective Laser Sintering，SLS）**。SLS采用红外激光器作能源，首先将造型材料（多为粉末材料）预热到稍低于其熔点的温度，然后在刮平滚筒的作用下将粉末铺平。激光束在计算机控制下根据分层截面信息进行有选择的烧结，一层完成后再进行下一层烧结，全部烧结完后去掉多余的粉末，就可以得到零件。图4-21为SLS的基本原理和加工结果示例。

SLS激光选区烧结

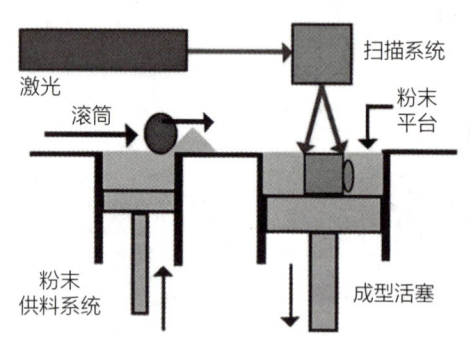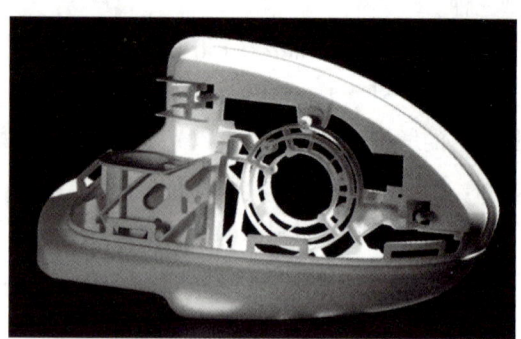

图4-21　SLS基本原理和加工结果示例

SLS工艺的最大优点在于选材较为广泛，如尼龙、蜡、树脂裹覆砂（覆膜砂）、聚碳酸酯（PolyCarbimatrs）、金属和陶瓷粉末等都可以作为烧结对象，粉床上未被烧结部分成为烧结部分的支撑结构，故而无须考虑支撑系统（硬件和软件），SLS工艺与铸造工艺的关系极为密切，如烧结的陶型可做铸造的型壳、型芯，蜡型可做蜡模，热塑性材料烧结的模型可做消失模。

在成型的过程中因为是把粉末烧结，所以工作中会有很多粉状物体污染办公空间，一般设备要有单独的空间放置。另外，产品存储时间过长后会因为内应力释放而变形。对容易发生变形的地方需要设计支撑。SLS产品生产效率较高，表面质量一般，运营成本较高，设费用较贵，能耗通常在8000 W以上。材料利用率约100%。

该类工艺具有制造工艺简单、柔性度、材料选择范围广、材料价格便宜、成本低、材料利用高和成型速度快等特点。针对以上特点，SLS主要应用于铸造业，并且可以用来直接制作快速模具。

❸ **熔丝沉积成型**（Fused Deposition Modeling，FDM）。FDM将各种热熔性丝状材料（蜡和尼龙等）加热熔化成型，又被称为熔丝成型（Fused Filament Modeling，FFM）、熔丝制造（Fused Filament Fabrication，FFF）。

FDM 3D打印机的工作原理

FDM的基本原理如图4-22所示，热熔性材料的温度始终稍高于固化温度，而成型的部分温度稍低于固化温度。热熔性材料挤出喷头后，随即与前一个层面熔结在一起。一个层面沉积完成后，工作台按预定的增量下降一个层厚度，再继续熔喷沉积，直至完成整个实体零件。

FDM工艺具体流程为：先用CAD软件建构出物体的3D立体模型图，将物体模型图输入FDM装置。FDM装置的喷头会根据模型图一层一层移动，同时FDM装置的加热头会注入热塑性材料（例如：丙烯腈-丁二烯-苯乙烯共聚物树脂、聚碳酸酯、聚苯砜树脂、聚乳酸和聚醚酰亚胺等）。材料被加热到半液体状态后，在计算机控制下，FDM装置的喷头会沿着模型图的表面移动，将热塑性材料挤压出来，在该层中凝固形成轮廓。FDM装置会使用两种材料来执行打印工作，分别是用于构成成品的建模材料和用作支架的支撑材料，透过喷头垂直升降，材料层层堆积凝固后，就能由下而上形成一个3D

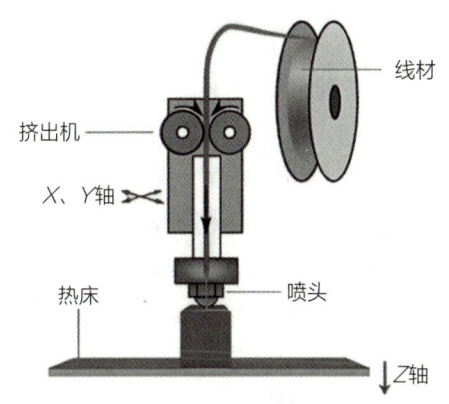

图4-22 FDM基本原理

打印模型实体。打印完成实体，剥除固定在零件或模型外部的支撑材料或用特殊溶液将其溶解，即可获得该零件。

FDM工艺的优点为：成型材料广泛——熔丝沉积成型技术所应用的材料种类很多，主要有PLA、ABS、尼龙、石蜡、铸蜡和人造橡胶等熔点较低的材料，以及低熔点金属、陶瓷等丝材；成本相对较低——熔丝沉积成型技术不使用激光，其原材料利用率很高并且几乎不产生任何污染，在成型过程中没有化学变化的发生，在很大程度上降低了成型成本；后处理过程比较简单——该技术所采用的支撑结构容易去除，模型的变形比较微小，若使用水溶性支撑材料则支撑结构更易剥离；用石蜡成型的制件，能够快速直接地用于失蜡铸造；能制造任意复杂外形曲面的模型制件；可直接制作彩色的模型制件。

FDM工艺的缺点有：只适用于中、小型模型件的制作；成型零件的表面条纹比较明显；厚度方向的结构强度比较薄弱，因为挤出的丝材是在熔融状态下进行层层堆积，相邻截面轮廓层之间的黏结力是有限的；成型速度慢、成型效率低，在成型加工前，需要设计并制作支撑结构，同时在加工过程中，需要对整个轮廓的截面进行扫描和堆积，因此需要较长的成型时间。

应用案例

（1）项目背景

宝马集团积极采用3D打印技术，不仅用于生产汽车零件，还拓展至制造生产系统的辅助工具领域。为了确保部件在生产组装的过程中不出现任何疏漏，需要使用定制的夹具，特别是在装饰、徽章、标志和对齐方面。然而，想要夹具与汽车表面的复杂曲线相匹配，CNC加工工具的生产成本会变得非常高，尤其是只需要小批量夹具的时候，也需要较长的交货时间。

（2）解决方案

一般情况下，夹具的零件都是由机械加工制造的，为了以更低的成本制造这些工具，宝马集团将3D打印和真空覆膜整合进工具组件中。已在生产过程中实现了关键突破，特别是在制造机器人夹具方面。

在宝马集团兰茨胡特工厂的轻量化结构与技术中心，LFAM系统被广泛应用于生产大型机器人夹持器，如图4-23所示，这种夹持器重约120 kg，仅需22 h便可完成制造，随后被用于压机上，生产BMW M GmbH车型的所有CFRP车顶。通过压机装入CFRP原材料，夹持器只需旋转180°，便可轻松取下成品车顶。相较于传统夹持器，3D打印版本减轻了约20%的重量，这不仅延长了机器人的使用寿命，减少了系统磨损，还缩短了维护间隔。这种机器人夹持器的独特之处在于其完美结合了两种不同的3D打印工艺。

在宝马集团慕尼黑工厂，3D打印仿生机器人夹持器已投入使用。如图4-24所示，这款夹持器能够轻松夹持并移动BMW i4的整个地板组件，其支架在重量和负载能力方面都进行了精心优化，其重量仅为110 kg，相比之前的传统型号减轻了大约30%。

宝马集团通过3D打印技术在生产中的广泛应用，显著提升了生产效率、降低了成本，并减少了二氧化碳排放。这一创新技术的应用不仅展示了宝马集团在汽车制造领域的领先地位，也为未来的可持续发展奠定了坚实的基础。

图4-23 宝马集团兰茨胡特工厂的3D打印机器人夹持器

图4-24 宝马集团慕尼黑工厂的3D打印仿生机器人夹持器

知识测试

简答题
1. 什么是特种加工?
2. 电火花加工的原理是什么?
3. 电火花加工的条件是什么?
4. 激光的功率密度是多少?
5. 常见的增材制造工艺有哪些?

评价

学生完成特种加工工艺场景的学习,可以根据学习情况进行自我评价和教师评价,作为评判平时成绩的依据之一。学习评价记录表见附录2。

课题五
制造过程控制技术

  由于对产品结构、质量要求和制造工艺复杂程度的提高,制造过程的智能监测、检测、诊断和预测已越来越受到人们的重视。为确保制造系统可靠高效地运行,必须利用监测系统对其运行过程进行实时监测,及时发现运行中的故障,并对故障进行诊断和预测。因而,监测已成为现代制造过程中不可缺少的重要环节之一。

  随着传感器和计算机存储技术的发展,针对设备本身的特点,传统的诊断技术分别与神经网络、专家系统和模糊数学等新兴智能学科相结合,出现了以传统诊断技术为基础,以人工智能为核心的智能诊断技术。与传统的诊断技术不同,智能诊断技术致力于研究诊断对象的知识获取和诊断模型的建立,并能有效提高大型复杂系统的诊断效率。

  作为探讨事物未来发展状况的预测已经成为一门发展迅速、应用广泛的新学科。没有任何一种方法可以获得绝对准确的预测结果,但是通过引入专家系统、人工神经网络等智能技术,结合合理的分析和处理可以不断提高预测的可信性和有效性。

场景 5.1 无损检测

场景描述

某风电场在2015—2018年期间共有4台主轴出现了断裂事故,造成了巨大的经济损失和安全问题。可见,分析主轴断裂原因并及时排查主轴的安全状态对于风电场的运维而言非常重要。通过对比分析,该风电场的技术人员提出利用超声波检测技术对在役风电机组的主轴进行检测。通过采用超声波检测技术对某根实物主轴本身结构和在主轴上模拟裂纹缺陷两种方式分别进行了测试,并对主轴结构回波及模拟主轴裂纹缺陷回波进行了分析和研究,摸索出一套适合本场装备的技术方案,这对以后的主轴缺陷现场排查发挥了极好的作用。

关键技术

对产品的质量检测是保障机械加工制造过程稳定可控的重要手段,传统的检测手段多为破坏性检验,时间成本与检验成本都很高,此外,自动化生产设备在运行中也可能出现损伤,这些故障因素都需要通过非破坏性检验技术进行检测分析。近年来,无损检测技术不断发展,在工业制造领域取得了广泛应用,提高了生产效率和生产稳定性。

无损检测(Non Destructive Testing,NDT)技术的突出特点就是检测过程不会对被检对象的使用性能产生损伤或破坏等负面影响,此类技术是利用材料内部结构异常或缺陷存在引起的热、声、光、电、磁等反应的变化,以物理或化学方法为手段,借助现代化的技术和设备器材,对试件内部及表面的结构、状态及缺陷的类型、数量、形状、性质、位置、尺寸、分布及其变化进行检查和测试,进而判断被检对象的真实状态(包括产品质量是否合格、生产设备剩余寿命等)的方法。

无损检测技术可以划分为常规无损检测技术和非常规无损检测技术。常见的常规无损检测技术包括超声波检测、磁粉检测、渗透检测、射线检测和涡流检测等;非常规无损检测术包括声发射、激光全息检测以及红外线检测等。以下重点介绍常规无损检测。

(1)超声波检测(Ultrasonic Testing)

超声波是一种机械波,是指20000 Hz以上的声波。通过压电晶片触发超声波,脉冲声波穿透工件,利用空气(其他材质工件)与工件的声阻不同,得到反射回波信号,根据反射回波信号判断是否存在缺陷。有时候会用两个探头来完成一发一收的工作。

（2）磁粉检测（Magnetic Particle Testing）

通过交叉电磁轭在工件结构外部施加一个磁场。倘若工件表面或近表面存在缺陷，则产生的磁场会发生畸变，磁粉集中于缺陷处，对缺陷位置进行"放大"显示，会有明显图案。

（3）渗透检测（Penetrant Testing）

渗透检测是利用狭窄开口的毛细现象，使其吸收带颜色的渗透剂，然后洗掉表面染色剂，喷洒显像剂将缺陷中的染料呈现，最后通过染色结果判断缺陷（图5-1）。该方法适用于有色金属等非铁磁性材料，结合使用荧光剂可极高地提升检测灵敏度。

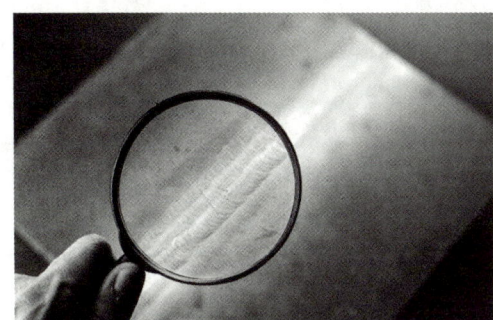 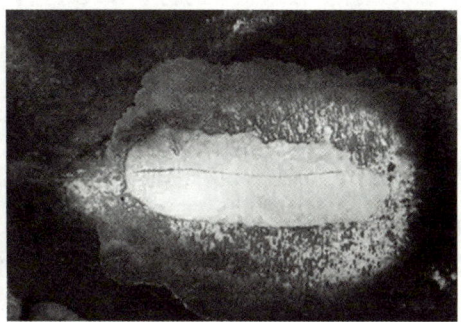

图5-1 渗透检测效果

（4）射线检测（Radiographic Testing）

射线检测利用X射线或其他射线在工件中材料与空气的衰减系数差，在底片中呈现黑白影像，以此判断是否存在缺陷。

（5）涡流检测（Eddy Current Testing）

根据电磁感应原理，导体置于交变磁场中就有感应电流存在，即涡流。导体自身各种因素（如电导率、磁导率、形状、尺寸和缺陷等）的变化，会导致涡流变化，利用这一特点可以对工件表面或近表面进行检测，适用于导电材料及其产品。

相关知识

（1）超声波检测原理

超声波检测利用超声波在材料中传播时遇到缺陷（如裂纹、夹杂物）会发生反射或散射的原理，通过接收和分析反射回来的超声波信号，来检测主轴内部的缺陷和应力集中区，如图5-2所示。

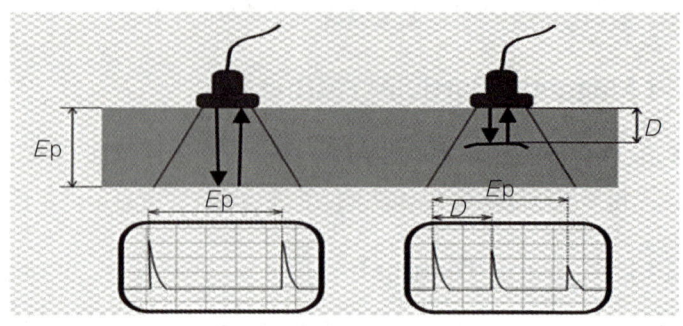

图5-2 超声波检测原理图

❶ **检测要点分析：**
- 探头选择。根据主轴的材质和尺寸选择合适的超声波探头。
- 耦合剂使用。确保超声波能够有效传入主轴内部，通常使用耦合剂来减少探头与主轴之间的空气间隙。
- 数据分析。对接收到的超声波信号进行滤波、放大等处理，以提取出有用的缺陷信息。

❷ **优点：** 无损检测，对主轴无损伤；检测灵敏度高，能够发现微小缺陷；实时性强，可快速得到检测结果。

❸ **缺点：** 对检测人员的技能要求较高；检测结果可能受到材料内部复杂结构的影响。

（2）射线检测原理

射线检测技术中应用最广的是X射线检测，此外还有中子射线和γ射线。射线在通过被检对象时，被检对象内部材质、厚度和缺陷导致的性质有差异，射线的衰减程度也不同，在最终胶片感光成像时会出现黑度不同的图像，这就是射线检测的基本原理，如图5-3所示。

无损检测X射线检查和工业计算机断层扫描

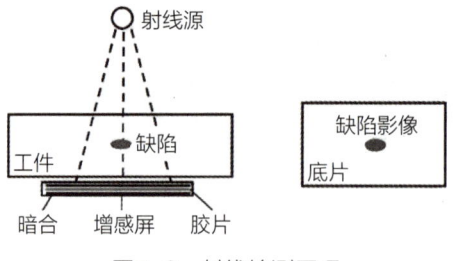

图5-3 射线检测原理

X射线检测常用照相法，是将射线感光材料放在被检对象后接收穿过被检对象的射线，感光材料经曝光和暗室处理后会呈现出物体内部的结构图像，由于射线衰减程度不同，分析影像的黑度及形状变化就可以评估出被检对象内部结构存在的不均匀性或缺陷的性质、位置、形状等问题。照相法具有较高的灵敏度和直观性，根据需求不同还可以进一步使用闪光照相法或放大照相法。

（3）磁粉检测原理

磁粉检测是一种借助于特定检验介质利用漏磁现象检测被检对象表面或近表面不连续性等缺陷的无损检测方法。

对于具有铁磁性质的材料及其制品，当有磁力线穿过时，在其中磁性不连续的位置会出现漏磁场形成局部磁极。借助于磁粉或磁悬液等检验介质可以观察到这些局部磁极吸附磁粉产生的磁痕，这些磁痕可以显示出铁磁材料及制品表面或近表面的缺陷状况，在光照下可显示出各不连续性出现的位置、形状、大小以及严重程度，如图5-4所示。

无损检测——
磁粉检测

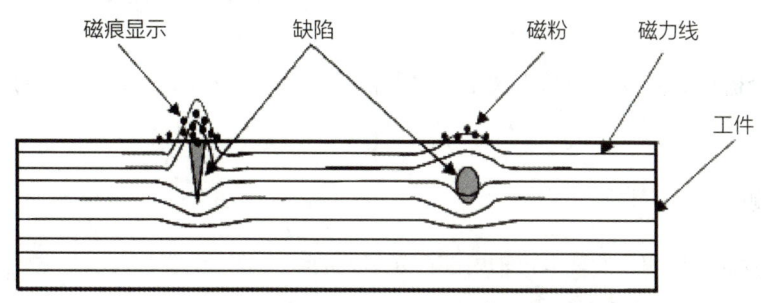

图5-4 磁粉检测原理——不连续处漏磁场和磁痕分布

磁粉检测操作简单，可以检测工件表面用肉眼难以观察到的微小缺陷，也可以用于检测距离表面几毫米的近表面缺陷情况。磁粉检测可以用于检测气孔、夹杂等体积性缺陷，也可以检测由于淬火、铸造、锻造、焊接、磨削或疲劳等因素引起的裂纹等面积性缺陷，并且磁粉检测方法对于面积性缺陷更加灵敏，因此广泛应用于焊接件、大型锻件/铸件等工件在加工制造过程中出现的各种缺陷。图5-5为操作人员在进行焊缝的磁粉检测，检测焊缝缺陷。

图5-5 磁粉检测焊缝缺陷

应用案例

电机轴作为电机的重要组成部分，其质量和安全性直接关系到电机的整体性能和运行可靠性。电机轴在长时间运行过程中可能受到过载、磨损、温度变化等多种因素的影响，导致内部出现裂纹、材质变化等缺陷，这些缺陷如果得不到及时发现和处理，可能会引发电机故障甚至安全事故。因此，对电机轴进行定期的无损检测显得尤为重要。

电机轴内部裂纹检测场景描述：某工厂电机在运行过程中出现异常振动和噪声，初步判断为电机轴存在内部缺陷。为了准确判断缺陷类型和位置，采用超声波探伤技术进行检测，如图5-6所示。

（1）检测方法

❶ **准备阶段**：选择合适的超声波探伤仪和探头，根据电机轴的材质和尺寸调整仪器参数。

图5-6　电机轴内部裂纹检测

❷ **耦合处理**：在电机轴表面涂抹适量的耦合剂，确保超声波能够顺利传入轴内部。

❸ **扫查检测**：将探头放置在电机轴表面，沿轴向和径向进行扫查，观察并记录超声波反射信号。

❹ **数据分析**：对接收到的超声波信号进行滤波、放大等处理，分析缺陷的类型、位置和大小。

（2）检测结果

通过超声波探伤检测，发现电机轴内部存在多处裂纹，裂纹位置和大小与振动和噪声的异常表现相吻合，检测结果如图5-7所示。

（3）处理措施

对电机轴进行更换，确保了电机的正常运行。

图5-7　检测到的缺陷

技能练习

1. 超声波检测系统的构成方框图。

2. 超声波时域回波图的解释，界面和缺陷的诊断原理，并用时域图线表达。

3. 超声波频域分布图的缺陷信息表现形式和特征提取方法。

4. 超声波感知传感器的轴向安置和径向安置两种方法的安置要点有什么区别？检测对象和现象有什么区别？

5. 用上面知识和训练，以小组为单位做出电机轴材质变化检测的方案。

评价

学生完成无损检测场景的学习，可以根据学习情况进行自我评价和教师评价，作为评判平时成绩的依据之一。学习评价记录表见附录2。

场景 5.2 机器视觉检测

机器视觉主要用计算机来模拟人的视觉功能,但并不仅仅是人眼的简单延伸,更重要的是具有人脑的一部分功能——从客观事物的图像中提取信息,进行处理并加以理解,最终用于实际检测、测量和控制。机器视觉技术最大的特点是速度快、信息量大、功能多。

在工业检测中利用视觉检测系统的非接触、速度快、精度高、现场抗干扰能力强等突出优点,使机器视觉技术得到了广泛的应用,取得了巨大的经济与社会效益。机器视觉检测目前已经用于各生产制造领域的产品外形和表面缺陷检测。

机器视觉检测

场景描述

PCB板是电子工业最基础也是最重要的部件之一。PCB板的焊接质量对于产品的可靠性起着至关重要的作用。在PCB板的标准生产环节中,焊接质量问题可能发生在生产过程中的多个工艺环节,因此需要在回流焊之前和电气测试之前进行多次检测,避免不良品流入下一工段导致大批量缺陷产品的产生以及产能的浪费。不管是人工检测,还是新兴的X光、AOI检测,都具有一定局限性,存在成本高、效率低、无法达成无损检测等问题。引入3D视觉和深度学习技术,采用机器视觉技术对PCB板上的焊点质量进行检测,既可检测多种缺陷类型,又可实现降本增效。

关键技术

机器视觉技术是一个复杂而多面的领域,涉及图像处理、光学成像、传感器技术、控制理论等多个学科,并通过多层面协同作用实现自动化视觉检测与决策。以下将简单介绍机器视觉的几项关键技术。

机器视觉

(1) 图像采集与预处理

❶ **高精度图像获取**。通过工业相机、多光谱传感器等设备捕获目标物体的图像数据,结合光源优化(如均匀照明设计)与参数调整(分辨率、帧率、曝光时间),确保原始图像清晰

度高、干扰少。

❷ **数据预处理技术**。采用去噪（如高斯滤波）、对比度增强、几何校正等方法优化图像质量，为后续分析提供标准化输入。

（2）特征提取与表示

❶ **多维度特征提取**。基于边缘检测（Canny算法）、纹理分析（灰度共生矩阵）、颜色空间转换（RGB到HSV）等技术提取关键特征，将复杂视觉信息转化为机器可处理的量化数据。

❷ **特征表示优化**。通过主成分分析（PCA）或深度学习编码器压缩冗余特征，提升模型训练效率。

（3）目标检测与模式识别

❶ **目标定位与分类**。采用YOLO、Faster R-CNN等算法实现物体快速定位与分类，工业场景中可精准识别产品缺陷（如划痕、裂纹）或运动目标（如传送带上的零件）。

❷ **深度学习驱动的模式识别**。基于卷积神经网络（CNN）构建分类模型，支持复杂场景下的语义分割（如医学影像分析）与行为识别（如生产线人员动作监控）。

（4）动态分析与决策反馈

❶ **实时缺陷检测**。结合机器学习模型与规则库，对检测结果进行逻辑判断（如尺寸公差校验、装配完整性验证），触发分拣或工艺调整指令。

❷ **多目标协同优化**。通过强化学习算法平衡检测速度与精度，动态调整检测参数（如相机触发频率），提升系统综合效率。

（5）系统集成与性能优化

❶ **端边云协同架构**。边缘计算节点负责实时检测任务，云端负责模型训练与版本迭代，缩短响应延迟时间。

❷ **自学习能力增强**。采用增量学习技术持续更新模型参数，适应生产线设备更换或产品迭代需求，缩短新场景适配周期。

相关知识

机器视觉是通过光学装置和非接触式传感器自动采集真实物体的图像，通过内置算法对采集到的图像进行相应处理获取图像中包含的信息，并基于获取到的信息对系统提供决策支持或直接做出决策控制的检测方法。机器视觉的范围非常广泛，从广义上说，机器人、图像扫描系统、视觉相关的工业测量与自动控制设备等都属于机器视觉的范畴；从狭义角度看，机器视觉主要是指基于视觉的工业测控系统设备。机器视觉系统的出现显著提高了工业制造产品的质量稳定性和工业生产线的自动化程度。机器视觉技术在工业制造在线过程监测领域的主要应用场景是不适合人工进行检测作业的危险场所以及一些人工检测无法满足精度或工作量等需求的岗位。在实践过程中，机器视觉技术在大批量工业生产的检测效率和检测精度等方面都优于人工视觉检测。

（1）机器视觉系统的应用流程

机器视觉系统在工业生产领域应用于零件检测、产品分拣、质量监控、安全监测等场景，提高了生产线的自动化和智能化水平。尽管其应用场景不同，机器视觉系统获取和处理图像信息的基本流程都非常相似，一般包括：

❶ **图像采集**。通过光学系统采集真实图像，并将采集到的图像转换为数字格式存储在系统中。

❷ **图像处理**。系统处理器根据设定好的算法对图像进行分析检测。

❸ **特征提取**。处理器识别并向控制程序输出图像的关键特征，如数量、边缘、位置等。

❹ **决策控制**。系统控制程序根据图像特征数据进行决策判断并控制相关机构执行操作。

典型的机器视觉系统，如图5-8所示。

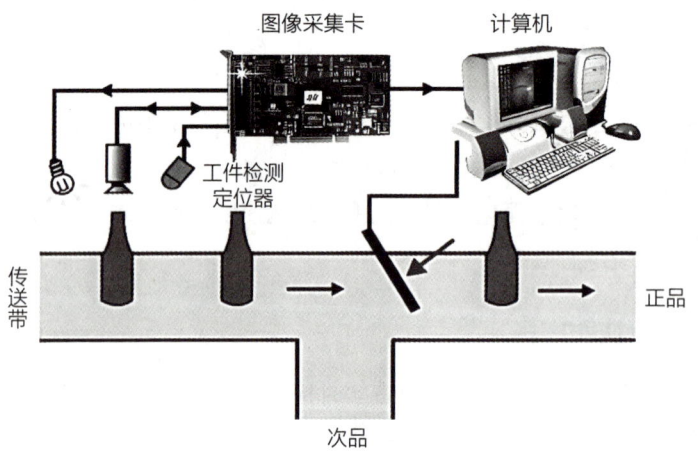

图5-8　典型的机器视觉系统

（2）机器视觉系统的构成

典型的机器视觉系统一般包括光源、镜头、相机、图像处理单元（或图像采集卡）、图像处理软件、监视器以及通信/输入输出单元等组成部分。

❶ **光源**。光源照明会影响系统采集到的图像质量，因此对机器视觉系统整体性能的好坏起到关键性作用。机器视觉系统中的光源一般应具备：足够的亮度和稳定程度；照明技术能尽量突出目标的关键特征，增加对比度；照明范围尽量广，保证成像质量不受目标物体所在位置影响。

❷ **镜头**。镜头是影响成像质量的另一个关键因素，一般用像差的大小衡量镜头成像质量的优劣，常见的像差有球面像差、彗形像差、像散、像场弯曲、畸变和色差。为了选择符合要求的镜头，一般需要考虑：

A. 成像面积。成像面积是入射光通过镜头后成像的圆形平面，机器视觉系统一般选择

CCD（Charge Coupled Device）相机，在选用镜头时要考虑镜头成像面与CCD相机的适配性。

B. 焦距、视角、工作距离、视野。焦距是镜头到成像面的距离，视角是镜头能看到的宽度，工作距离是镜头到目标物体之间的距离，视野是镜头所能覆盖的有效工作区域。这几个概念的关系是：焦距越小，视角越大；最小工作距离越短，视野越大。

❸ **相机**。CCD是一种半导体光学器件，具有信息存储、延时等功能，在固体图像传感、信息储存和处理等方面广泛应用，按其使用的器件分为线阵式和面阵式CCD相机。线阵式CCD相机每次只能获得图像的一行信息，面阵式CCD相机可以一次获得整体图像信息，目前机器视觉系统多使用面阵式CCD相机。

❹ **图像采集卡**。图像采集卡是机器视觉系统中图像采集和图像处理部分的接口。一般具有以下的功能模块：

A. 图像信号的接收与A-D转换模块。负责图像信号的放大与数字化。

B. 摄像机控制输入输出接口。主要负责协调摄像机进行同步或实现异步重置拍照、定时拍照等。

C. 总线接口。负责通过PC内部总线高速输出数字数据。

❺ **图像处理软件**。图像处理是机器视觉系统的核心技术，图像信息处理一般包括图像增强、图像编码与传输、边缘分割、特征提取和图像识别等内容，经过图像处理后，输入图像质量得到提升，便于后续的分析和识别。

应用案例

机器视觉系统具有实时性，由于相关基础的发展，目前的机器视觉识别性能也越来越好，在工业制造领域，利用机器视觉技术进行状态监测得到了广泛的应用。

下面是基于机器视觉的刀具磨损检测系统，该系统主要包括CCD相机、镜头、光源、支架等。图5-9为该系统的结构示意图。

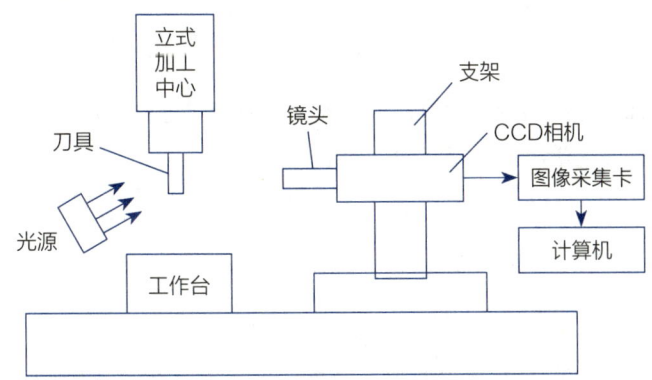

图5-9 刀具磨损状态的机器视觉检测系统结构示意图

检测系统分为刀具状态检测和刀具状态识别两个阶段，如图5-10所示。

刀具状态检测阶段包括获取刀具图像、刀具图像预处理、边缘检测、特征提取四个步骤，刀具状态检测阶段的目的是提取出原始图像中刀具磨损状态信息的特征数据，为刀具状态识别阶段提供高质量的输入。

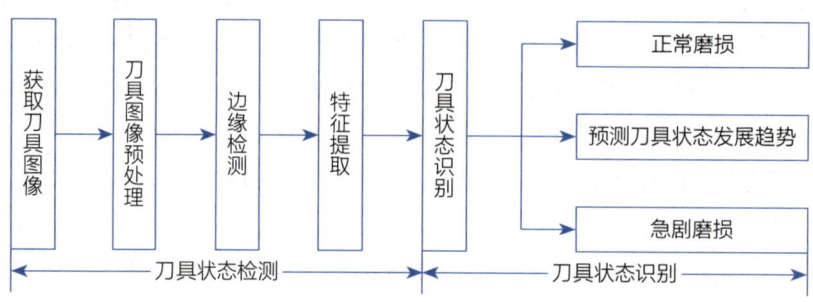

图5-10　刀具磨损状态的机器视觉检测流程

刀具状态识别阶段需要根据一定的规则对输入的刀具磨损状态信息进行分类，识别出刀具当前所处的磨损状态并对未来发展趋势做出预测。该机器视觉检测系统的决策是当识别出刀具磨损严重时发出预警信号，提示机床操作者更换刀具，以免影响工件加工质量。

知识测试

评价

学生完成机器视觉检测场景的学习，可以根据学习情况进行自我评价和教师评价，作为评判平时成绩的依据之一。学习评价记录表见附录2。

场景 5.3 智能监测与诊断

智能监测是利用智能技术对生产装备参数进行实时检测和控制的技术。通过感知设备、数据处理和分析算法相结合,对运行参数进行自动化测量和分析。智能监测技术可以提供准确的数据支持和决策依据,从而保证制造装备可靠运行、产品质量稳定、生产过程安全高效,同时还能为制造技术改进、故障模式研究、维修方案制定等提供真实、完整的宝贵数据。

智能诊断的核心问题是如何利用人工智能、机器学习、传感器技术、数据分析等先进技术,对机械加工过程中的这些设备的运行状态进行实时监测、分析,以实现对设备故障的早期预测、准确诊断及故障部位的精确定位。

场景描述

对故障的监测与诊断在制造业中的应用场景非常广泛,包括能源供应设备、供上料装置、加工中心(如五轴、六轴数控机床:控制系统、驱动与控制电机、传动主轴、切削与加工刀具)、组装中心(工业机器人等)、传送装置[传送台、自动引导运输车、有轨制导车辆(Rail Guided Vehicle,RGV)]、分拣站(感知分拣装置等)、自动化仓储(自动货架)等。通过智能化技术,实现对这些设备的实时监测和故障预警,保障加工过程的顺利进行,提高生产效率与设备可靠性,同时减少产品废品率和成本。

关键技术

(1)智能监测技术

制造过程的智能监测主要是利用传感器对制造系统的力、温度、振动、变形以及设备运行状态等过程参数进行有效的测量与识别。传统的监测技术是利用传感器将被测量转换为易于观测的信息,通过显示装置给出待测量的量化信息。其特点是被测量与测试系统的输出有确定的函数关系;信息的转换和处理多采用硬件处理;传感器对环境变化引起的参量变化适应性不强。智能监测包含测量、检验、信息处理、判断决策和故障诊断等多种内容,是监测设备模仿人类智能,将计算机技术、信息技术和人工智能等相结合而发展的监测技术,测量过程软件化,测量速度快、精度高、灵活性高,含智能反馈和控制子系统,能实现多参数监测和数据融合。

传统的状态监测技术以专家领域知识为主要依据，随着传感器技术与数据科学技术的发展，在线状态监测技术已经逐渐摆脱了对于专家领域知识的依赖，通过多传感器获取在制造系统不同环节的数据信息，并利用数据技术对获取的传感器数据进行多维度的整合，进而挖掘深层次的系统状态信息。

对制造加工过程的监测和控制包含多个方面，如图5-11所示。

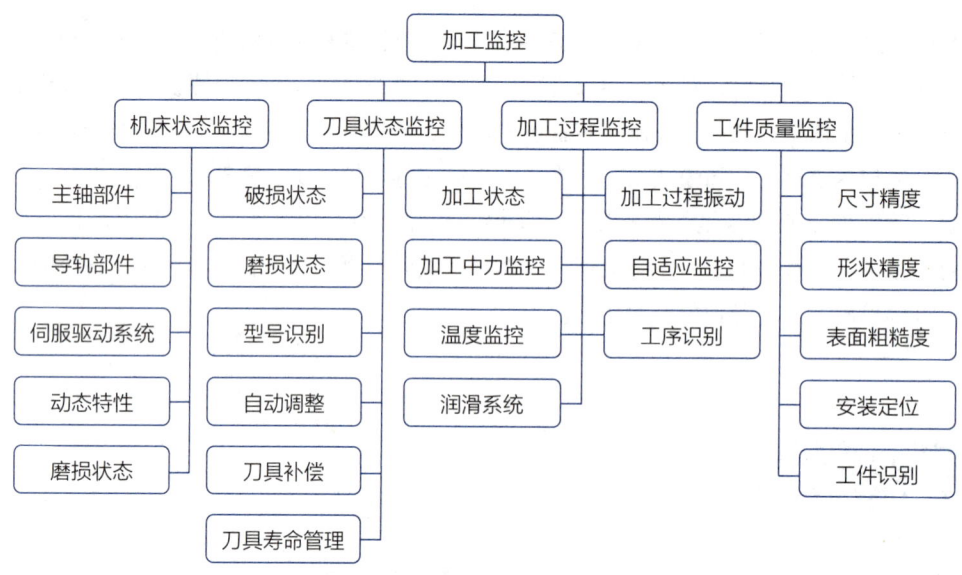

图5-11　加工监控的主要方面

❶ **传感器技术**。传感器是智能监测技术的核心组成部分，它能够将物理量转化为电信号，并通过信号处理和转换电路将数据传输给监测系统。目前，各种类型的传感器已经在工业自动化系统中得到广泛应用，如温度传感器、湿度传感器、压力传感器等。

传感器位于被测对象之中，在测试设备的前端位置，是构成监测系统的主要窗口，为系统提供赖以进行处理和决策控制所必需的原始信息。对于一个以计算机为核心的监测系统来说，计算机如人的"大脑"，而传感器则像人的"五官"。传感器在监测系统中的位置如图5-12所示，它是联系非电子部件与电子部件的桥梁，是实现制造过程的智能监测、诊断与控制的重要环节。

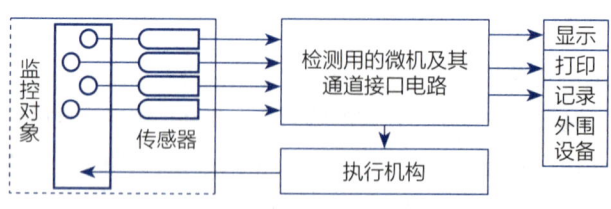

图5-12　传感器在监测系统中的位置

当今信息传输、信息处理与信息控制技术相当发达并已通用化。某个具体过程、物态的动态监测或控制能否实现，可归结为能否找到一些恰当的传感器可真实地、迅速地、全面地反映该物态或过程的特征,并把它变换成便于识别、传输、接收、处理和控制的信号。传感器技术的发展使得工程师能够准确地获取各种参数的实时数据,为决策提供准确的依据。

❷ **数据采集与处理技术。**工业自动化系统中的智能监测技术需要对大量的数据进行实时采集和处理。数据采集技术包括模拟信号和数字信号的采集方法,如模数转换技术、信号放大技术等。数据处理技术包括数据压缩、数据滤波、数据预测等方法,可以对采集到的数据进行分析和处理,提取出有用的信息。

数据采集模块负责将传感器采集到的数据进行汇总、打包和传输。为了保证数据的准确性和实时性,数据采集模块需要采用高精度、高可靠性的传感器和稳定的数据传输技术。例如,某大学智能制造实训平台采用的自动化生产线数据采集网络结构拓扑如图5-13所示。

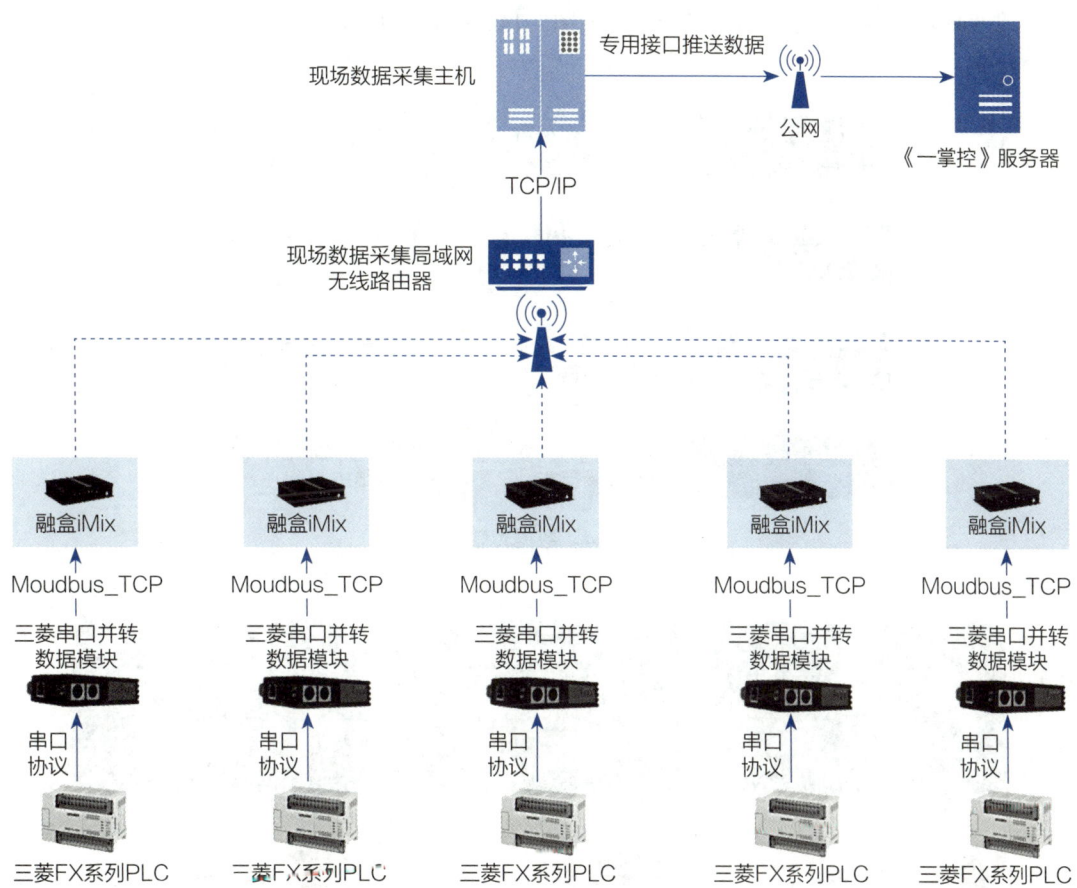

图5-13 自动化生产线数据采集网络结构拓扑图

这个模块的主要任务是对传感器采集到的数据进行有效的处理,以确保后续分析和决策的精确性和时效性。

数据采集模块需要对传感器产生的原始数据进行汇总和打包。这个过程可能包括数据预处理(如滤波、校正等)、数据压缩和数据格式转换等步骤,以减少数据传输的负担,提高数据处理的效率。同时,数据的打包也有助于保持数据的完整性和一致性,方便后续的数据分析。

这些实时采集的数据是故障诊断的"金钥匙"。通过高级的数据分析算法，智能诊断系统能够识别出这些数据中的模式和异常，从而提前预警可能的故障，甚至预测设备的未来性能趋势。这不仅大大提高了故障检测的准确性和效率，也极大地降低了因设备故障导致的生产中断和维修成本。

❸ **数据传输与网络技术。**智能监测技术需要将采集到的数据传输给监测系统，并与其他系统进行实时数据交换和共享。

稳定的数据传输技术可以确保数据在复杂网络环境中的安全、快速传输，避免数据在传输过程中出现丢失或损坏。这可能涉及无线通信技术、有线通信技术、数据加密技术等多种技术手段，以适应不同的应用场景和安全需求。网络技术将分散的数据整合到一个统一的平台上，并为工程师提供便捷的操作和管理方式。

常见的数据传输类型和应用场景分别如图5-14和图5-15所示。

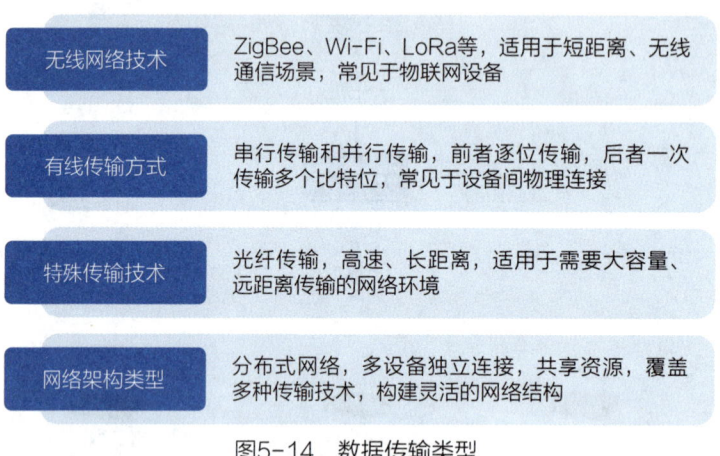

图5-14 数据传输类型

图5-15 主要数据传输类型的应用场景

❹ **多模态数据分析**。结合图像识别（如缺陷检测）、时序分析（如流量预测）等多维度数据处理，提升复杂场景适应性；通过边缘计算节点整合振动频谱、热成像、气体浓度等多源数据，构建设备健康状态综合评估模型。

❺ **数字孪生与动态建模技术**。通过数字孪生技术可以映射设备的物理状态，实时模拟故障影响范围，从而可以从单一监测向数字孪生驱动的虚实联动发展，实现预测性维护。

数字孪生助力智慧工厂，实时监控设备状态

然而，传统数字孪生依赖静态几何建模，动态建模技术则融合多物理场耦合、实时数据交互与AI算法，实现了对复杂系统的持续更新与闭环优化，其中用到多种关键技术：

A．多源感知与融合。结合物联网设备与AI算法，动态捕捉环境参数（如光照、温度）及设备状态（如材料老化、电气性能）。

B．实时建模引擎。采用J3D、DeepSeek等引擎，实现单帧图像三维重构、毫米级精度同步，效率较传统方法提升10倍以上。

C．边云协同计算。通过5G/6G网络与边缘计算降低延迟，支持毫秒级响应的大规模动态场景建模。

（2）故障诊断技术

❶ **故障分析**。主要涉及故障机理分析，对于一个装备的典型故障问题进行梳理，这与特定装备的具体技术与情境密切相关。比较通用的故障类型及原因分析如表5-1所示。

表 5-1 装备的典型故障

类型	原因	分类
磨损故障	重大装备在使用的过程中，由于摩擦、冲击、振动、疲劳、腐蚀和变形等造成的相应零部件的形态发生变化，功能逐渐（或突然）降低以致丧失的现象	按照摩擦表面破坏的机理和特征，可以将磨损故障分为磨粒磨损故障、黏着磨损故障、疲劳磨损故障、腐蚀磨损故障以及微动磨损故障
裂纹故障	零部件在应力或环境的作用下，其表面或内部的完整性或连续性被破坏产生裂纹的一种现象	按照裂纹的形态，可以将裂纹分为闭裂纹、开裂纹和开闭裂纹
碰摩故障	转子某处的变形量和预期振动量相加大于预留的动静间隙，从而使得转子和定子发生摩擦	按照机组发生碰摩故障的碰摩方向分类，可以将碰摩故障分为径向碰摩、轴向碰摩和组合碰摩
不平衡故障	大型旋转装备中转子受材料、质量、加工、装配以及运行中多种因素的综合影响，其质量中心和旋转中心线之间存在一定的偏心现象，使得转子在工作室形成周期性的离心力干扰，从而最终引起机械振动，甚至导致机械设备的停工和损毁现象不平衡故障	按照其故障机理，可以将不平衡故障分为静不平衡故障、偶不平衡故障，以及动不平衡故障
不对中故障	机械设备在运行状态下，转子与转子之间的连接对中超出正常范围，或者转子轴径在轴承中的相对位置不良，不能形成良好的油膜和适当的轴承负荷，从而引发机器振动或联轴节、轴承损坏的现象	根据不对中故障的形式，可以将不对中故障分为角度不对中故障、平行不对中故障和综合不对中故障

续表

类型	原因	分类
失稳故障	零部件在运行过程中,由于突然的环境变化或应力作用失去原有的平衡状态,从而丧失继续承载的能力,最终导致整个机械设备产生振动的现象	无
喘振故障	在流体机械装备中,当进入叶轮的气体流量减少到某一最小值时,装备中整个流道为气体流量漩涡区所占据,这时装备的出口压力将突然下降,而较大容量的管网系统中压力并不会马上下降,从而出现管网气体箱装备倒流的现象	喘振故障是装备严重失速和管网互相作用的结果,故障的主要原因包括:装备转速下降而被压未能及时下降、网管压力升高或装备气流流量下降以及装备进气温度升高而进气压力下降
油膜涡动及振荡故障	当转子轴颈在滑动轴承内作高速旋转运动的同时,随着运动楔入轴径与轴承之间的油膜压力发生周期性变化,迫使转子轴心绕某个平衡点作椭圆轨迹的公转运动的现象	无
轴电流故障	当重大装备的转子在高速旋转的过程中,一旦转子带电,其建立的对地电压升高到某一数值时,电阻最小区域的绝缘通路被击穿,发生电火花放电的现象	无
松动故障	装备在连续运行状态下过大的振动导致其连续状态发生的变化连接结构出现松动,使得装备不能正常工作的现象	装备发生松动故障的主要原因有外在激振力过大、装配不善、预紧力不足等

❷ **故障诊断系统**。故障诊断系统通常由数据采集模块、数据传输模块、数据处理与分析模块、故障诊断模块和决策支持模块等组成,如图5-16所示。

工业机械智能监控

图5-16 故障诊断系统的构成

❸ **常用故障诊断方法**。

A. 基于信号处理的故障诊断方法。这类方法不需要建立诊断对象的精确模型,其主要的诊断思想是:系统的输出在幅值、相位、频率及相关性上与故障之间存在一定的关系,这种联系可以用多种的数学形式表示。在故障发生时间可以利用这些量进行分析和处理，进而判断故障源。一般有基于小波变换的诊断方法、基于输出信号处理的诊断方法、基于时间序列特征提取的诊断方法、基于信息融合的诊断方法等。

B．基于解析模型的故障诊断方法。基于解析模型的故障诊断技术的核心思想是用解析冗余取代硬件冗余。解析冗余的主要特点是通过构造观测器估计出系统的输出值，随后将它与输出的测量值进行比较，从中获取故障信息。根据解析模型故障诊断技术的特点，可以分为基于状态估计的故障诊断法和基于参数的故障诊断法。

C．基于知识的故障诊断方法。基于知识的故障诊断技术是设备诊断领域中最引人注目的发展方向之一，它不需要精确的模型，因此具有较好的应用前景。基于知识的故障诊断方法有很多种，较为流行的有人工神经网络法、模糊逻辑推理法、专家系统法、故障树法等方法。

- 基于人工神经网络的故障诊断方法。由于人工神经网络具有处理非线性、自学习和并行计算的能力，使其在非线性故障诊断方面有很大的优势。利用人工神经网络进行故障诊断时，第一步选择合适的网络结构和规模，借助一定的学习方法，用一个合适的变量作为神经网络的输入，以对应的状态编码为期望输出，构成输入、期望输出样本对，对神经网络进行训练，确定神经网络的权值和阈值；第二步，当学习收敛后，固定神经网络的权值和阈值，然后使训练好的神经网络处于回想状态，对于一个给定的输入，便产生一个相应的输出，由输出与故障编码进行比较，即可确定故障。

- 基于模糊逻辑推理的故障诊断方法。模糊神经网络技术是将模糊逻辑系统与神经网络相结合，其实质是对人脑结构和思维功能的双重模拟，即同时模拟大脑神经网络的"硬件"拓扑结构和模糊信息处理的"软件"功能。它充分吸收了模糊逻辑理论和神经网络技术的优点，既能处理专家知识和经验，又能通过自学习增强系统的判断能力。具体表现在：可以利用神经网络的自学习功能，优化模糊逻辑系统中的模糊规则、隶属函数和模糊决策算法；可以将神经网络的学习结果转化为模糊逻辑系统的规则知识，从而更有利于知识的解释与利用。

- 基于专家系统的故障诊断方法。专家系统实质上是应用大量人类专家的知识和推理方法求解复杂的实际问题的一种人工智能计算机程序。主要由专家知识库、数据库、推理机、解释程序、知识获取等部分组成。它大致经历了基于浅知识（领域专家的经验知识）的故障诊断系统、基于深知识（诊断对象的模型知识）的故障诊断系统和基于浅知识和深知识结合的诊断推理系统。

- 基于模糊理论的故障诊断方法。由于故障诊断中"故障"状态和"正常"状态之间没有完全确定的界限，它们之间存在着一些模糊的过渡状态，现象的获取、现象到故障的推理、故障的基本原理都存在着模糊性。该方法不需要建立精确的对象数学模型，其实质是一种模式识别问题，根据提出的征兆信息来推出系统的状态，其基本原则是"择近原则"和"最大隶属度原则"。

- 基于故障树的故障诊断方法。故障树分析法是把所研究系统的最不希望发生的故障状态作为故障分析的目标，然后寻找导致这一故障发生的全部因素，再找出造成下一级事件发生的全部直接原因，一直追查到无需再深究的因素为止。基于故障树的故障诊断系统的基础和前提是有关故障与原因的先验知识和故障率的知识,由计算机自动或辅助生成故障树。它利用专门的计算机对不同的参数进行监测,其判别条件是对参数高、低、正常做出判断,沿故障树向下推导,最后得出可能的原因。

相关知识

(1) 智能监测的功能

智能监测在制造过程中的应用是指通过集成智能传感技术(如振动、温度、光学传感器)与多模态数据分析算法(机器学习、深度学习),对生产设备、工艺参数、产品质量等关键要素进行实时感知、动态分析与自主决策的技术体系。其核心功能包括:

❶ **状态感知**。依托工业级传感器网络实时采集设备运行数据(如振动频率、能耗曲线)和工艺参数(如温度、压力),构建多维监测矩阵。

❷ **异常诊断**。通过算法模型(如神经网络、粒子群优化)识别质量缺陷或设备故障模式,实现异常根源的精准定位。

❸ **预测优化**。基于设备历史数据构建寿命预测模型,动态调整工艺流程(如能耗优化、参数自适应调节),形成"监测—分析—控制"闭环系统。

(2) 智能诊断算法

智能诊断算法主要包括特征提取、模式识别等关键技术,其过程如图5-17所示。

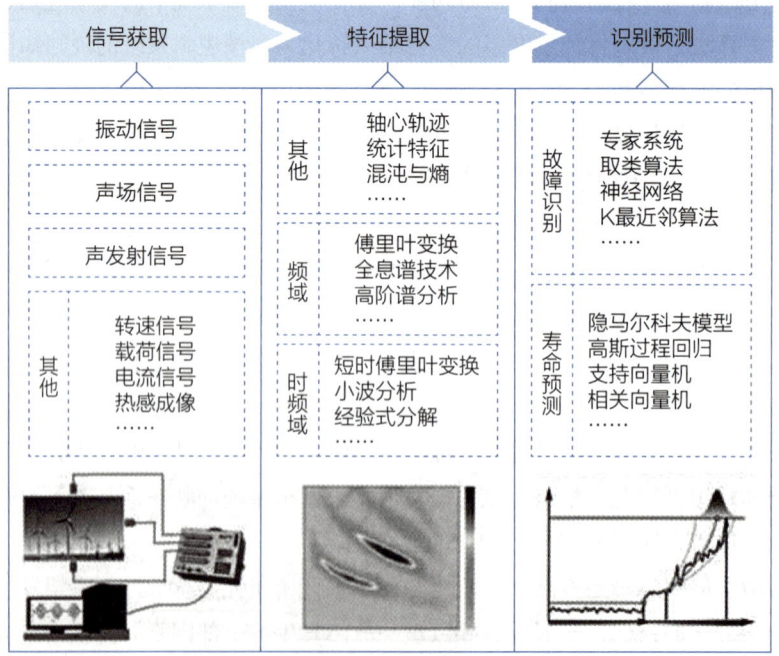

图5-17 智能诊断算法过程

❶ **特征提取**。从原始数据中提取出对故障诊断有用的特征信息，如振动信号的频域特征、时域特征等。

特征提取在故障诊断中扮演着至关重要的角色。这一过程涉及从原始数据中筛选并提取出能够显著反映设备状态或故障模式的特征信息，如图5-18所示。例如，在机械设备的健康管理中，振动分析是一种常见的故障预测方法。设备在运行过程中，由于内部组件的磨损、松动或其他异常，会产生微小的振动。这些振动信号，就像设备的"声音"，可以揭示其内部的工作状态。

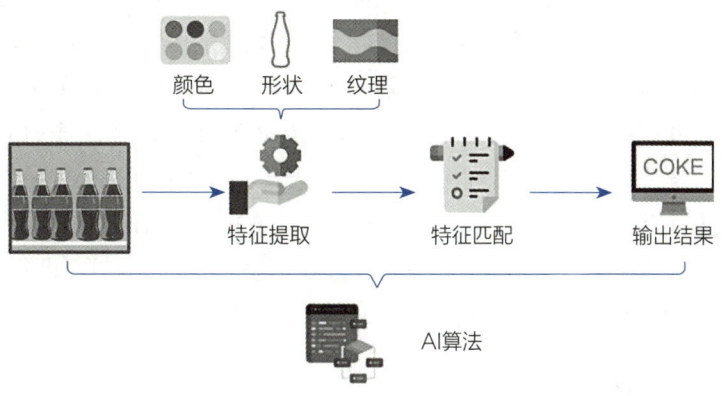

图5-18　特征提取示例

在时域分析中，我们可以计算出振动信号的一些基本统计特征，如均值、方差、峰值等。这些特征可以反映设备的平均振动水平、振动的波动程度以及是否存在异常的剧烈振动。此外，通过对振动信号进行快速傅里叶变换，我们可以将其转换到频域，得到频谱特征。频谱分析可以揭示设备的振动在不同频率下的分布，帮助我们识别出特定的故障频率，如轴承的故障频率、齿轮的啮合频率等。

然而，特征提取并非易事。首先，原始数据通常包含大量的噪声，需要通过滤波、降噪等预处理步骤来提取出有用的信号。其次，不同的故障可能表现出不同的特征，需要对设备有深入的理解和丰富的经验才能准确识别。此外，随着设备的复杂性增加，可能需要提取的特征数量也会显著增加，这增加了特征选择的难度。

为了克服这些挑战，研究人员已经提出了一系列先进的特征提取和选择方法，如深度学习中的自动特征学习、特征选择的遗传算法等。这些方法能够自动地从大量数据中学习和选择出最具有区分度的特征，从而提高故障诊断的准确性和效率。

总的来说，特征提取是故障诊断的关键步骤，它从原始的、复杂的、可能包含噪声的数据中抽取出能够反映设备状态的关键信息，为后续的故障识别和预测提供了有力的支持。

❷ **模式识别**。模式识别是机器学习中的智能解析技术。利用机器学习算法对提取的特征信息进行分类和识别，以区分正常状态和故障状态。常用的机器学习算法包括支持向量机、神经网络、决策树等。

在当今的科技时代，模式识别已成为数据解析和智能决策的核心技术。这一过程涉及利用先进的机器学习算法，对从各种数据源提取的特征信息进行深入分析，以准确地区分正常状态和故障状态，从而实现自动化决策和预测。

在机器学习的广阔领域中，几种主流的算法在模式识别中扮演着重要角色。首先，支持向量机（Support Vector Machines，SVM）以其强大的非线性分类能力而闻名。SVM通过找到一个最优的超平面，将不同类别的数据点分隔开来，从而实现对新样本的准确分类。在故障诊断或异常检测中，SVM往往能展现出优秀的性能。其次，神经网络是模拟人脑神经元结构的计算模型，特别适合处理复杂模式的识别任务。例如，深度学习中的卷积神经网络在图像识别、语音识别等领域取得了突破性的进展，其强大的特征学习能力使得识别精度大幅提升。最后，决策树是一种直观且易于理解的机器学习算法。它通过构建一棵树形结构，将数据集逐步分割为不同的类别，每个内部节点代表一个特征，每个叶子节点则代表一个决策结果。决策树在处理具有明确规则的分类问题时表现出色，同时，其可解释性强的特点也使其在许多应用中受到青睐。

这些算法的成功应用，离不开大量的特征提取和预处理工作。例如，通过信号处理技术提取设备的振动、温度等关键特征，或者利用自然语言处理技术从文本中抽取出关键信息。这些特征是机器学习算法进行模式识别的基础，它们的质量和选择直接影响到识别的准确性和稳定性。

模式识别技术在众多领域中得到了广泛应用。在工业生产中，通过对设备运行数据的实时分析，可以提前预测并预防可能的故障，大大降低了停机时间和维护成本。

（3）故障定位与诊断

在现代复杂的工业环境中，故障定位与诊断已经成为保证设备稳定运行和提高生产效率的关键环节。这一过程通常涉及对设备异常行为的识别，以及对识别出的故障进行深入的分析和定位，以确定故障的具体部位和原因。该过程常用的工具是故障诊断专家系统和深度学习算法。

❶ **故障诊断专家系统**。在故障诊断中，专家系统可以利用来自资深工程师和维修人员的丰富经验，对设备的故障模式进行匹配和分析，快速提供可能的故障原因和解决方案。系统逻辑如图5-19所示。

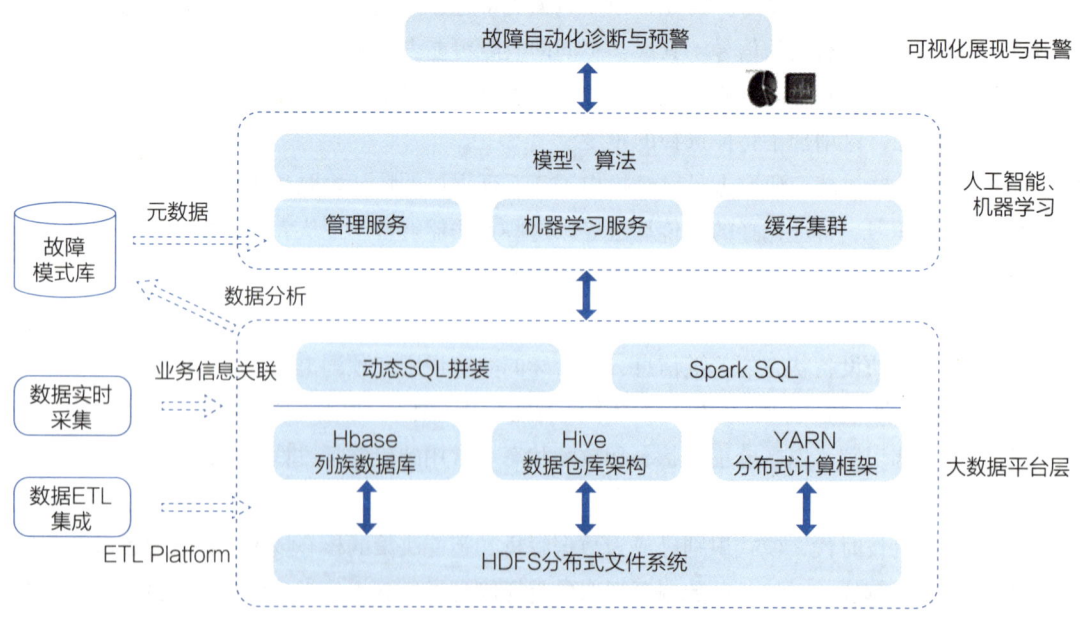

图5-19 故障诊断专家系统逻辑

❷ **深度学习算法**。深度学习算法则通过学习大量的历史数据,自动发现设备的正常运行模式和故障模式之间的规律。其知识结构如图5-20所示。当设备出现异常时,深度学习算法能够根据学习到的模式进行预测,从而帮助定位故障。例如,使用监督学习的分类算法,可以对历史的故障案例进行学习,然后对新的故障情况进行分类,确定其可能的故障类型。

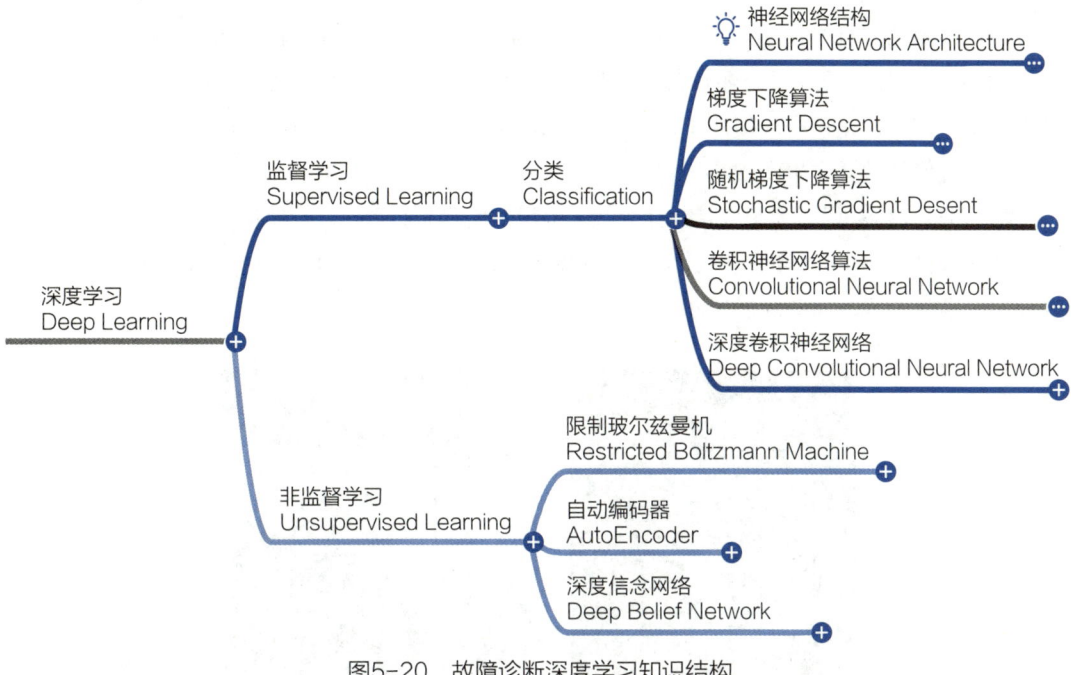

图5-20 故障诊断深度学习知识结构

这两种技术的结合使用,可以大大提高故障诊断的准确性和效率。专家系统可以弥补深度学习在处理复杂、非线性问题时的不足,而深度学习则可以增强专家系统处理大量数据和复杂模式识别的能力。据统计,采用这种结合方法的故障诊断系统,其故障识别率和定位精度已经达到了90%以上,大大减少了设备的停机时间和维修成本。

然而,值得注意的是,尽管专家系统和深度学习在故障诊断中表现出强大的潜力,但在实际应用中仍面临一些挑战。例如,如何有效地获取和更新专家知识,如何处理数据的噪声和不完整性,以及如何提高算法的解释性和可理解性等。

应用案例

案例一:刀具监测系统

瑞士GF五轴加工中心如图5-21所示。

该加工中心具备刀具和切削监控与监测功能,这是为了确保加工过程的稳定性、提高加工精度并延长刀具使用寿

图5-21 瑞士GF五轴加工中心

命。以下是对这些功能的详细介绍。

(1) 刀具监控与检测

❶ 刀具磨损监测。瑞士GF五轴加工中心通过集成的刀具监控系统，实时监测刀具的磨损情况，如图5-22所示。这通常涉及测量切削力、振动、温度等参数，并与预设的阈值进行比较。一旦检测到刀具磨损超过允许范围，系统会立即发出警报，提醒操作人员更换刀具。

❷ 刀具破损检测。系统还具备刀具破损检测功能，能够在刀具断裂或损坏时迅速识别并停止机床运行，防止进一步损坏工件和机床。这通常通过检测切削力的急剧变化、振动模式的改变或声音信号的异常来实现。

❸ 刀具长度补偿。为了保持加工精度，瑞士GF五轴加工中心还具备刀具长度补偿功能。该功能能够自动测量刀具的实际长度，并根据测量结果调整机床的零点位置，确保刀具在加工过程中的准确位置，如图5-23所示。

图5-22　加工中心刀具

图5-23　加工中心刀具长度补偿

(2) 切削监控与检测

❶ 切削力监控。通过安装在机床上的传感器，系统能够实时监测切削力的大小和方向。这有助于判断切削条件是否合适，以及是否需要调整切削参数以避免过载或振动。

❷ 振动监测。切削过程中的振动会影响加工精度和表面质量。瑞士GF五轴加工中心通过振动传感器监测机床和工件的振动情况，并采取相应的措施来减少振动，如调整切削参数、优化刀具路径等。

❸ 温度控制。切削过程中产生的热量会影响机床的精度和稳定性。因此，部分瑞士GF五轴加工中心还配备了先进的温度控制系统，通过监测机床关键部件的温度，并采取相应的冷却措施来保持机床的热稳定性。

(3) 智能化与自动化

瑞士GF五轴加工中心还结合了智能化和自动化技术，通过集成的软件和控制系统实现切削参数的自动优化、刀具路径的自动规划以及加工过程的实时监控和调整。这些功能不仅提高了加工效率和精度，还降低了操作人员的劳动强度。

可见，瑞士GF五轴加工中心通过先进的刀具和切削监控与检测技术，确保了加工过程的稳定性和精度。同时，智能化和自动化技术的应用进一步提升了机床的性能和加工效率。

案例二：飞机性能操稳数据分析

我国自主研发的C919大型客机开始商运，飞行过程中会产生大量的时序数据，通过分析时序数据能够实时反映飞机的运行状态，对飞机的研发、评价及优化意义重大。

飞行参数采样频率一般在8 Hz以上，参数达到几万个。采集的数据存在数据量大、种类多、格式多等特征，因此数据分析工作往往需要花费大量的时间与精力。基于上述背景，C919飞机性能操稳数据分析软件应运而生，用软件工具代替用户完成大量数据处理分析的工作，软件业务架构如图5-24所示。

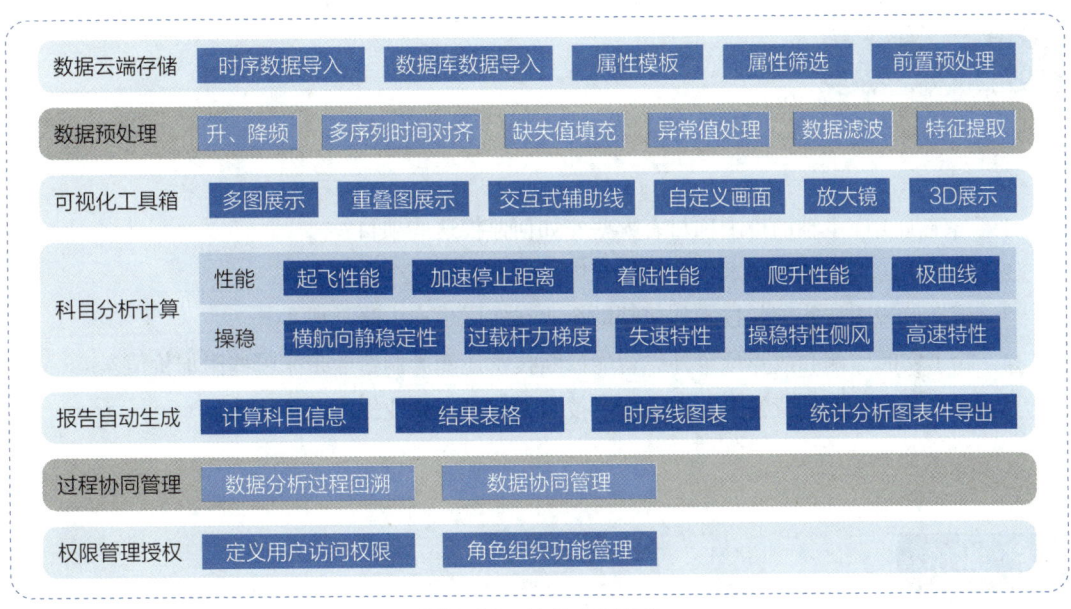

图5-24　软件业务架构

（1）数据高速上传和存储

软件采用并行作业上传，将结构化的时序数据存储到时序数据库IoTDB，对于时序数据的元数据模型基于IoTDB内置的TsFile文件格式自适应参数类型进行构建，导入速度可达300～500 Mbps。对无结构化的异构数据同步到文档数据库MongoDB。基于Ajax实现异步请求调用，通过Google Guava进行上下游模块消息通信，支持多文件Zip压缩技术和断点恢复功能。在应用层上具有数据权限管控、多租户资源隔离等业务特性。

（2）集成化数据分析平台

采用Spring Cloud微服务框架，实现了前端、云服务器、网关的分布式服务架构；基于Nacos

进行服务治理，提供了用户权限访问控制、多租户隔离等功能。软件通过数据集成、模型集成和算法集成打通了数据存储、数据预处理、科目计算、数据可视化等流程的交叉链路，实现了飞行数据可视化、计算构型模板化、科目算法集成化、分析报告自动化的数据分析平台。

（3）高效的科目计算服务

支持高阶大量的维度数组与矩阵运算，此外也针对数组运算提供大量的数学函数库。软件可以针对性能、操稳、结冰、动力燃油等专业编辑相应试飞科目数据处理功能，支持自定义相关参数及保存模板、载入模板的功能，目前支持性能12个、操稳55个科目的科目计算分析。

通过使用C919飞机性能操稳数据分析软件，可以对业务流程进行实时监控，为设计研发过程提供了有力支撑。平均单次计算效率提升10倍以上，数据分析任务周期由几天缩短为几分钟，可以实现飞机落地2 h内出具分析报告，极大提高工作效率。

知识测试

简答题

1. 车铣加工中主轴的检测项目有哪些？如何监控这些项目？
2. 请列举出智能诊断技术在数控机床中可能监测的三个关键参数。
3. 请举例说明智能诊断技术如何帮助企业在实际生产中降低成本。
4. 除了实时监测和故障预警外，智能诊断技术还能为制造业带来哪些附加价值？
5. 在工业大数据的背景下，智能诊断技术如何帮助企业提升决策能力？

评价

学生完成智能监测与诊断场景的学习，可以根据学习情况进行自我评价和教师评价，作为评判平时成绩的依据之一。学习评价记录表见附录2。

场景 5.4 加工过程预测

智能预测在智能制造中是通过人工智能、物联网、大数据分析等技术，对制造全流程的实时数据进行建模与分析，提前预判生产环节中的潜在问题（如设备故障、质量缺陷、需求波动等），并动态优化生产策略的智能化技术体系。

场景描述

华东某变速箱企业的轴承损坏频发，传统点检无法捕捉瞬时异常振动。因行星齿轮箱突发故障，导致整条产线停工38 h，造成该企业损失超800万元。该企业为了实现设备亚健康状态预警，在装配线关键工位部署三轴振动传感器，通过"频谱特征提取算法"识别早期故障特征，通过特征数据采集及分析，建立预警模型，引入故障预测系统。该企业实施后，核心的"峭度系数预警模型"成功在故障发生前127 h发出警报，轴承故障预警准确率达92%，维修成本下降41%。

行业调研显示，采用被动维修的企业设备综合效率普遍低于65%，而预测性维护可将突发停机减少73%。

关键技术

智能制造加工过程预测能够通过以下步骤来支持决策和管理：

❶ **数据采集**。智能制造系统可以通过传感器、设备连接和其他数据采集技术，将生产过程中产生的大量数据进行采集和整合，包括生产线上的设备运行数据、生产质量数据、原材料信息等。

❷ **数据处理**。采集到的数据往往是杂乱无章的，需要经过处理，包括去除异常值、缺失值处理、数据归一化等，以确保数据的准确性和完整性。

❸ **数据分析**。利用数据分析工具和算法，对处理后的数据进行分析，可以采用统计分析、机器学习、深度学习等方法，发现数据之间的关联性、趋势和规律。

❹ **预测模型建立**。基于数据分析的结果，可以建立预测模型，用来预测生产过程中可能出现的问题、设备故障、产品质量等，以及未来的产量和需求情况。

❺ **决策支持**。通过数据分析和预测模型得出的结果，可以为管理者提供决策支持，例如提前预警可能的风险、优化生产计划、调整设备维护计划等，从而提高生产效率和降低成本。

智能预测的实现依赖于多维度技术体系的协同支撑，其核心技术如下。

（1）数据驱动

通过传感器、数字孪生等技术实时采集设备运行参数、生产状态及供应链数据，形成多维动态数据库，为预测模型提供输入基础。数字孪生技术结合实时数据流，构建设备健康度评估模型，使维护周期从固定时段转向按需触发，降低维护成本。

❶ **传感器多维数据采集**。通过部署温度、振动、压力等传感器网络，实时采集加工状态数据，形成覆盖设备运行参数、生产状态及供应链动态的多源数据采集体系，获得高精度、低时延的实时数据流，构建预测基础。

❷ **数字孪生动态映射**。基于物联网设备与监控与数据采集系统（SCADA），将物理实体映射为包含几何特征、物理属性和行为逻辑的虚拟模型，实现设备健康状态的实时镜像呈现。

（2）动态预判

多模态数据动态预判是基于机器学习算法（如神经网络、随机森林），预测质量异常、设备故障、市场需求波动或质量异常，并触发自适应调整机制。

机器学习技术中的常见算法及模型的应用：

❶ 利用机器学习技术对多工序加工参数进行相关性分析，建立数控加工精度预测混合模型（涵盖工艺参数、刀具磨损等多变量），可精准定位质量异常的根本原因。利用TensorFlow、PyTorch等框架分析设备振动、功率、环境温度等参数与表面粗糙度的关联关系，实现实时质量预测。TensorFlow采用静态计算图，需预先定义计算流程，适合部署生产环境；PyTorch基于动态计算图（即时执行），更灵活调试，适合研究场景。

❷ 基于神经网络对设备振动、电流、压力、转速等进行特征提取，预测设备或部件的剩余使用寿命。神经网络是一种模拟神经元之间连接的人工智能算法，适用于处理复杂的非线性问题。在机械设备寿命预测中，神经网络可以通过分析设备的历史运行数据，选择适当的神经网络结构和算法，对数据集进行训练和优化模型，预测设备在未来的寿命。

❸ 采用随机森林算法融合市场历史销量、社交媒体舆情等多源数据，实现未来需求波动预测。随机森林是一种集成学习方法，它通过构建多个决策树并对其进行平均，来预测连续型或离散型变量。各决策树之间没有关联，在用随机森林进行分类时，每个样本会被森林中的每一棵决策树进行判断和分类，每棵决策树会得到一个分类结果，哪一个分类的结果最多（众数），就是随机森林的最终结果。

（3）闭环优化

通过持续迭代训练模型，系统能够适应生产环境变化，如新设备接入、工艺参数调整等，提升预测精度与决策可靠性。

❶ 开发强化学习补偿模块，根据预测结果动态调整加工参数。

❷ 构建网络驱动的自适应控制规则库，支持设备维护策略、生产排程方案的实时迭代优化。

❸ 集成数字孪生仿真验证系统，对优化方案进行虚拟调试，降低实际产线试错成本。

相关知识

智能预测是针对预测对象/目标，根据预测依据，利用智能预测方法建立预测模型并进行预测，进而得到预测结果，通过分析判断预测结果是否满意来完善预测依据，并达成预测目标。

在诸多预测对象中，对机械设备进行智能故障诊断、实时掌握机械设备的健康状态信息、提供设备故障预测及寿命预测尤为重要。对机床的远程故障诊断及预测技术研究，充分利用数控系统强大的自诊断功能，设计了一套故障诊断及预警方案，在诊断信息库与预警知识库的支持下，在机床故障产生之前做出预警，有效防止重大故障的发生。

（1）设备维护模式

传统维护模式以人为中心的状态监测与分析诊断，如图5-25所示，难以有效满足精细化运维服务的需求。

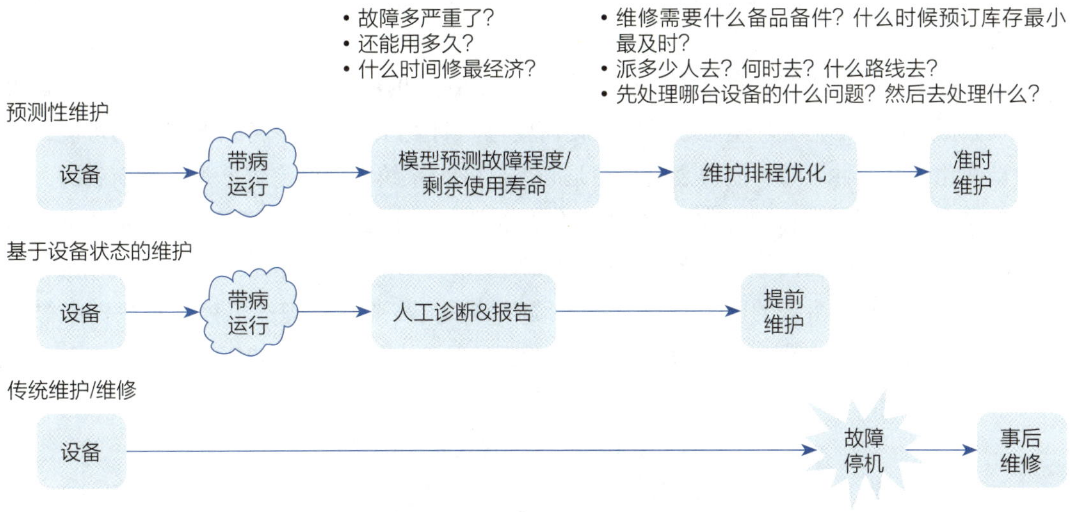

图5-25　三种维护模式对比

无论采用何种手段，故障预测与健康管理（Prognostics and Health Management，PHM）的价值应体现在运维管理层面。通过人在闭环的流程，将传统的以人或设备为中心的运维模式，转换为以模型为中心的运维模式，从而实现最大化设备可利用率、最优化运维效率、最小化运维成本。

（2）故障预测与健康管理

故障预测与健康管理通过量化设备衰退，预测失效，评估失效风险，管理设备全生命周期运维的不确定性，最终实现维护的准时性——从而降低运维成本，提升运维效率。

❶ **PHM经典架构**。PHM经典架构通常包括以下几个关键组成部分。

A. 健康状态监测。这一部分涉及实时监测设备的运行状态，包括传感器数据的采集数据处理和分析，以便及时发现设备的异常或故障。

B. 故障诊断。一旦发现设备存在问题，故障诊断模块会利用监测数据和故障特征识别技术来确定故障的原因和类型。PHM经典架构流程如图5-26所示。

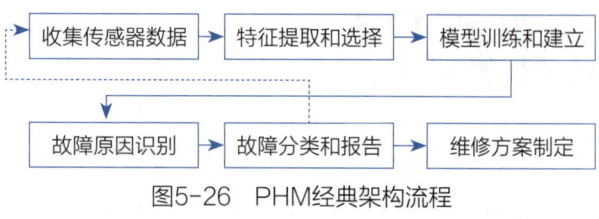

图5-26　PHM经典架构流程

C. 剩余寿命预测。基于设备的历史数据和当前状态，剩余寿命预测模块会预测设备在未来运行中剩余的可用寿命。

D. 决策支持。根据健康状态监测、故障诊断和剩余寿命预测的结果，决策支持模块可以提供维修建议、维护计划或设备更换建议，帮助优化设备的运行和维护策略。

E. 健康管理。整合健康状态监测、故障诊断、剩余寿命预测和决策支持等功能，实现对设备健康状态的全面管理和优化。

这些组成部分共同构成了PHM经典架构，旨在帮助企业提高设备的可靠性、降低维护成本和减少停机时间。通过有效的PHM实践，企业可以实现设备的智能化管理和预防性维护，提升生产效率和设备利用率。

❷ **可持续PHM系统**。由于PHM系统形成自动化决策的能力（即"智能"）根本上依赖数据，随数据工况、工艺、环境等条件的变化而变化，期望PHM系统一劳永逸几乎不可能，模型对新变化的适应性下降、能力衰退往往是必然。PHM系统能力的完善不是一蹴而就的，而需要"养成"。因此，与其期待PHM系统所有功能在初期就完善即"开箱即用"，不如重视构建PHM系统的可持续迭代与交付能力，如图5-27所示。

A. 可持续PHM系统的能力维度。可持续PHM系统需要在管理、工程、知识资产等方面，形成综合的系统工程能力。构成可持续PHM系统的能力维度如表5-2所示。

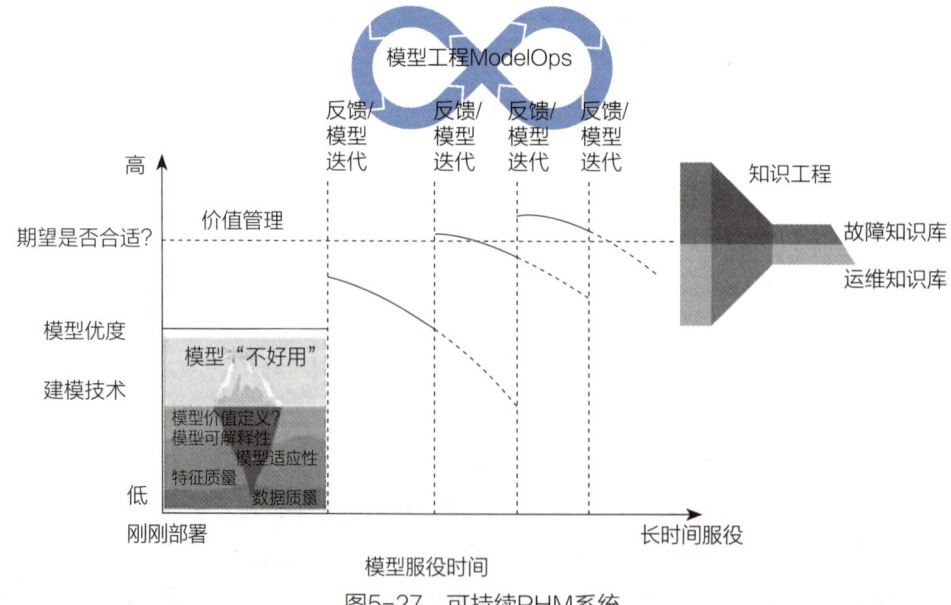

图5-27　可持续PHM系统

表 5-2　可持续 PHM 系统的能力维度

能力维度	能力要求
价值管理	系统价值有明确的管理绩效目标；系统的警报管理流程纳入用户反馈；用户组织专人专班使用系统。这项能力决定了用户信心与持续完善的动力
建模技术	能够通过有效管理数据优度、特征优度以及模型优度，建立适应性强、可解释性强、效果可控可配置的预测性模型。这项能力决定了模型在初期的稳定性
模型工程	对模型建立、模型管理以及模型部署的全流程管理能力；模型效果监测、模型评价指标管理、模型维护更新管理等在线全生命周期管理的能力。这项能力决定了模型适应用户要求的速度
知识工程	故障标签学习、对故障判断"举一反三"的能力；积累设备运维知识、为维护提供规范性指导的能力。这项能力影响着系统对用户智慧资产的汇集与沉淀能力

在确定设备对象及其失效模式时，如图5-28所示，通常建议搭配故障影响高但故障率低的设备，与故障影响低但故障率相对较高的设备。其目的是能够平衡可持续PHM系统的长期价值与短期价值，在快速验证系统有效性、培养用户使用习惯、建立用户信心的同时，逐步完善高价值、长周期模型。

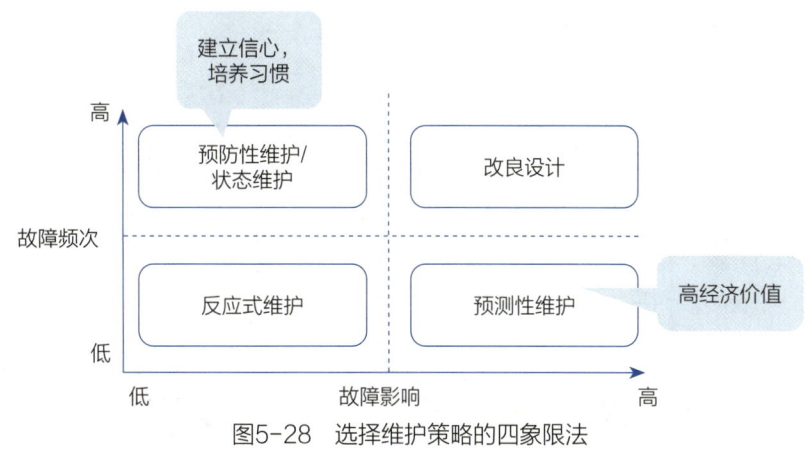

图5-28　选择维护策略的四象限法

B. 可持续PHM系统预测性建模。如图5-29所示，可持续PHM系统预测性建模的基本原理是：假设在特征空间中，设备在健康状态处于某个分布范围内，而故障状态属于另一些分布。当跟踪设备并评估其当前所处的分布时，就是在对设备进行健康评估或故障分类；当预测何时会超出正常状态的分布边界时，就是在预测设备的剩余使用寿命。相应地，可以通过预测的置信度得到预测的不确定性。

C. 可持续PHM系统的数据质量管理。对于数据质量问题的处理，可持续PHM系统进行"全过程数据质量管理"，即将数据质量的评估覆盖到数据采集与数据应用的数据全生命周期中。通常，随着数据处理技术的进展、处理手段的复杂，数据产生的价值也将如流水线上的产品一样越来越高。所以，对数据质量问题的解决，也应尽量发生在"价值最低点"，即尽可能在原始数据采集侧解决问题。如果在采集侧无法解决，在应用侧应同样具备数据质量评估与数

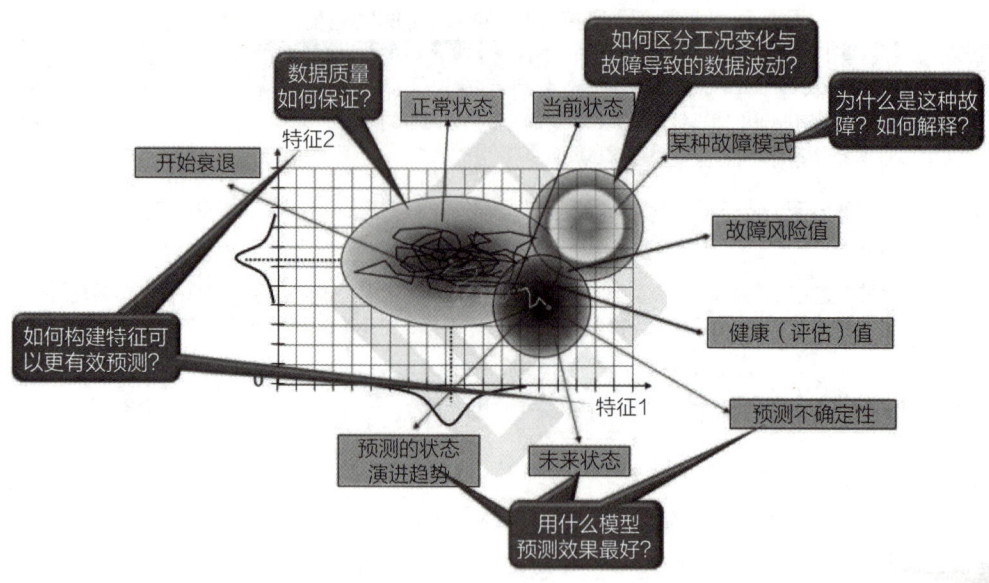

图5-29 可持续PHM系统预测性建模的基本原理

据恢复的能力。需要注意的是，任何对数据的改造都可能造成模型结果的误导性。因此，全过程数据质量管理原则如图5-30所示。

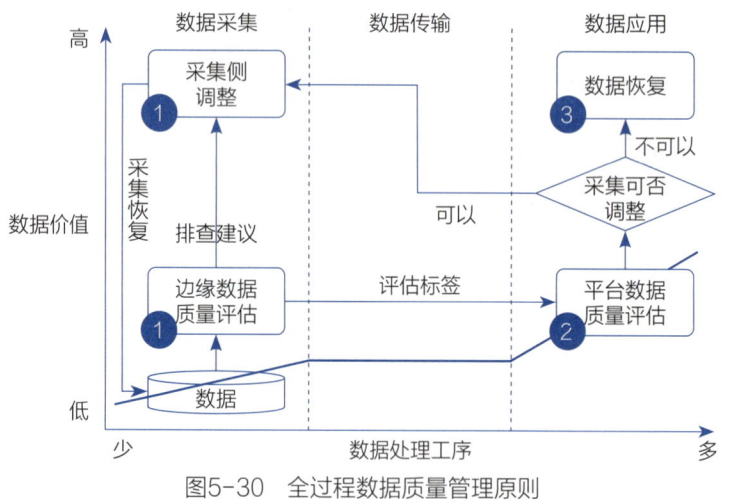

图5-30 全过程数据质量管理原则

应用案例

半导体CMP制程的虚拟量预测

化学机械抛光（Chemical-mechanical Polishing，CMP），是晶圆制造过程中的一项重要工艺流程，用于晶圆表面的抛光。CMP中的抛光过程是将二氧化硅、多晶硅或金属层固定在抛光垫上，使用腐蚀性的化学研磨液对其进行加工的一种技术。CMP中的化学过程包括钝化处理，以及用研磨液对晶片材料的蚀刻处理；而CMP中的机械过程则是利用向下的力作用，使得晶圆表面在相对于研磨液颗粒的移动中，加强蚀刻的化学反应。

如图5-31所示，典型的CMP设备包括一架旋转台、一个可替换的抛光衬垫、旋转的晶片承载盘以及旋转修整器。待抛光的晶片固定在承载盘里的衬片上，承载盘上装的扣环保证晶片一直处于正确的水平位置。在抛光过程中，抛光衬垫和承载盘一同旋转，作用在承载盘上向下的力将晶片抵在抛光衬垫上。研磨液分配器中流出的研磨液由腐蚀性颗粒及其他化学物质组成。图中的修整器由坚硬材料制成，如金刚石，以增加衬垫表面的粗糙度和耐磨性。

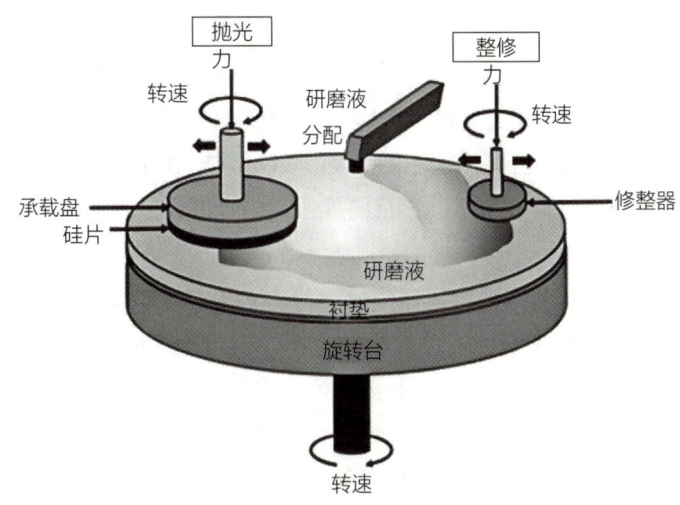

图5-31 半导体CMP制程

PHM大数据挑战赛（PHM Data Challenge）着眼于一个典型的CMP过程，目标是预测晶片材料的抛光速率MRR（Material Removal Rate）。由于在抛光过程中，抛光衬垫对材料的平坦化能力随着时间的增加而降低。因此，每加工一段时间，抛光衬垫必须更换。同样地，修整器对衬垫的粗糙化能力也会下降，在经过了一系列修整工作后，修整器也必须更换。该比赛提供了抛光衬垫、修整器及其他部件的状态数据；参赛者结合物理模型，对数据进行分析，以预测MRR。预测得到的MRR将反馈至控制器，用于控制参数优化，通过优化整定CMP过程的压力、流量和转速，使得加工过程自动适应材料衰退导致的加工性能变化。预测结果以均方误差为衡量标准。

在对CMP过程的监控中，通常收集以下四类过程变量：

❶ 易耗材料的使用变量，例如衬片、抛光衬垫和修整器等。

❷ 压力信号，例如加工腔内的压力和扣环压力等。

❸ 研磨液化学物质的流速。

❹ 晶片、抛光衬垫和修整器的旋转速度。

问题：半导体材料损耗率的预测

难点与挑战：

❶ 随机扰动导致半导体材料的损耗率难以控制。

❷ 半导体的加工工况多变，导致材料损耗的过程也变多。

❸ 竞赛数据为高维时间序列，数据质量参差不齐，其中包含大量对控制对象无意义的数据。

❹ 如何利用数据的物理意义提取高质量的特征，结合历史衰退数据，对材料的损耗率进行预测乃是值得深入研究的问题。

2016年挑战赛的冠军队伍利用变量的物理意义对所有数据进行筛选，由于提取了高质量的特征，而获得了最佳预测结果，该方法先根据加工腔和加工阶段的不同将数据进行分类。

特征提取部分分为物理特征、损耗率的时间灵敏度和材料消耗量的灵敏度。在该研究方法中，物理特征指的是每个相关物理变量的数理统计量，包括均值、标准差、峰间值和曲线下面积。一方面，由于CMP是一个连续的加工过程，MRR的变化也可以看成一个时间序列。因此，该方法提取了最近时间的MRR，即损耗率的时间灵敏度，作为特征之一。另一方面，在相同的加工环境下，当衬片、抛光衬垫和修整器等易耗材料的使用量相同时，晶片的MRR应当相近。因此该方法又提取了相近材料使用量晶片的MRR，作为最后一组特征。

特征选择部分则使用了经典的T-测试和OOB（Out-Of-Bag）作为特征重要性的判定标准，对提取的所有特征进行进一步筛选，目的是保留包含信息量大的特征，去掉对预测MRR作用不大的特征。

模型构建部分主要是将选出的特征作为输入，建立基于智能算法的机器学习模型，进行MRR预测。该方法综合使用了五种较为基本的机器学习模型，并且通过交叉验证和调节每个模型的权重，最终得到预测结果。通过这种方式可以综合利用每种模型的优点，扬长避短。

2016年挑战赛冠军队采用的预测方法，特点在于考虑了变量的物理意义，提取了质量较高的特征，并采用综合模型的构建方法，最终把预测结果的均方误差降至非常理想的范围内，由此验证该方法可以帮提高CMP加工过程的控制精度，从而帮助晶片制造企业提升竞争力。

知识测试

评价

学生完成加工过程预测场景的学习，可以根据学习情况进行自我评价和教师评价，作为评判平时成绩的依据之一。学习评价记录表见附录2。

课题六
智能制造系统

　　智能制造系统是一种由智能机器和人共同组成的人机一体化智能系统,它在制造过程中能以一种高度柔性与集成的方式,借助计算机模拟人类智能活动进行分析、推理、判断、构思和决策,从而取代或者延伸制造环境中人的部分脑力劳动。智能制造系统旨在通过计算机模拟人类专家的智能活动,实现高效的分析和决策过程。这种系统不仅提高了制造过程的效率和灵活性,还增强了对知识和智力价值的重视,从而在全球经济中占据重要地位。智能制造系统是一个覆盖设计、物流、仓储、生产、检测等生产全过程的极其复杂的巨系统,企业要搭建一个完整的智能制造系统,最困难也是最核心的部分是生产过程数字化。基于智能制造系统可以搭建现代化智慧工厂,或称黑灯工厂。

　　为加快推动智能制造发展,2021年,工业和信息化部等八部门联合印发了《"十四五"智能制造发展规划》,提出"到2035年,规模以上制造业企业全面普及数字化网络化,重点行业骨干企业基本实现智能化"。这也是智能制造系统建设的核心内容。

场景 6.1 智能制造系统应用

场景描述

某科技创新型企业以快速响应客户个性化需求、实现柔性制造为目标，紧密围绕打造"黑灯工厂"的战略部署，全面开展智能制造系统应用重点项目，生产车间引进了工业机器人、自动平衡机系统、整机性能测试设备等智能装备和制造执行系统（MES）、供应关系管理（SRM）、企业资源计划（ERP）、客户关系管理（CRM）、产品生命周期管理（PLM）等信息化管理软件，并建有完整局域网络实现智能设备联网，全面提升生产车间的智能化水平。通过MES和ERP系统的协同，根据业务订单（FORECAST）下单信息，自动生成日生产排程，利用MES实时回传生产数据至ERP系统，做到生产数据可视化。工单正常生产时，由实时监控每站过站数据并及时通知AGV补料；换线作业时MES进度将换线作业信息及时释放至仓库备料（包括释放准时制，系统根据作业释放JIT叫料时间）、设备换线（包括治具准备），提高生产效率，避免人为漏失。生产过程依托ERP、MES等系统，实现从原料到成品数据信息的实时采集，同时支持查询过站记录、测试记录、维修记录、用料记录、曾用料记录、栈板记录等。生产过程中计划调整、物料或设备数据变化时，系统自动变换BOM等工艺信息，并通过MES系统根据数据变化进行换线作业，之后将换线作业信息及时释放至仓库备料（包括释放JIT叫料时间等），快速切换工单生产，自动实现动态调度。

通过开展智能化改造数字化转型，公司产值增加173.53%，人员减少22.33%，产量增加193.01%，不良品率降低30.77%，能耗和水消耗降低25%，资源有效利用的同时极大地降低了安全事故率，实现了绿色低碳制造。车间生产的18万转高速马达处于行业领先地位，公司2021年销售收入突破36亿元。

关键技术

❶ **人工智能技术**。IMS离不开人工智能技术（包括专家系统、人工神经网络、模糊逻辑等），IMS智能水平的提高依赖于人工智能技术的发展。

❷ **并行工程技术**。并行工程作为一种重要的技术方法学应用于IMS中，将最大限度地减少产品设计的盲目性和设计的重复性。

❸ **虚拟制造技术**。用虚拟制造技术在产品设计阶段就模拟出该产品的整个生命周期，达

到产品开发周期最短、产品成本最低、产品质量最优、生产效率最高的目的。虚拟制造技术应用于IMS，为并行工程的实施提供了必要的保证。

❹ **信息网络技术**。信息网络技术是制造过程的系统和各个环节"智能集成"化的支撑技术，也是制造信息及知识流动的通道。

❺ **人机一体化技术**。IMS不单纯是"人工智能"系统，而是人机一体化智能系统，是一种混合智能。人机一体化突出人在制造系统中的核心地位，同时在智能机器的配合下，更好地发挥出人的潜能。

❼ **自组织与超柔性技术**。IMS中的各组成单元能够依据工作任务的需要，自行组成一种最佳结构，使其柔性不仅表现在运行方式上，而且表现在结构形式上，所以称这种柔性为超柔性，同一群人类专家组成的群体类似，具有生物特征。

相关知识

（1）中国智能制造标准化参考模型

智能制造，标准先行。《国家智能制造标准体系建设指南（2018年版）》提出了中国智能制造标准化参考模型，如图6-1所示。

智能制造系统架构主要从生命周期、系统层级和智能特征三个维度进行构建：

华为先进生产

❶ **生命周期维度**。由设计、生产、物流、销售、服务等一系列相互联系的价值创造活动组成的链式集合。

❷ **系统层级维度**。自上而下分为协同层、企业层、车间层、单元层和设备层。

❸ **智能特征维度**。包括资源要素、互联互通、融合共享、系统集成和新兴业态五个层次。

MES作为生产、物流环节的制造执行系统，在智能制造方面发挥了不可替代作用。在智能制造系统架构中的位置如图6-2所示，它的位置坐标是生命周期维度的生产环节、物流环节，系统层级维度的车间环节，智能特征维度的系统集成环节。

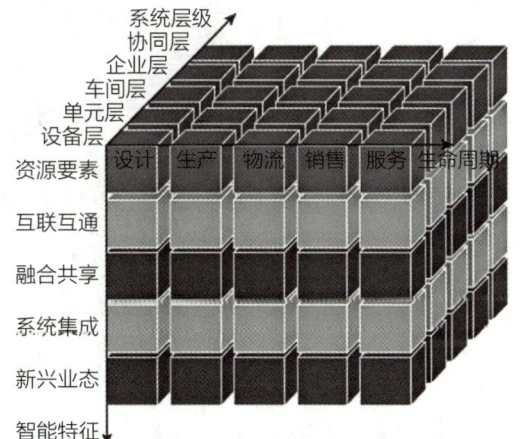

图6-1 中国智能制造标准化参考模型

（2）德国工业4.0参考架构模型

2015年11月，德国《工业4.0标准化路线图（第二版）》发布，提出了工业4.0参考架构模型RAMI 4.0（Reference Architecture Model Industrial 4.0），如图6-3所示。

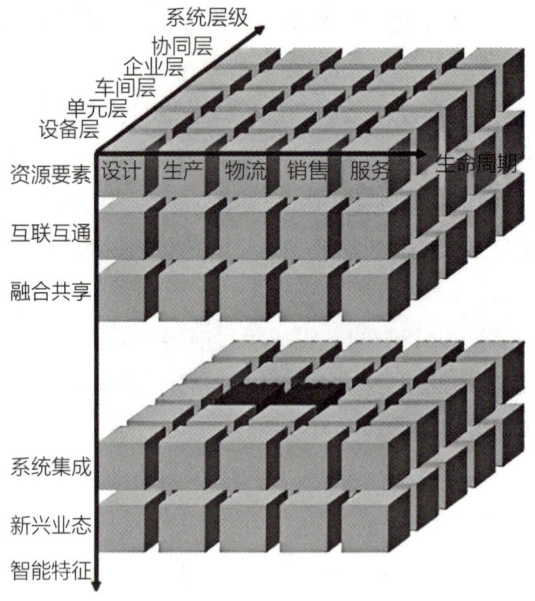

图6-2 MES在智能制造系统架构中所处的位置

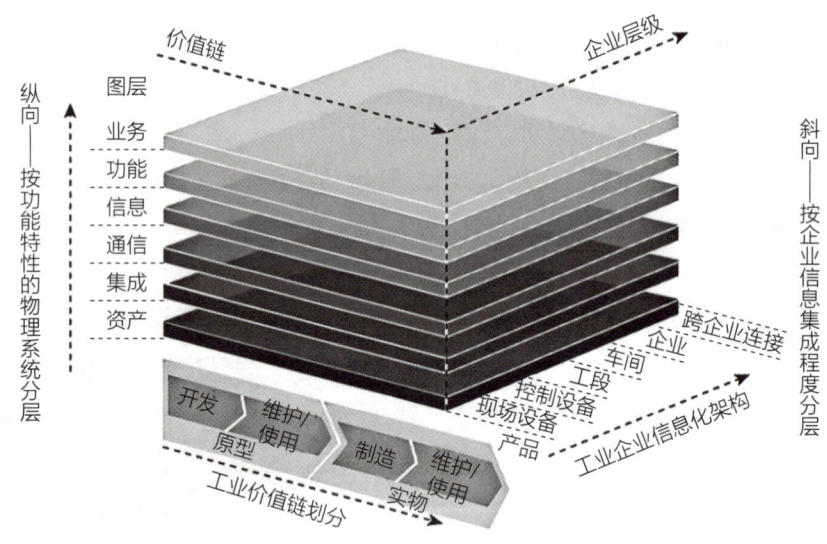

图6-3 德国工业4.0参考架构模型

(3) 美国智能制造生态系统架构模型

美国智能制造生态系统架构模型,如图6-4所示。

(4) 日本工业价值链参考架构模型

日本工业价值链参考架构(Industrial Value Chain Reference Architecture,IVRA)模型,如图6-5所示。

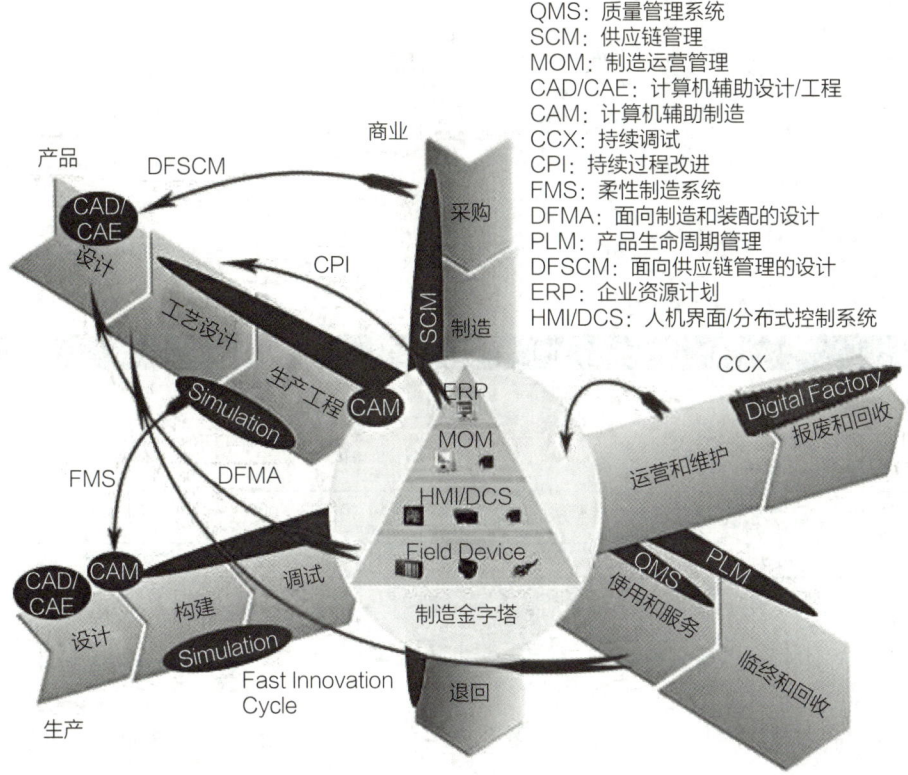

图6-4 美国智能制造生态系统架构模型

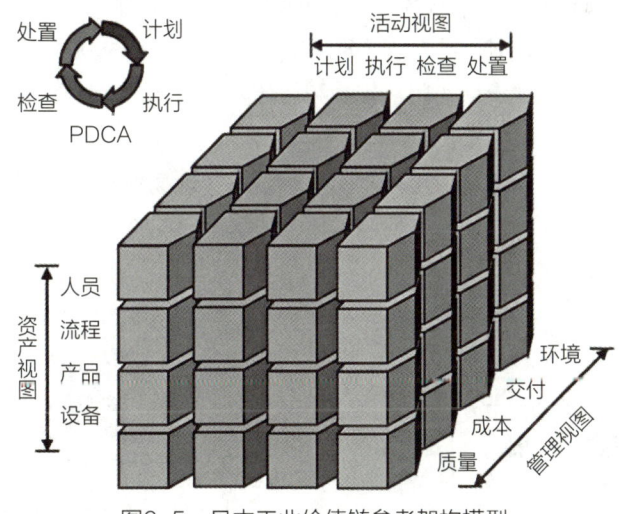

图6-5 日本工业价值链参考架构模型

（5）智能制造系统发展趋势

❶ 与已经发生的信息技术IT、通信技术CT融合为信息通信技术ICT类似，运营管控技术OT与ICT将加速融合为智能运营管控技术OICT，逐步颠覆传统OT的产品形态、系统架构和运行模式等，如图6-6所示。

华为ICT制造

```
                                    IT ↑
                                    • 2016 人工智能：Alphago
                   OICT              • 2013 大数据崛起
              2020                   • 2007 iPhone出世，APP引领
            2010                     • 2006 OPC-UA使得设备、数据源以及应用之间可靠通信
           2000                      • 2002 ARM架构芯片出货量10亿
            1990                     • 2002 亚马逊云服务
                                     • 1994 OPC成立
                                     • 1989 WWW
                                     → OT
                                     • 1983 以太网标准化
• 2019 5G商用元年                    • 2017 工业以太网超过总线
• 2015 中国4G时代                    • 2013 PTC收购ThinkWorx
• 2013 中国3G时代                    • 2012 工业互联网打开视野
• 2010 传感器价格下降，泛在嵌入      • 2007 西门子收购UG软件
• 2008 华为专利世界排名第一          • 2000 实时工业以太网Ethernet IP问世
• 1999 阿什顿创造"物联网"            • 2002 亚马逊云服务
• 1997 无线M2M技术                   • 1992 TCP/IP：PLC联机
• 1985 射频技术商业化      CT        • 1969 PLC诞生
```

OT (Operation Techology)
范畴：
- 宏观——运营控制，如控制一家企业或公司
- 中观——生产控制，如控制一个车间或工厂
- 微观——现场控制，如控制一套设备或产线

	AS-IS（信息化）	TO-BE（智能化）
产品形态	电气+仪表+计算机&通讯（EIC），以PLC、DCS、CNC、IPC等专用系统为基础；卖产品为主；软硬件耦合，非标定制，七国八制，开放性、扩展性、复用性差；代码多样复杂，应用开发技术门槛高，技术私有化；知识、经验难以沉淀、传承、迭代	计算+通信+控制（CCC），以计算、通信、存储等通用系统为基础；卖产品+服务并重；软件定义工业SDI，OT功能虚拟化OFV，软硬件解耦，软件分层解耦、模块化、标准化、归一化，开放性、扩展性、复用性好；少代码、零代码化图形编排，应用开发技术门槛低，技术普惠化；知识、经验易于沉淀、传承、迭代
系统架构	以功能对象为中心，金字塔形多层分工等级式中心化架构；普遍存在着计算、通信、存储等资源瓶颈	以产品对象为中心，云网边端协同网格式去中心化架构；计算、通信、存储等资源可以按需弹性拓展
运行模式	纵向小闭环控制，少变量、少目标和少约束的局部离线优化	纵向、横向、端到端小、中、大闭环控制，多变量、多目标和多约束的全局实时优化

万物互联的智能世界（6-Ubiquitous）=泛在感知（手段）+泛在计算（手段）+泛在通信（手段）+泛在存储（手段）+泛在控制（目的）+泛在决策（目的）
智能世界的愿景（3-Any）=任何人在任何时间、任何地点，都可以自由地投入工作、学习、生活、沟通、协同、创意无极限

图6-6 OT与ICT加速融合为OICT

❷ 工业控制领域从ISA-95五层架构将逐步向云边端三层架构演进，分别如图6-7和图6-8所示。

❸ 新一代工业智能管控系统的范围，不仅仅局限于对目前传统存量工控功能的改进，例如可编程逻辑控制器（PLC）、集散控制系统（DCS）、工业控制计算机（IPC）、计算机数字控制（CNC）、监督控制与数据采集系统（SCADA）、过程控制系统（PCS）等，仅仅只实现了生产设备与现场控制之间的纵向小闭环控制和局部离线优化，还将逐步新增以下优化闭环功能，如图6-9所示。

A．纵向（企业域）的中闭环优化控制（生产设备、现场控制和生产控制之间）、大闭环优化控制（生产设备、现场控制、生产控制和运营控制之间）等。

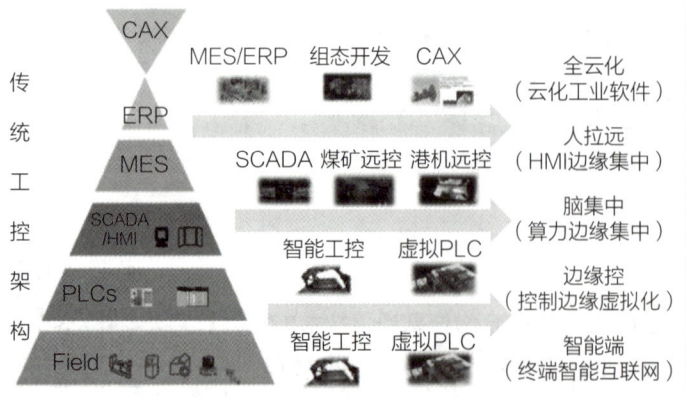

图6-7 新一代工业智能控制系统架构

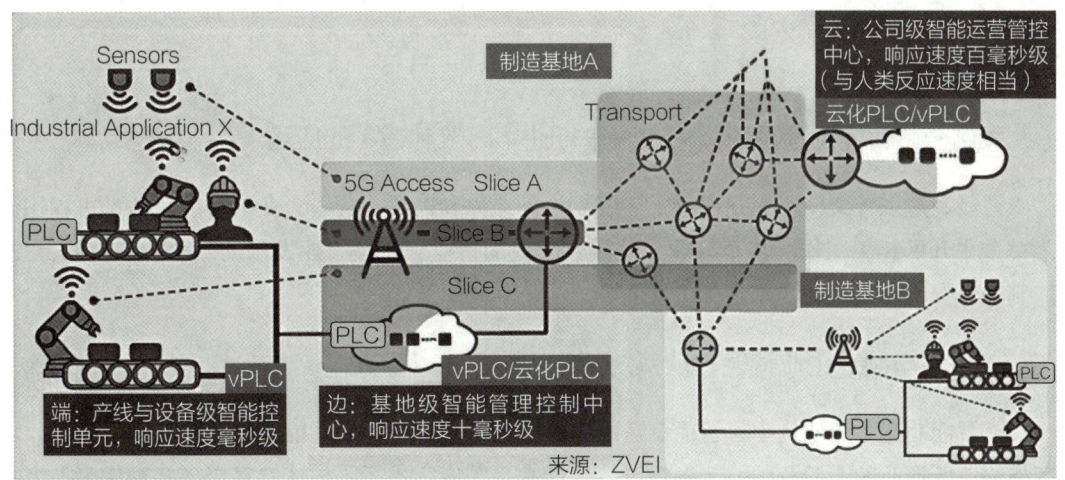

图6-8 新一代智能制造系统架构示例

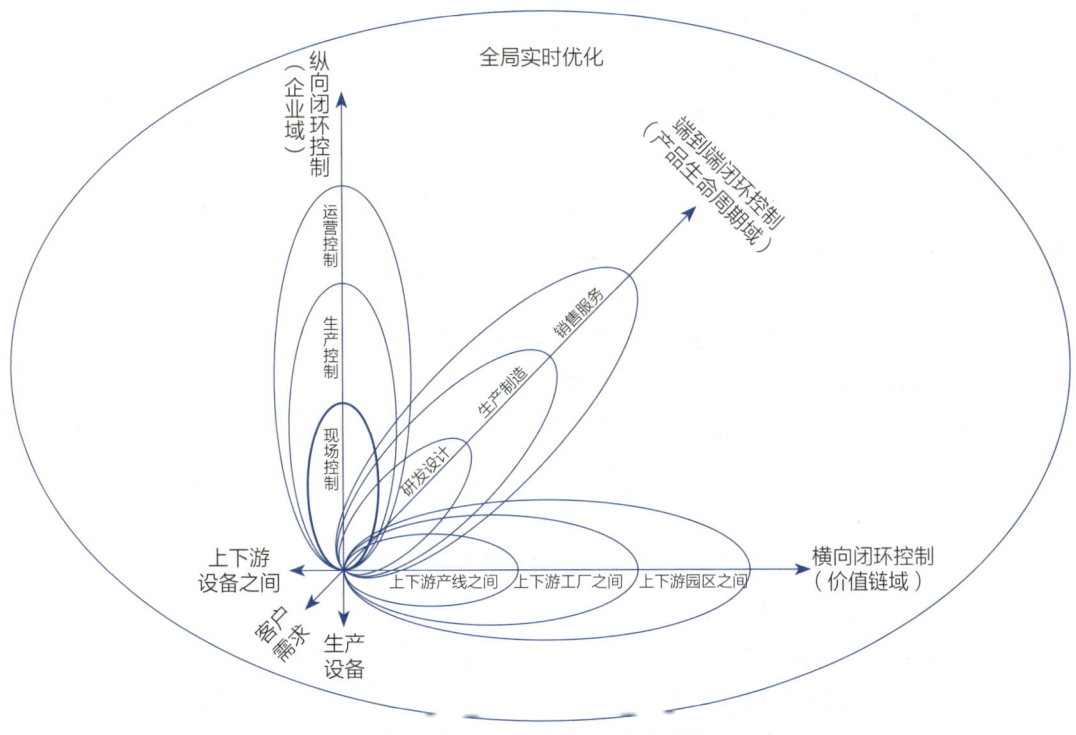

图6-9 实时全局闭环优化控制

B. 横向（价值链域）的小闭环优化控制（上下游产线之间）、中闭环优化控制（上下游工厂之间）、大闭环优化控制（上下游园区之间）等。

C. 端到端（产品生命周期域）的小闭环优化控制（客户需求和研发设计之间）、中闭环优化控制（客户需求、研发设计和生产制造之间）、大闭环优化控制（客户需求、研发设计、生产制造和销售服务之间）等。

基于以上9个闭环优化控制（并非一定都是完全的系统自动闭环控制，而大多数是人机交互的闭环控制，随着闭环控制范围越大，人在闭环的作用越强）的大范围全局实时优化。

应用案例

案例一：智能制造系统架构在汽车行业（离散制造）的应用

智能制造系统架构定义并解释了智能制造的边界和内涵，各个行业的智能制造都可以用这个模型来开展相关工作。汽车行业是最具代表性的行业，也是工业发展的综合体现窗口，"智能制造"在汽车领域的实现是标志性的。

（1）整车制造企业智能制造系统架构内容

在智能制造系统架构中，智能制造由生命周期、系统层级和智能特征三条坐标轴构成，对智能制造所涉及的业务范围、装备等级、智能水平等内容进行了描述；每个坐标轴代表一个维度，从三个维度介绍了智能制造的对象和范围，指导各行各业开展智能制造工作，如图6-1所示。映射到汽车行业，以整车制造企业的业务范围为例具体内容如下。

❶ **生命周期**。生命周期是指某商品车从整车开发流程的项目启动开始到产品报废回收再制造的各个阶段。生命周期坐标轴包含设计、生产、物流、销售、服务一系列相互关联的有价值的活动。

A. 设计：指汽车制造企业开发某款新车型的整车开发流程，如上汽集团整车开发流程GVDP包含架构阶段（A4—A1）、战略阶段（G9—G8）、概念阶段（G8—G7）、开发阶段（G7—G5）、产品及生产成熟阶段（G5—G1）5个阶段。

B. 生产：指某车型量产后采购原材料或外购件、通过符合设计要求的生产设备，按照生产计划制造出满足质量目标、符合法规要求的商品车的全过程。

C. 物流：指物品从供应地向接收地的实体流动过程，包括汽车生产过程所需的原材料、外购件的厂外运输、场内运输、仓储、分拣、配送等流程，以及成品车销售过程的运输。

D. 销售：指主机厂生产下线的商品车从工厂到达使用客户手中的一系列经营活动。

E. 服务：汽车生产企业与客户接触过程中所产生的一系列活动的过程及结果，包括售前服务、售后服务、报废回收等。

❷ **系统层级**。系统层级是指与汽车生产企业的制造活动有关的组织层级的划分。如图6-1所示，系统层级坐标轴包含设备层、单元层、车间层、企业层和协同层。

A. 设备层：指汽车制造企业利用传感器、仪器仪表、机器、装置等，实现实际物理流程并感知和操控物理流程的层级；该物理流程包括生命周期的全部环节。

B. 单元层：指用于汽车生产工厂内收集信息、处理信息、实时监控、实现物理流程控制的层级；典型的应用实例是可编程逻辑控制器。

C. 车间层：指实现面向企业的工厂、车间生产管理的层级；其中制造执行系统（MES）在车间层的应用上发挥了重要作用。

D. 企业层：指实现面向汽车制造企业经营管理的层级，包括企业资源计划、供应链管理、产品生命周期管理。

E. 协同层：指汽车制造企业实现其内部信息、外部信息互联互通、集成共享的层级，汽车行业常见的包括协同研发、智能生产、精准物流、智能服务等。

❸ **智能特征**。智能特征是指在汽车行业中基于新一代信息通信技术使汽车全生命周期活动具有自感知、自学习、自决策、自执行、自适应等一个或多个功能的划分。智能特征坐标轴包含资源要素、互联互通、融合共享、系统集成和新兴业态5层智能化要求。

A．资源要素：指汽车制造企业在设计、制造等过程中所使用的所有资源或材料，包括产品设计图样、工厂施工图样、制造用工艺文件、车间的设备、厂房等实体及三维数模，也包括电力能源和人力资源。

B．互联互通：指通过信息通信技术，实现设备之间、设备与控制系统之间、各车间之间、主机厂与供应商之间相互关联、相互交换信息功能的层级。

C．融合共享：指在互联互通的基础上，利用云计算、5G通信、大数据等新一代信息通信技术，在保障信息安全有效的前提下，实现数据、信息协同共享的层级。

D．系统集成：指汽车制造企业从智能装备到智能系统、智能生产线乃至智能工厂，最后到智能制造系统逐步集成的层级。

E．新兴业态：指汽车制造企业为形成新型产业形态进行企业间价值链整合的层级，如定制化生产、远程运维等。

（2）典型汽车企业智能制造建设实践

清华大学天津高端装备研究院谢坤领导的课题组，完成了新能源汽车制动器总成的智能制造工厂设计，智能工厂的MES系统监控逻辑设计如图6-10所示。

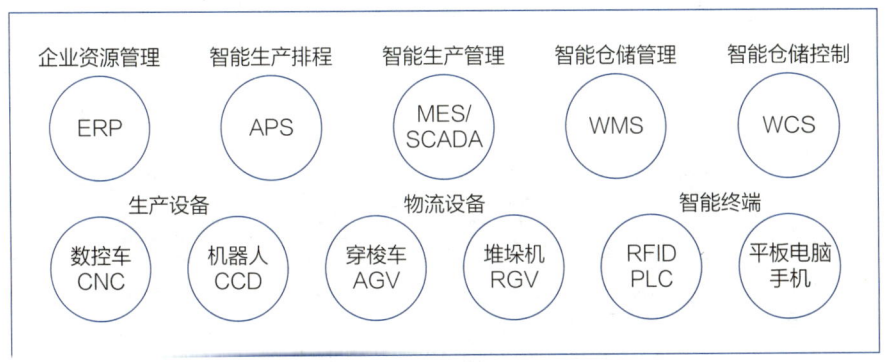

图6-10　MES系统监控逻辑设计

一汽集团在红旗制造体系上大力发展智能制造，通过数字化建设借助工业网络实行横与纵的连接集成，并发展数字化工艺、虚拟仿真与分析、数字化生产、自动化设备和控制系统等数字化制造的关键技术来推动智能制造。图6-11为一汽智能制造的数字化框架。

长城汽车采用智能制造理念建设智能制造体系，现阶段从智能设计、智能生产、智能装备3个维度实施智能制造，旨在实现降本增效、提高产品竞争力。长城汽车智能设计构架如图6-12所示。

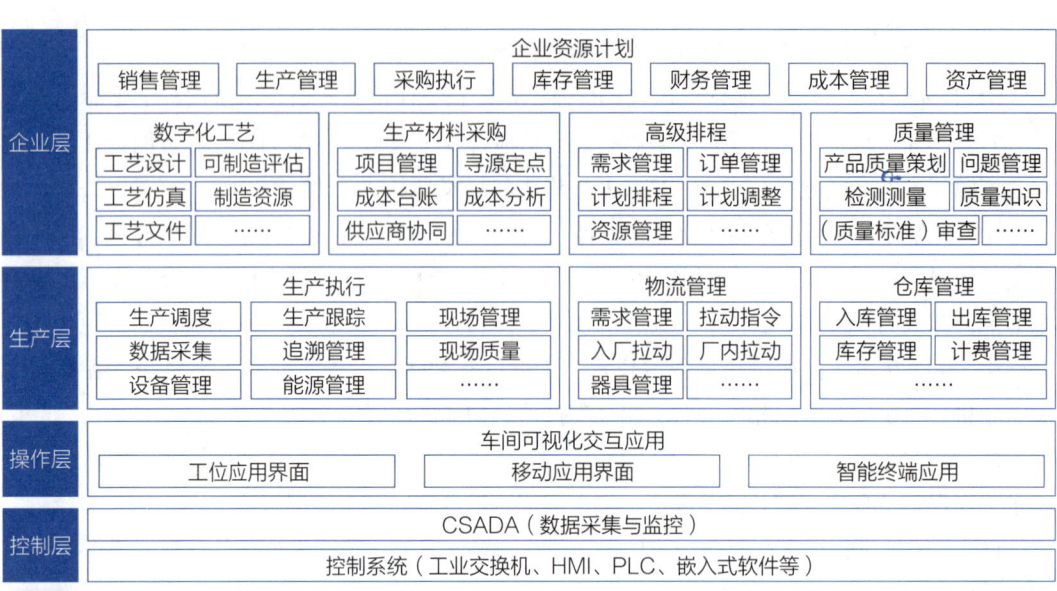

图6-11 一汽智能制造的数字化框架

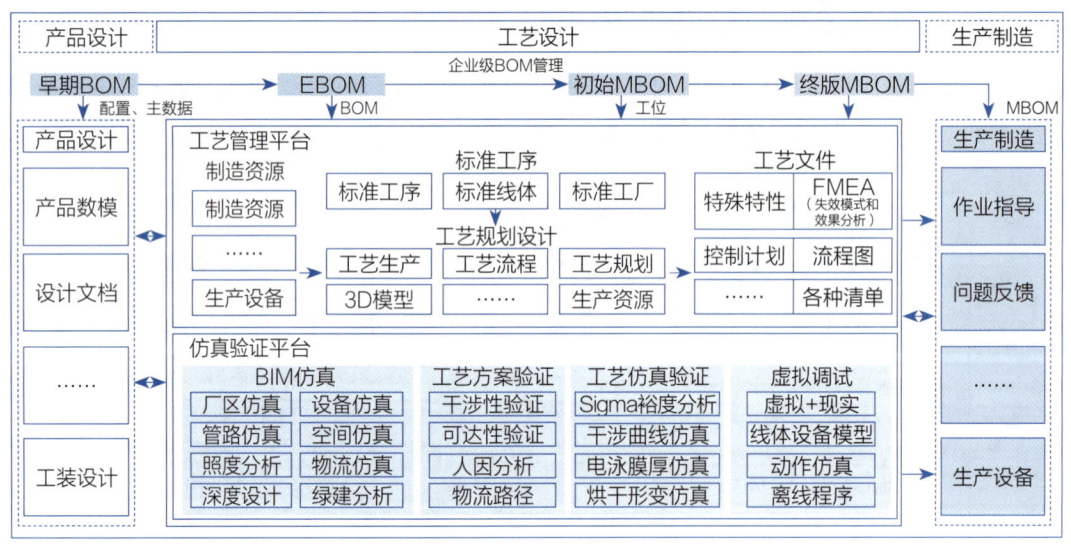

图6-12 长城汽车智能设计构架

案例二：某医药公司（流程制造）智能制造系统的实施

近年来，消费升级带来了高附加值产品需求的增长，而我国消费者和客户群数字化程度较高，对药品企业的研发、生产、质量、销售等方面的要求也日益提高。药品各关键制造工序分布在全国各地的不同工厂、工厂间工序协同效率亟须优化。为了提高生产效率，制药企业均在积极探索连续制造模式在中药行业的应用。为了响应国家政策要求，提升药品质量，药品追溯体系建设任务也是迫在眉睫。为此，某医药公司开展多项中药智能制造新模式的探索与示范。

（1）总体需求调研

该公司作为国内中药现代化转型领域的先行者之一，大力推进转型创新，积极实施"升级中药智造"战略举措，打造新的竞争优势。以"生产运营大脑"为载体，实现内外部网络实时协同生产，最大化资源利用，提升快速响应能力，运用在线监测、数字孪生等创新技术，探索大品种连续制造及多品种（规格）敏捷柔性制造模式，提高生产效率；同时，为了打造中药全产业链体系，运用区块链技术并搭建中药溯源平台，以用户为核心，打造消费者可感知的质量场景。

以"引领中药智造"为愿景，建设中药数字化工厂，实现种植、生产、仓储、质量、设备等制药全产业链的数字化管理，以及生产过程智能化和经营决策智慧化。通过云计算、区块链等技术开展全网络协同中药智能制造新模式应用，基于数字孪生技术建立全车间仿真模型，为制造关键环节提供决策支持，有效解决传统医药行业产能瓶颈。

（2）顶层规划设计

采用"自上而下设计、自下而上集成"的实施策略，坚持以供应链集成计划、仓储物流管理、生产工艺管理、设备全生命周期管理、质量管理五大场景端到端能力需求推导协同制造应用架构，实现架构对业务的强力支撑，同时识别创新点与改善点，充分发挥新技术应用对"智能制造"的推动作用。智能制造顶层规划如图6-13所示。

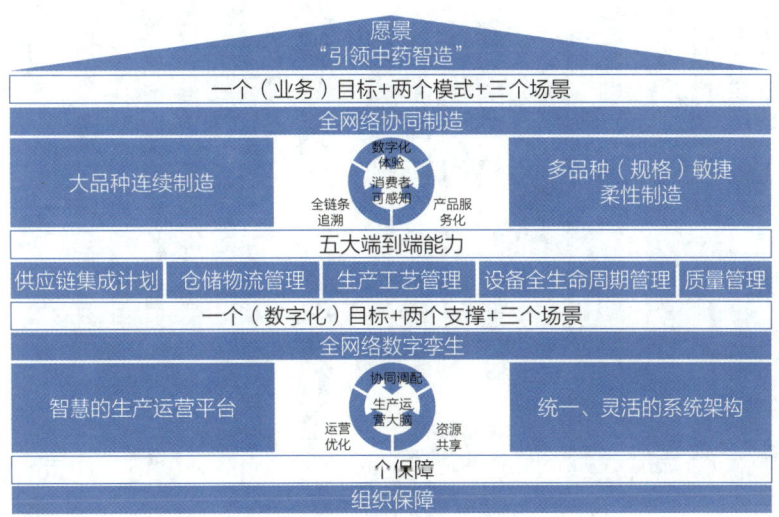

图6-13　智能制造顶层规划

（3）关键技术开发

❶ **多工厂网络化协同制造模式。** 为满足上下游工厂高效协同、决策支持管理等需求，建设全网络协同制造云平台，通过系统集成与各基地单元建立紧密交互渠道，实现对生产运营状况的感知、优化和产能调配。全网络协同中药智能制造新模式构建基于产能约束的"一个计划"协同能力，拉通销售预测、需求计划、采购计划、生产计划，实现动态最优计划管理，有效提升生产运营效率和设备使用率。协同制造整体架构如图6-14所示。

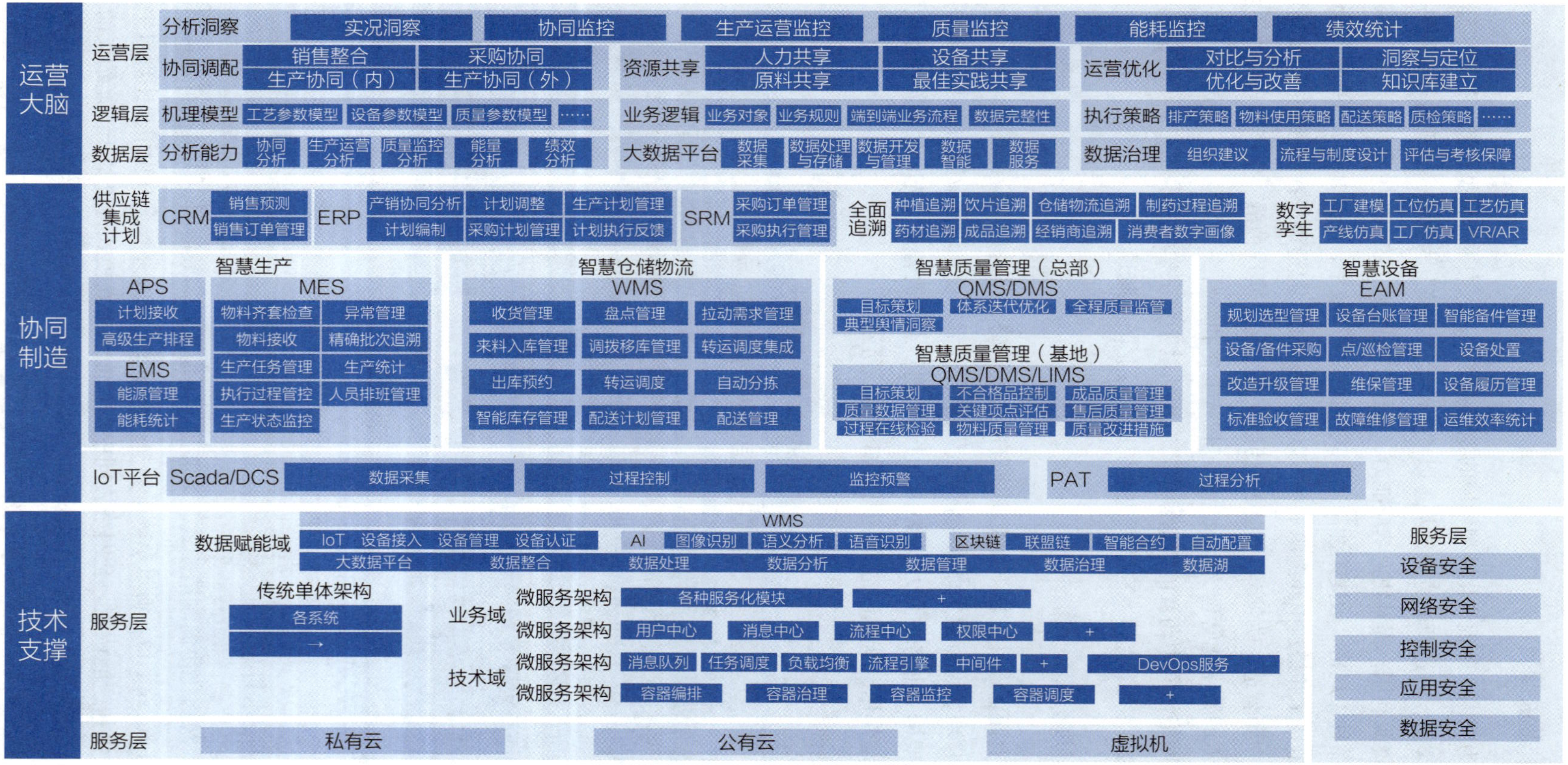

180　智能制造技术基础

图6-14　协同制造整体架构

❷ **中药连续性生产模式。** 过程分析技术（PAT）是连续制造的核心技术基础，是医药行业由批次生产向连续性生产突破的关键技术之一，有助于缩短质量检验周期。近红外在线监测技术是过程分析技术的一种，运用近红外在线监测技术，实现核心产品生产关键工序中多种关键成分同时监测，及时反馈实时监测数据分析结果，提高生产效率，以满足未来高强度连续稳定生产高标准要求。近红外在线监测流程如图6-15所示。

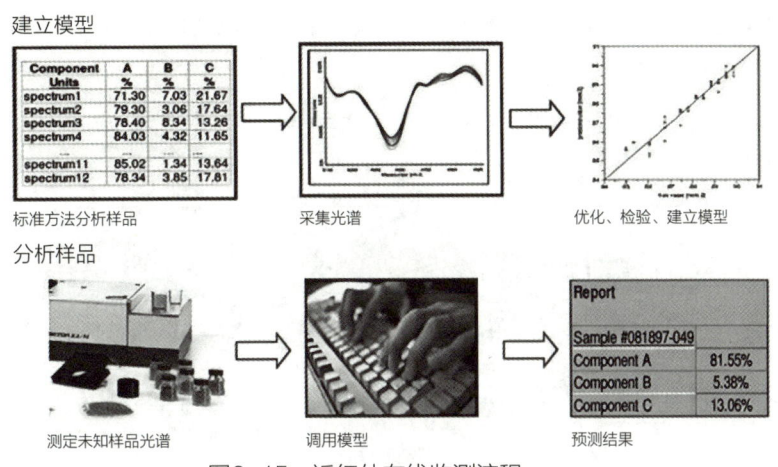

图6-15 近红外在线监测流程

❸ **中药全产业链溯源体系。** 应用区块链技术，实现种子、种苗、原药材、药材、饮片、提取物、成品的产业链条上的信息验证；通过强化追溯信息互通共享，实现全品种、全过程追溯，促进药品质量安全综合治理，提升药品质量安全保障水平，向消费者展现"可感知的质量"。基于区块链的中药全产业链溯源体系如图6-16所示。

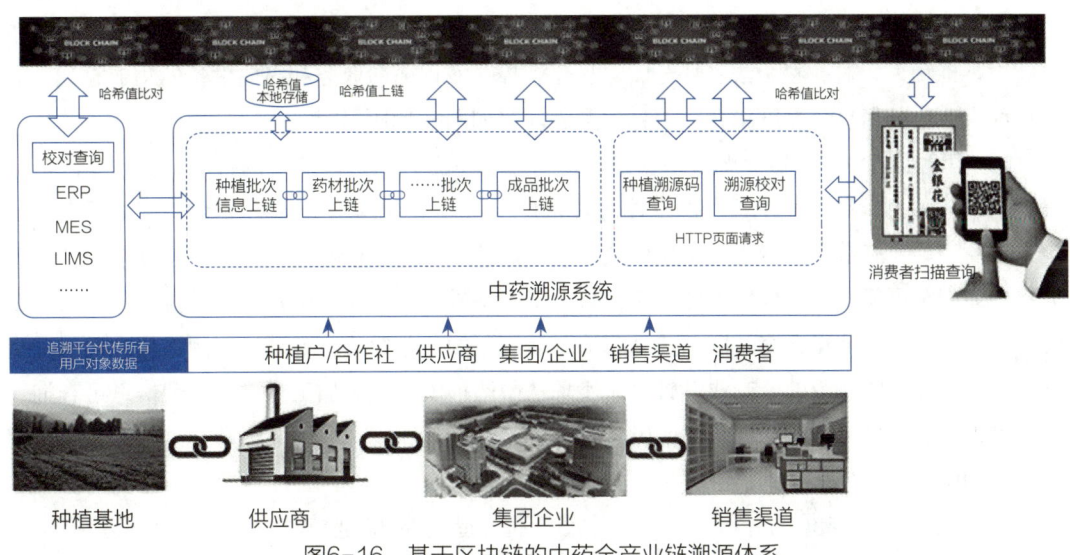

图6-16 基于区块链的中药全产业链溯源体系

（4）重点实施路径

❶ **生产自动化改造**。为满足制药过程中的无菌生产要求，降低生产环境带来的风险，引入AGV、在线监测、高清视觉等技术，实现灭菌设备、贴标、包装、外包、自动码垛设备的自动化升级，打造标准化、自动化的无菌生产环境。通过制造全过程设备的自动化升级，不仅提高生产过程可控性，从提取、制剂、物料输送、包装、仓储等各环节促进效率提升，而且减少工作人员和周边环境对药品生产过程的污染。生产自动化改造内容如图6-17所示。

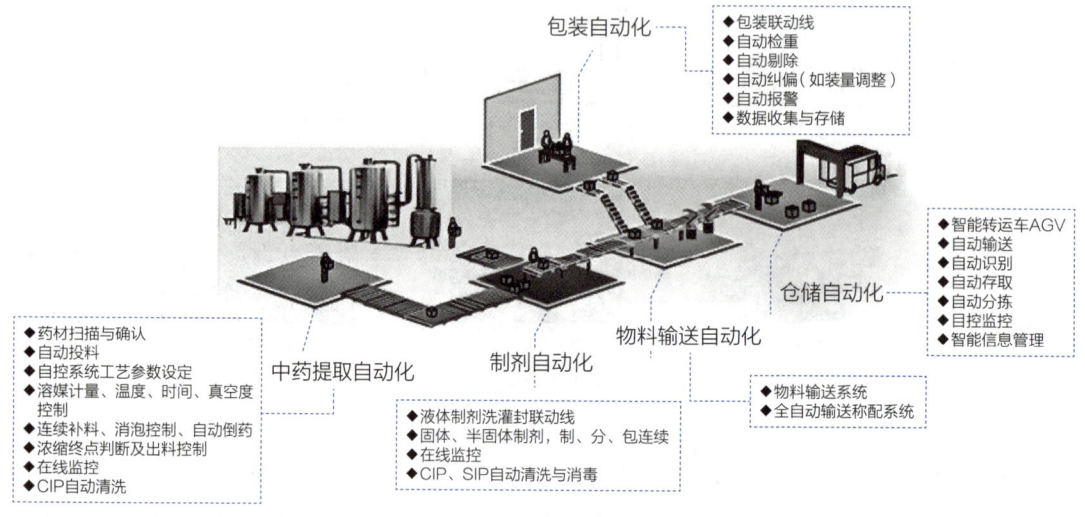

图6-17　生产自动化改造

❷ **信息化升级**。为解决业务和设备数据信息孤岛问题，结合智能制造整体规划，根据仓储物流、提取、制剂、包装、实验室五大场景端到端能力需求，以药品生产制造为核心，建设数据采集监控系统，采用统一工业集成技术标准，通过企业资源计划管理、能源管理等业务系统建设，推动人、机、料、法、环全面信息化管控，实现横向业务和纵向设备的集成打通，有效推动工业化和信息化高度融合。信息化升级内容如图6-18所示。

❸ **构建中药全产业链溯源体系，打通产业链上下游**。通过区块链的技术，实现生产链条确定上链的信息验证，其中参与的主体有种植户/合作社、供应商、集团/企业，计划后期扩展至渠道商、零售终端、消费者。基于区块链技术加持，中药全产业链溯源平台各环节的业务数据将更加安全可靠，为未来追溯体系完善打下坚实基础。通过建立中药全产业链溯源平台，整合产业链上下游各节点，突破以"药品制造"为视角的业务模式，推动生产制造从中药材种植到药品消费全业务环节的全产业链打通，实现从中药种子到成品加工全过程实现信息可查询、流向可跟踪、质量可追溯，构建"以患者为中心"的制造新模式。中药全产业链溯源系统架构如图6-19所示。

❹ **基于工业大数据的分析决策能力建设**。通过近红外在线监测技术，实现核心产品生产关键工序中多种关键成分同时监测，及时反馈实时监测数据分析结果，达到药品生产质量的即时监控，有效提升药品品质，为中药连续生产、过程控制放行提供大量数据基础，提升智能化

图6-18 信息化升级

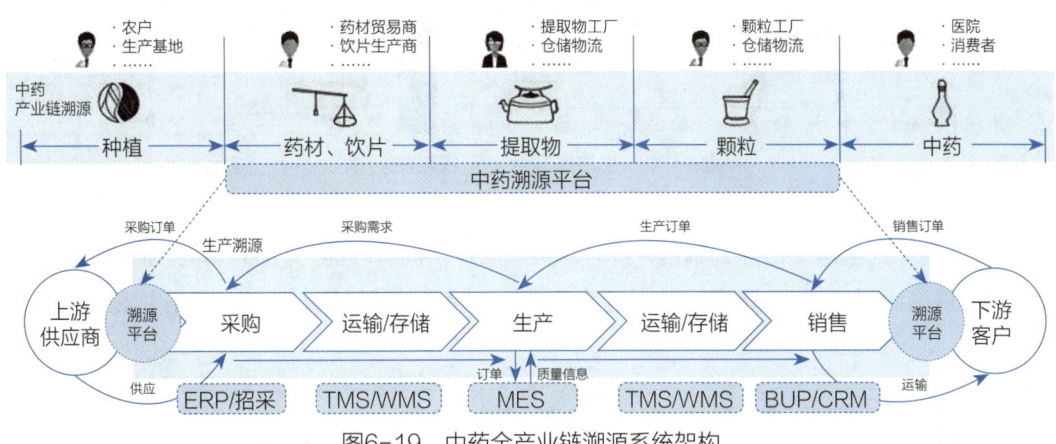

图6-19 中药全产业链溯源系统架构

工艺装备过程质量控制能力,提高生产效率。同时将近红外在线监测技术与智能控制技术相结合,通过监测数据评价与反馈工艺水平,建立与优化基于药品在线质量、效益最优的生产控制,推动工艺技术优化升级,进而确保药品批次内和批次间质量的一致性;同时推动连续生产模式落地,提高生产效率的同时,保障产品质量。

❺ **引入数字孪生技术,建立智能工厂数字化平台。**以数字孪生技术为核心,通过建设工厂生产仿真、集中数据归集、智能远程运维、虚拟培训等能力,形成可开放共享、安全稳定的数字化平台。该数字化平台能够汇集数据采集、数据建模、虚拟仿真、标准接口等组件,通过构建数字化通用的规范规则、方法,形成平台的资源集聚能力、组件管理能力、知识共享能力和软件分发能力。基于工厂生产实时仿真,实时采集车间设备生产信息及生产过程大数据,通过数据建模、形成生产逻辑,实现生产过程实时分析预警和生产设备自动控制,提升现场生产效率,提高综合管理水平。通过运用数字孪生技术,实时获取各工厂生产过程数据,使整个生产过程可视化、标

准化，解决因传统中药生产过程工艺控制不稳定而导致批次间产品质量不稳定的难题。

❻ **挖掘现场数据资源，构建生产运营大脑。**为挖掘现场数据资源，满足对市场需求的快速响应，引入数字孪生等新技术，通过全网络协同制造云平台的建设，构建以产能调配、运营优化、资源协同为核心的生产运营大脑的业务场景，打造实时可视、分析模拟及决策能力，实现公司内外协同高效生产及公司级生产运营协同与资源的最优分配。运营大脑的知识沉淀和优化决策功能，有助于实现更高效的生产和更精益的运营。生产运营大脑运行系统架构如图6-20所示。

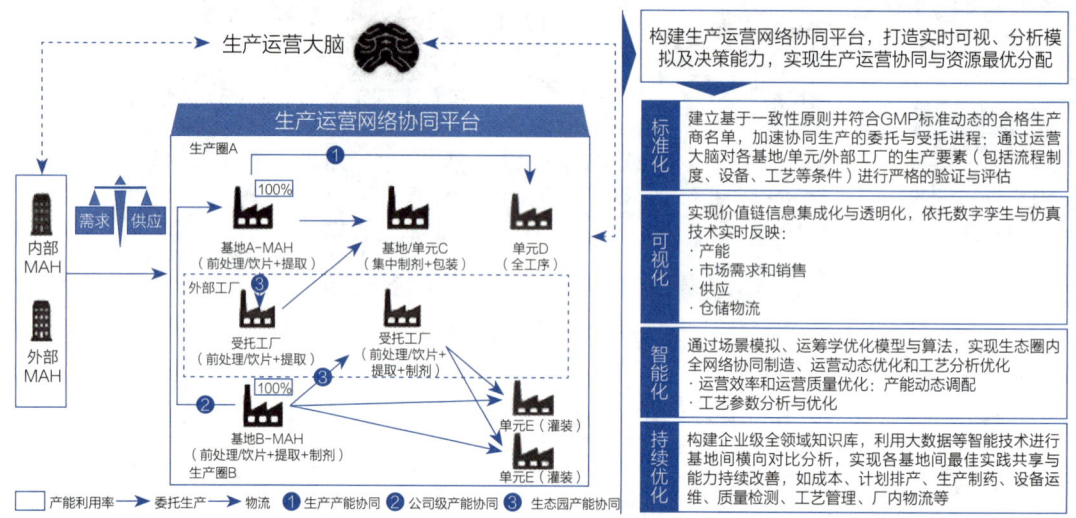

图6-20　生产运营大脑运行系统架构

❼ **实现中药全网络协同云制造，提升跨区域工厂协同管理能力。**如图6-21所示，通过探索中药全网络协同云制造新模式，以云平台为载体，提供包括计算、存储、网络、安全等多个

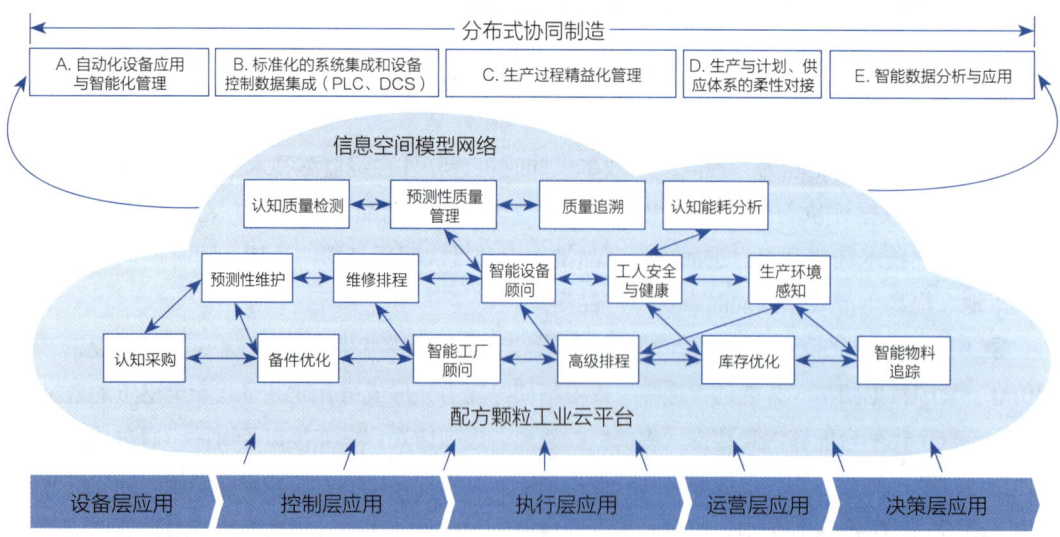

图6-21　中药全网络协同云制造模式

服务产品类别,以及安全、可靠、高效的云计算服务,实现多工厂关键工序自动排程、上下游工厂信息共享、异常反馈,固化了排产逻辑、产线产能。全网络协同云制造模式下,实现生产任务管理、生产标准作业流程(SOP)、称量电子批记录等功能,通过无线技术连接操作终端、称量设备,让业务操作移动化和便捷化。

在计算架构设计上,严格要求客户业务安全稳定第一。在整个云计算架构体系上,实现架构对业务的强力支撑,同时识别创新点与改善点,充分发挥新技术应用对"智能制造"的推动作用。结合以安全和精确为特点的稳态模式和以体验和敏捷为特点的敏态模式,实现协同制造技术架构搭建,从应用、数据、网络、工控、基础设施、云6个方面构建工业安全架构,同时面向未来中药智造,逐步构建云安全架构。

基于云架构等技术,推进中药全网络协同云制造,提升跨区域工厂协同管理能力,实现产能调节、资源优化。

(5)实施成效评估

经过系统的评估,智能制造实施取得了以下主要成果。

❶ 通过全网络协同制造云平台建设,系统集成与各基地单元建立紧密交互渠道。

❷ 运用数字孪生技术,实现了对生产运营状况的感知、优化和产能调配,生产效率提高20%。

❸ 通过资源优化,运营成本降低20%。

❹ 通过区块链追溯系统建设及全网络协同平台质量管理,成品首检不良品率从0.4%降低到0.3%,成品首检不良品率降低25%。

❺ 通过全网络协同云平台数据采集分析管理,单位能耗系数从0.0026降低到0.0023,单位产值能耗降低12%。

知识测试

评价

学生完成智能制造系统应用场景的学习,可以根据学习情况进行自我评价和教师评价,作为评判平时成绩的依据之一。学习评价记录表见附录2。

场景 6.2 智能生产调度

高级计划与排程（Advanced Planning and Scheduling，APS）是一种高度智能化的计划和排程系统，它通过整合各种生产和供应链数据，运用先进的算法和数据模型，根据各种约束条件，如资源限制、交货期、生产能力等，以最优的方式规划和调度生产活动，从而为生产计划提供最优解决方案。

场景描述

调度问题是如何把有限的资源在合理的时间内分配给若干个任务，以满足或优化一个或多个目标。20世纪初，在亨利·甘特（Henry Gantt）和其他先驱者的努力下，调度开始在制造业中受到重视。从20世纪50年代到70年代，研究主要集中在理论探讨上，求解方法主要是数学规划方法，例如整数规划、分支定界、动态规划等。1975年，启发式算法成为研究重点。20世纪80年代以后，智能调度进入快速发展阶段，新的算法不断涌现，例如遗传算法、蚁群算法、粒子群优化等。

关键技术

（1）数学规划方法与求解器

混合整数规划方法是常用求解调度问题的数学方法，该方法限制部分决策变量必须是整数。但是，在运算中整数变量的数量会随着问题规模呈指数规模增长。分支定界法是主要的枚举策略之一。求解器是一类封装好的优化算法程序包，研究人员可以使用求解器来优化调度等复杂问题，而不需要自己编写算法代码。常用的求解器包括Cplex、Gurobi、MOSEK等。

（2）启发式方法

优先分配规则（PDR），即分配一个优先权给所有待加工的工序，然后选择优先权最高的加工工序先加工，接下来按优先权次序依次进行排序。该方法具有容易实现和较小时间复杂性的特点，是在实际应用中解决调度问题的常用方法。基于瓶颈的启发式方法，一般包括瓶颈移动方法（SBP）和集束搜索（Beam Search）。

(3) 智能优化方法

进化算法是一类模拟生物进化过程的智能优化方法，主要包括遗传算法（GA）、遗传规划（GP）、进化策略（ES）和进化规划（EP），广泛应用于规划与调度等组合优化问题，其中遗传算法是在调度领域中应用最广泛的进化算法。群智能优化算法主要是通过模拟昆虫、鸟群和鱼群等群体行为所构造的一类智能优化方法。在调度领域中，常见的群智能优化算法有粒子群算法（PSO）、蚁群算法（ACO）等。局部搜索（LS）算法是运用人工智能、物理学等领域的某些思想，对基本局部搜索算法进行推广或扩展，目的是克服基本局部搜索算法极易陷入局部最优的缺点，并形成了以禁忌搜索算法、模拟退火算法等为代表的算法，是求解调度问题的常用方法。

(4) 人工智能算法

经典的人工智能算法包括决策树、朴素贝叶斯分类、支持向量机（SVM）、主成分分析（PCA）等。

相关知识

(1) 生产计划与控制

生产计划又称生产大纲，它是根据销售计划所确定的销售量，在充分利用生产能力和综合平衡的基础上，对企业所生产的产品品种、数量、质量和生产进度等方面所作的统筹安排，是企业生产管理的依据。生产计划的主要内容如图6-22所示。

计划与调度

生产计划的排程原则、生产计划与控制的步骤分别如图6-23、图6-24所示。

图6-22　生产计划的主要内容

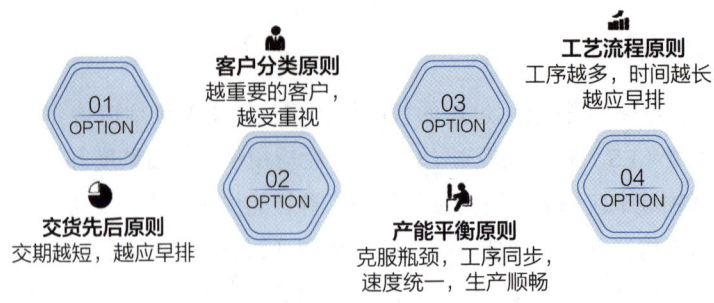

图6-23 生产计划的排程原则

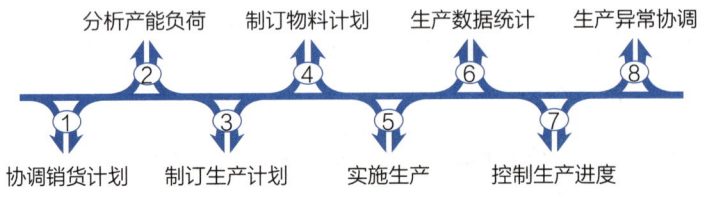

图6-24 生产计划与控制的步骤

（2）调度控制

对于一般性的调度控制问题已经有许多可行的求解方法，如基于排序理论的调度方法、基于规则的调度方法、基于离散事件系统仿真的调度方法、基于人工智能的调度方法等。几种调度算法综合比较如表6-1所示。

表 6-1 几种调度算法综合比较

综合	约翰逊算法	遗传算法	模拟退火	神经网络方法	禁忌搜索
简单性	√				
智能性	√	√	√	√	√
实用性	√				
准确性	√	√	√		
可实现性	√	√		√	

智能制造系统中调度控制是一个基于状态反馈的自动控制系统。智能制造系统涉及调度的场合一般都具备动态性、实时性、离散事件，以及具有强烈的随机扰动性。因此，调度控制问题至今没有得到最优的解决方案。

为了提高求解结果和方法的通用性，通常会使用数学模型对问题进行求解，但数学模型的求解效率低，且只能对小规模问题进行求解。为了提高问题的求解效率和对大规模问题进行求解，学者们提出用智能优化算法对问题进行求解，但智能算法的求解结果具有一定的不稳定性，同时智能优化算法的通用性较低，需要针对特定的问题设计特定的优化过程。最近又有学者提出将数学模型与智能算法相结合的求解思路，但是二者之间如何结合，结合之后怎样求解仍然需要研究和探索。

（3）高级计划与排程

计划（Planning）面向天、周、月乃至年颗粒度的计划问题，而排程（Scheduling）则面向更小的天、小时级别的细颗粒度优化问题。计划与排程的比较如表6-2所示。

北航MM-APS软件

表6-2 计划与排程的比较

特征	计划	排程
定义	更广泛的概念，涉及确定目标、制定策略和规划活动的过程	为任务分配确切的时间、地点和其他资源的过程
内容	制定长期和短期目标，确定资源需求，建立整体方向	确定任务的开始和结束时间，分配资源，执行计划的具体步骤
时间跨度	较长的时间周期，可以是几个月到整年	较短的时间周期可以是几天或几周
层次关系	层次更高，提供整体方向	是计划的一部分，是计划的具体执行步骤
精确度和实时性	通常不需要非常详细的精确性调整，相对灵活	需要更高的精确度和实时性，关注具体任务的执行

成功的APS系统并非孤立存在，而是一套集生产业务、系统软件、数据建模、模型算法于一体的工业软件。其中，业务是灵魂，开发是支撑，数据是基础，算法是核心。因此，无论是开发还是应用APS都比较难。

APS相关业务涉及预测计划、采购计划、产能规划、人力计划、主生产计划（Master Production Schedule，MPS）、物料需求计划（Material Requirement Planning，MRP）、工序计划、装车计划、配送计划等软件模块，覆盖中长期计划与短周期排程等供应链全部计划业务场景，帮助制造企业建设高品质、高效率、低成本的供应链计划体系，助力数字化智能车间改善与产业转型升级。APS功能及其价值分别如图6-25、图6-26所示。

APS常用算法介绍如下：

❶ **快速MRP展开算法**。MPS即主生产计划，是根据预测、合同等确定每一具体的最终产品在每一具体时间段内生产数量的计划。MPS详细规定生产什么、什么时段应该产出，它是独立需求计划。MRP即物料需求计划，可以说MRP是ERP系统的心脏。

❷ **柔性车间混合优化算法**。柔性作业车间调度问题的描述如下：一个加工系统有m台机器，要加工n种工件；每个工件包含一道或多道工序，工件的工序顺序是预先确定的；每道工序可以在多台不同的机床上加工，工序的加工时间随机床的性能不同而变化；调度目标是为每道工序选择最合适的机器、确定每台机器上各工件工序的最佳加工顺序及开工时间，使系统的某些性能指标达到最优。此外，在加工过程中还需满足以下约束条件：

A. 同一台机器同一时刻只能加工一个工件；

B. 同一工件的同一道工序在同一时刻只能被一台机器加工；

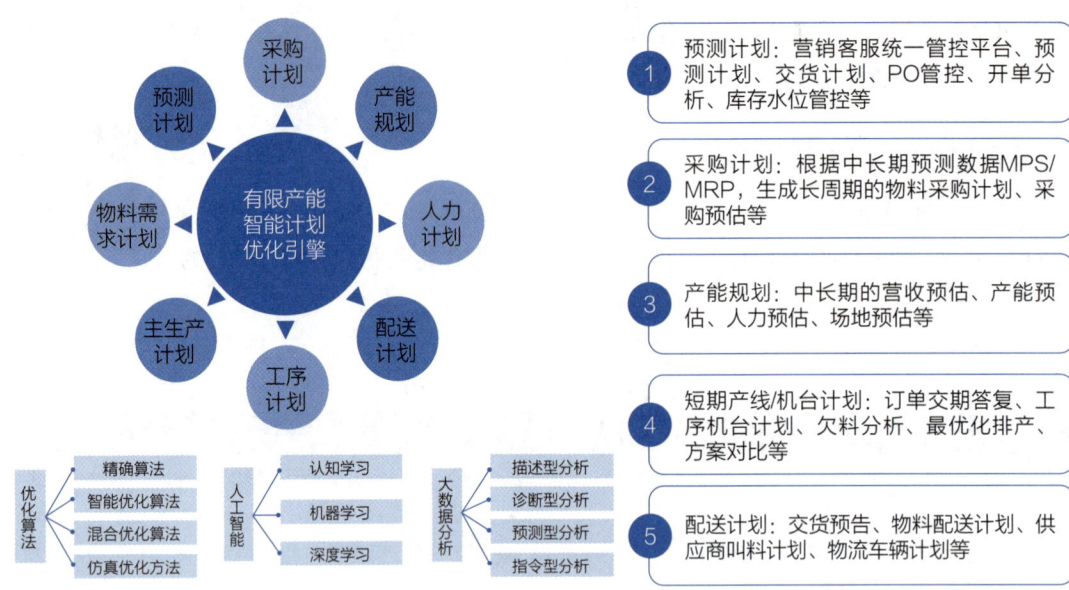

图6-25 APS功能

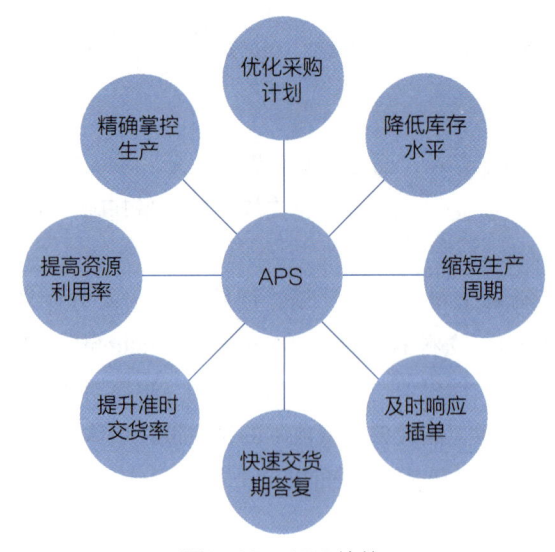

图6-26 APS价值

C. 每个工件的每道工序一旦开始加工不能中断;

D. 不同工件之间具有相同的优先级;

E. 不同工件的工序之间没有先后约束,同一工件的工序之间有先后约束;

F. 所有工件在一开始都可以被加工。

基于析取图论的分析算法如图6-27所示。

❸ **网络计划优化算法**。网络计划技术是指用于工程项目计划与控制的一项管理技术。它是20世纪50年代末发展起来的,依其起源分为关键路径法(CPM)与计划评审法(PERT)。网络计划借助于网络表示各项工作与所需要的时间,以及各项工作之间的相互关系。通过网

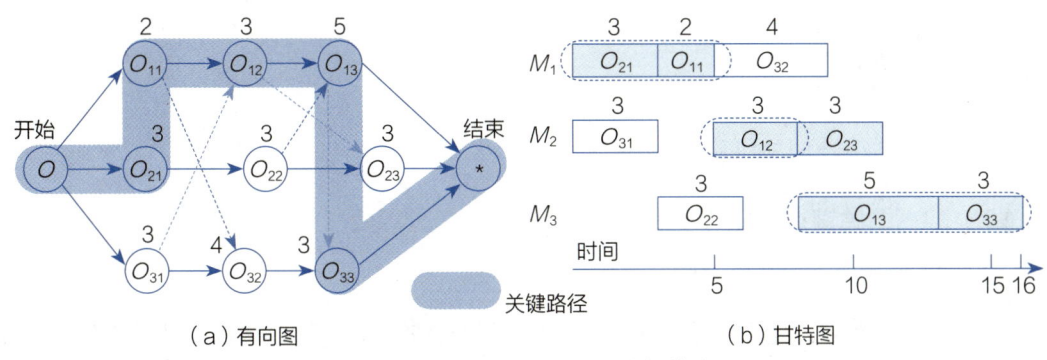

图6-27 基于析取图论的分析算法

络分析研究工程费用与工期的相互关系,并找出在编制计划及计划执行过程中的关键路径。图6-28所示为基于PERT的关键路径分析算法。

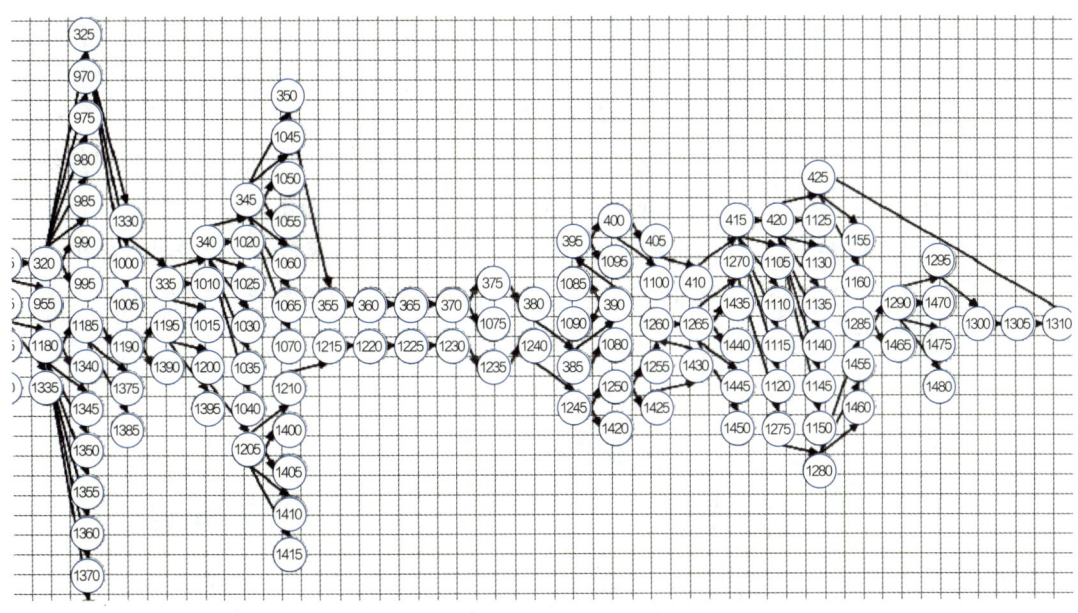

图6-28 基于PERT的关键路径分析算法

❹ **神经网络预测算法**。不管是哪种供应链方式,都没法回避需求预测,预测是跟不确定性打交道。当不确定性很高时,比如新产品、新项目、新客户,往往很难确定预测。这并不意味着没有预测;相反,这意味着每个职能都在自己做预测,结果是有很多预测。通过生产需要预测来准备产能、通过采购需要预测来备料、通过财务需要预测来做预算——为了把工作做好,各职能就不得不做出各自的预测来。APS系统通过集成基于神经网络的预测算法,推出全新的预测计划管理模块,协同营销与计划等部门,尽力做出准确度最高的预测,加固供应链第一道防线。

应用案例

案例一：高级计划与排程的应用

（1）APS的关键点与工作流程

APS的关键点如下：

❶ **销售订单需求**：此要素是根本，是生产排程的首要条件，所以销售订单要做准确，包括预测都要做到有根有据，原材料订购需要一定周期，所以通常要求销售一倍周期的正式订单，还要有两倍周期间的预测订单。周期多长要根据不同商业模式、行业特性而定。

❷ **材料准备到位**：即避免"巧妇难为无米之炊"的事情发生，这是供应链中的重要环节，需要制订精确的购买计划和到料计划。

❸ **库存储备合理**：精益生产讲究库存合理性，要控制成本、提高效率。库存要受控，一方面不能让客户生产停线，另一方面不能因库存过剩导致物流呆滞，包括原材料和成品。

❹ **设备模具完好**：设备模具是生产用的"武器"，它的完好性决定着生产是否顺利，是否有高产出和高品质，所以一定要确保设备模具完好。

❺ **人员配备恰当**：人是一切活动的中心，生产人员、技术人员、管理人员的配备要合适、合理，要人人有事做、人人可创造价值，强调"安全、质量、成本"。

❻ **产品工艺正确**：这一条也是排程的重要条件之一。生产要做好，工艺路线要正确，作业指导书要规范，产品质量要有保证，要设计合理、图纸正确、标准清晰、参数稳定。

APS的工作流程如图6-29所示。

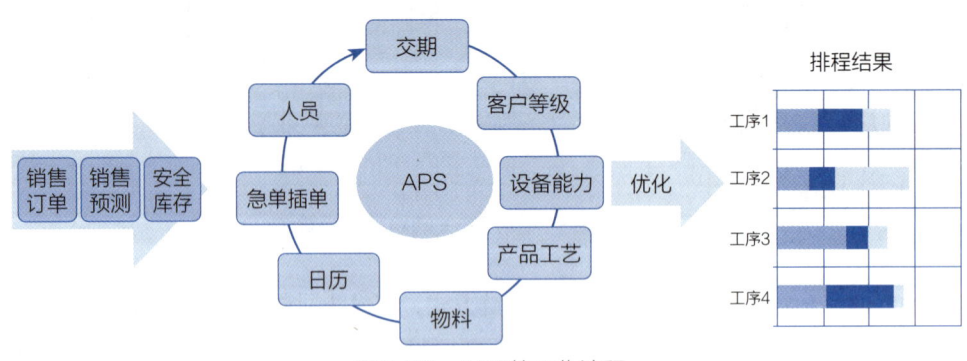

图6-29 APS的工作流程

（2）APS的几种简单算法比较

生产计划排程既有相对简单的算法，例如最短交货期算法、最短工序算法等，也有复杂的算法，例如神经网络、模拟退火法、遗传算法、禁忌搜索法等。一个简单的排程优化过程如图6-30所示。

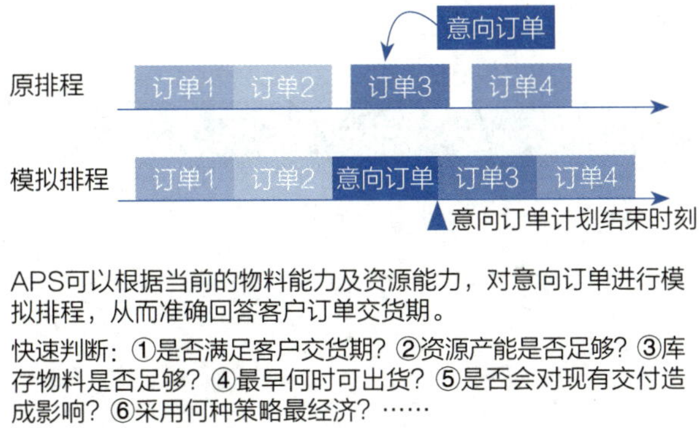

```
                                    意向订单
                                      ↓
原排程    订单1  订单2  订单3  订单4  →

模拟排程  订单1  订单2  意向订单  订单3  订单4  →
                            ▲意向订单计划结束时刻
```

APS可以根据当前的物料能力及资源能力，对意向订单进行模拟排程，从而准确回答客户订单交货期。

快速判断：①是否满足客户交货期？②资源产能是否足够？③库存物料是否足够？④最早何时可出货？⑤是否会对现有交付造成影响？⑥采用何种策略最经济？……

图6-30　生产计划排程示例

近些年的研究资料表明，生产计划排程并不存在一个全局最优的排程规则，也不是算法越复杂结果就越好，这一点通过下面一个例子对4种简单算法进行计算就可以得到验证。这4种简单算法中计算复杂性稍有不同，并不是算法越复杂排程结果就越好。做比较计算的4种算法（计算的复杂性依次递增）分别是：最短工期、交货期先后、按照工期和交货期之间的距离、CR（Critical Ratio）值，即重要比率值。

下面借用一个例子，见下表。比较这4种算法的排程结果，按照作业逾期天数作为计划优劣的评价标准。

作业	需要天数	交货期
A	5	6
B	10	20
C	4	5
D	8	22
E	6	8

❶ 按照最短工期排程：

作业	需要天数	完成天数	交货期	逾期天数
C	4	4	5	0
A	5	9	6	3
E	6	15	8	7
D	8	23	22	1
B	10	33	20	13
合计				24

❷ 按照交货期先后排程：

作业	需要天数	完成天数	交货期	逾期天数
C	4	4	5	0
A	5	9	6	3
E	6	15	8	7
B	10	25	20	5
D	8	33	22	11
合计				26

❸ 按照工期和交货期之间的距离排程：

作业	需要天数	完成天数	交货期	交货期与工期之差	逾期天数
A	5	5	6	1	0
C	4	9	5	1	4
E	6	15	8	2	7
B	10	25	20	10	5
D	8	33	22	14	11
合计					27

❹ 按照CR值排程：

CR值=（交期−当前日期）÷工期，数值越小表示紧急程度越高，排程优先级高。

作业	需要天数	完成天数	交货期	CR值	逾期天数
A	5	5	6	1.2	0
C	4	9	5	1.25	4
E	6	15	8	1.33	7
B	10	25	20	2	5
D	8	33	22	2.75	11
合计					27

上面4种算法中，最短工期法是最简单的，它不考虑各个作业的交货期先后，先排工期短的作业，再排工期长的作业，但对于随便给定的例子，它的总逾期天数是最少的，当然不能说所有例子它的总逾期天数都是最少的，这里面有偶然性。

这个例子也说明了，"计算最简单的算法结果不意味着是最差的"。企业在生产计划排程时，可以根据其计算能力选择合适的算法。

（3）正排和倒排的选择

生产计划排程时，在选择了排程的算法之后，接着需选择正排还是倒排。正排指的是按照预定的算法尽可能紧前安排，倒排指的是尽可能紧后安排。在上一个例子中，如果用最短工期算法排程的话，正排的结果如图6-31所示。

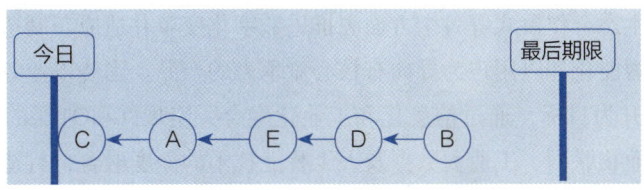

图6-31　生产计划正排程

如果用倒排，若还没有到最后期限，会是如图6-32所示的排程结果。

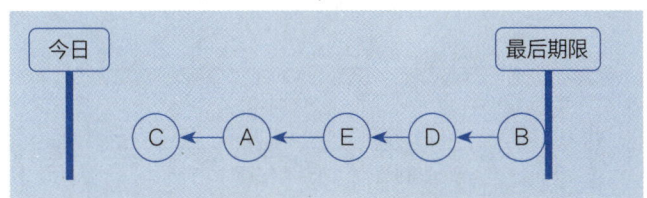

图6-32　生产计划倒排程

正排的优点是设备和人会得到充分利用，设备闲置或人员休息要等生产任务都完成后，但可能会因为提前完成生产任务，没有到交货期不能发货而形成库存。

倒排的优点和缺点正好相反，倒排是在最后期限前完成任务，库存最小化，但前期人员和设备可能会有闲置。

一般来说，当企业需要考虑上APS解决企业生产计划排程问题时，面临的情况都是多品种、小批量、设备能力不足，需要更合理的调度安排。正排增加库存，倒排浪费产能，如何取舍？

一般认为，如果企业管理水平还没有到很高水准，并且订单需求处于上升期时，在增加库存和浪费产能之间取舍，浪费产能造成的损失超过增加库存，其原因有两个方面。

❶ 设备是有故障的，而故障又是偶发的，无从判断何时设备会出现故障。如果生产根据倒排进行，按照库存最小化的时间点安排，在生产过程中出现设备故障，就没有多余的缓冲时间用于检修设备，势必会造成交货延迟。

❷ 设备产能浪费属于彻底浪费，如果当月设备能力浪费了，以后也无法再追回；而增加库存造成的浪费则属于一种相对短期的浪费，如果当月积压了库存，而下个月客户订单增加，正好将这些库存加以利用，避免了加班。对于当前大多数一般性行业企业，正排可能是更好、更安全的选择。但是企业水平已经到了一定高度，设备稳定性、品质可靠性也都比较高，企业为了追求更高的运营效率和效益，势必要逐步靠近、挑战倒排法，可以设定一定的倒排余量，逐步靠近余量为零的方式来推进。

案例二：汽车制造行业"未来工厂"——生产计划与调度

汽车行业迎来了电动化和智能化的大变局，改变了汽车传统的驱动模式和汽车的属性，改变了汽车和驾驶者、汽车和汽车的关系，甚至也改变了汽车和社会的关系。新一轮科技革命正在驱动汽车行业发生颠覆性的重大变革，智能化变革与制造技术融合创新已是大势所趋。

因此，无论是整车厂、零部件还是汽车经销商，既要从技术架构、产品开发、管控方式、供应链管理、生态合作模式等各个方面去推进数字化变革并适应新制造技术，又要打造以轻量化、电动化、智能化和以用户为导向有核心竞争力的产品。围绕以业务价值为中心，以成本、质量、效率提升为目标，通过信息化和工业化融合，实现IT和OT层的融合打通。通过自动化工艺装备与工业物联网、工业大数据及人工智能技术的深度融合，打造以生产互联互通和数据决策为目标的"未来工厂"，构建"智能设备""智慧供应链""大数据智脑"三位一体的汽车智能制造体系，不断提升汽车制造的柔性化、数字化、智能化和快速响应能力。

汽车制造企业是物料流动的系统，是"管理运作+实物生产"的双过程，面临着多重挑战，如图6-33所示。

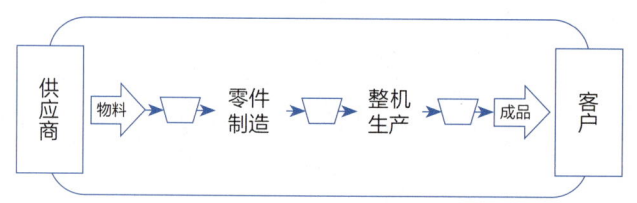

图6-33 汽车制造中的物料流动

挑战之一——不确定性，如图6-34所示。

图6-34 不确定性示意图

挑战之二——复杂性，如图6-35所示。
挑战之三——变动性，如图6-36所示。
挑战之四——限制的约束，如图6-37所示。
挑战之五——绩效的冲突，如图6-38所示。
生产运作的最高要求：高交付+短交期，实现高流动性。
汽车制造"未来工厂"是应对上述各种挑战，实现生产计划调度智能化的解决方案，如图6-39所示。

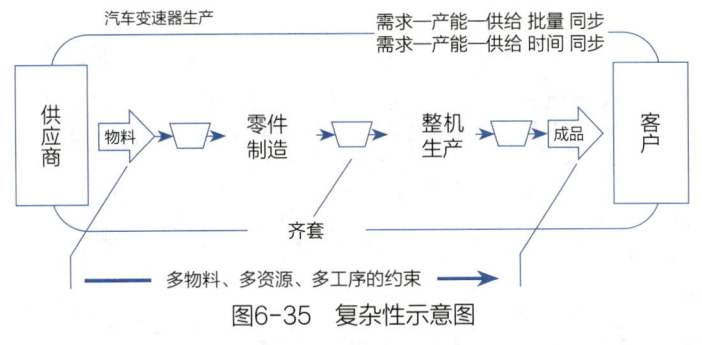

图6-35　复杂性示意图

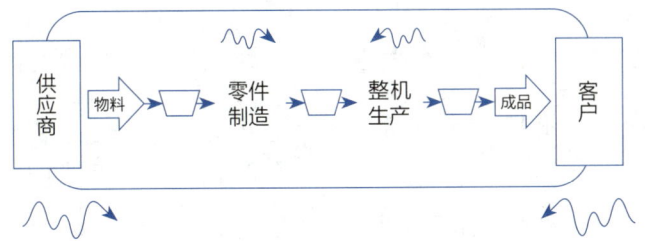

图6-36　变动性示意图

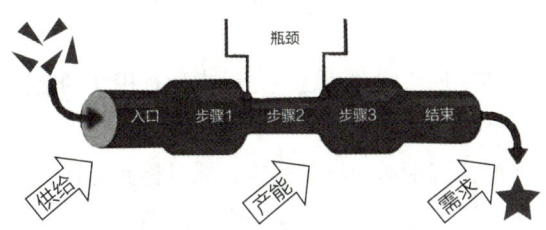

图6-37　限制的约束示意图

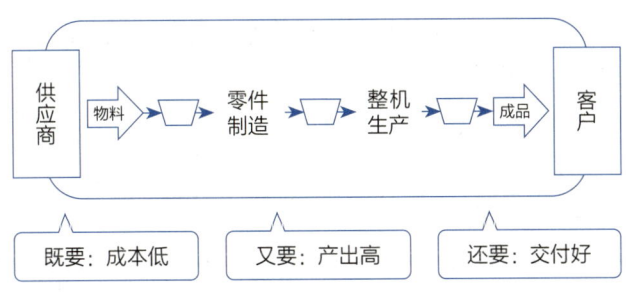

图6-38　绩效的冲突示意图

汽车制造"未来工厂"生产计划调度智能化，是指企业采用生产计划排程系统或平台、先进排程调度算法模型、生产运行实时模型等技术，实现满足多种约束条件的动态实时生产排程和调度，实现对突发事件的自动预警、辅助决策和优化调度：

❶ 应基于产供销协同平台，实现销售订单、生产订单和采购订单的关联；

❷ 应采用APS等生产计划排程系统或平台，实现基于市场需求、安全库存、制造过程等因素的科学排程，生成优化的生产作业计划和物料计划；

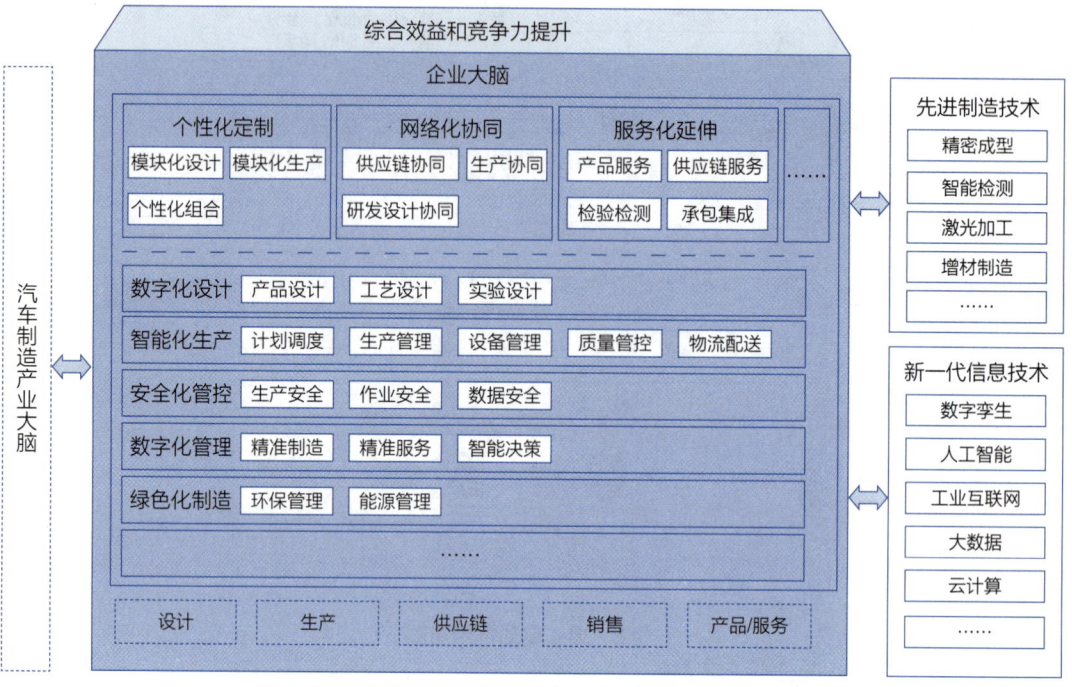

图6-39 汽车制造行业"未来工厂"能力建设映射图

❸ 应构建多工序车间的计划协同和调度模型,支撑规模化的个性化定制,实现计划调度优化和生产均衡;

❹ 应根据生产计划匹配物流配送、设备运维、质量检测等计划,实现核心生产要素计划相互透明,动态关联,协同调度,提高生产计划的可执行性;

❺ 宜通过工业大数据分析,构建生产运行实时模型,提前处理生产过程中的波动和风险,实现动态实时的生产排程和调度。

最终,"未来工厂"——APS高级计划与排程的理想效果应当满足以下要求。

❶ 聚焦需求,如图6-40所示。

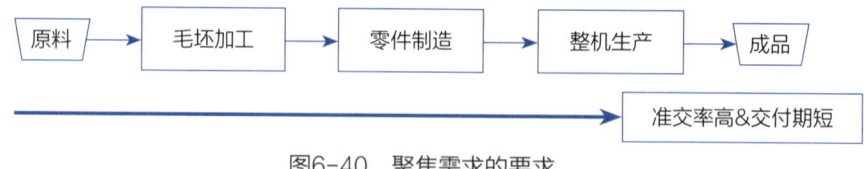

图6-40 聚焦需求的要求

❷ 计划均衡,如图6-41所示。其中,RCCP为粗产能计划、CTP为关键过程特征、WIP为在制品。

❸ 需求拉动,如图6-42所示。

❹ 快速生产,如图6-43所示。

❺ 过程透明,如图6-44所示。其中,CCR-OEE为消费者负反馈-设备综合效率。

❻ 优化供应,如图6-45所示。

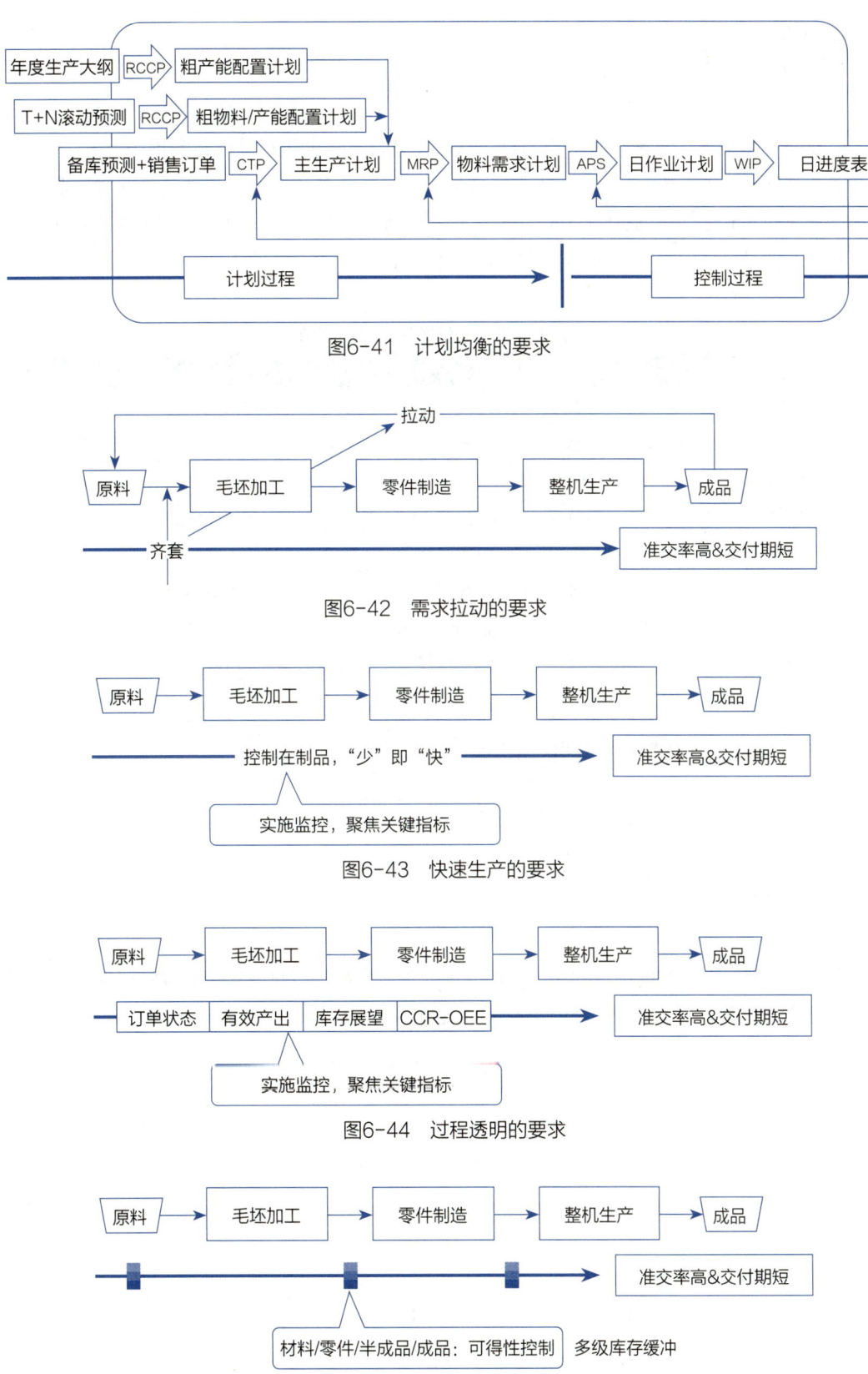

图6-41 计划均衡的要求

图6-42 需求拉动的要求

图6-43 快速生产的要求

图6-44 过程透明的要求

图6-45 优化供应的要求

技能练习

1. 表6-3是某工厂装配车间下周的订单状况，制订下周的生产计划（安排10天）。该车间有两条生产线——A线和B线，每条线有25名员工。假设两条线都可以生产任何一种产品，每一次换线时间为1 h。正常班时间为8 h，晚上加班一般安排3 h，周末加班一般安排8 h。目前A线正在生产批号1165的A产品，B线正在生产批号1168的B产品。

表6-3 工厂装配车间待排产订单

NO	批号	产品	客户	批量	截至28日完成量	效期	标准工时/min
1	1165	A	甲	6000	5200	11月30日	7.5
2	1168	B	乙	8000	5000	11月29日	5
3	1201	C	丙	2400	0	12月7日	12.5
4	1202	D	甲	4000	0	12月4日	6
5	1203	E	丁	4250	0	12月2日	6
6	1204	F	丙	18000	0	12月6日	5
7	1205	G	乙	3000	0	12月1日	10
8	1206	H	甲	3000	0	12月3日	7.5

2. 独立完成一个需求预测算法应用案例。

评价

学生完成智能生产调度场景的学习，可以根据学习情况进行自我评价和教师评价，作为评判平时成绩的依据之一。学习评价记录表见附录2。

场景 6.3 智能制造供应链

智能供应链（Intelligent Supply Chain，ISC）是结合物联网技术和现代供应链管理的理论、方法和技术，在企业中和企业（或用户）之间构建的以实现供应链的智能化、网络化和自动化的技术与管理综合集成系统。

场景描述

某集团公司是一家跨国制造类企业。公司财务主管做报表时发现，国外子公司的一个产品具有价格优势，便提醒供应链部门可以走非市场化流程，内部结算，于是他们研究了一个包括物流、财务、检验、设计、技术等部门参与的方案，新方案为公司节约开支三十余万元人民币。

供应链（Supply Chain，SC）是商品从原材料（设备）采购、产品生产到销售给用户的活动过程中，涉及的公司之间、公司与用户之间的业务关系（系统）。供应链的本质是供应关系、买卖关系。

关键技术

智能供应链目前主要包括以下关键技术：

❶ **商业链接**。通过商业模式的设计，来连接供应链上的企业，让企业之间能够形成互信合作、协同合作的共同愿景。

❷ **流程链接**。以计划连接作为引领，串联采购、制造、物流、销售、服务、回收等产品生命周期流程，以及库存、网络、单据、结算、供应商管理等基础业务流程。这些流程都无法单独存在或独立运行。

❸ **技术链接**。技术链接是供应链的技术保障，目前用到的关键技术主要有物联网（包括信息感知、连接、存储、计算、控制等）、移动互联网、无线通信如5G等。

❹ **智能计算**。云计算、大数据、智能优化算法如最优路径规划等。

❺ **决策技术**。最优化理论、博弈论、区块链、人工智能等。

❻ **物流装备**。无人车、无人机、无人艇、无人仓等。

相关知识

（1）供应链的基本构成要素

图6-46为产品生产视角的一类晶圆厂供应链。

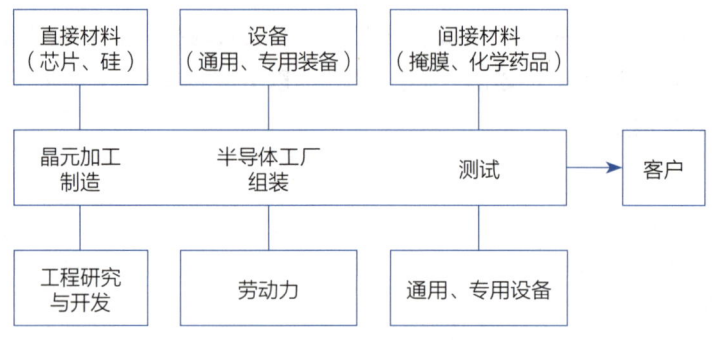

图6-46　晶圆厂的供应链示意图

供应链系统是相互区别又相互关联，并与供应环节发生联系，具有特定目的多个企业或组织、消费者构成的有机整体。图6-47为一种常见的业务关系视角供应链系统。

京东物流

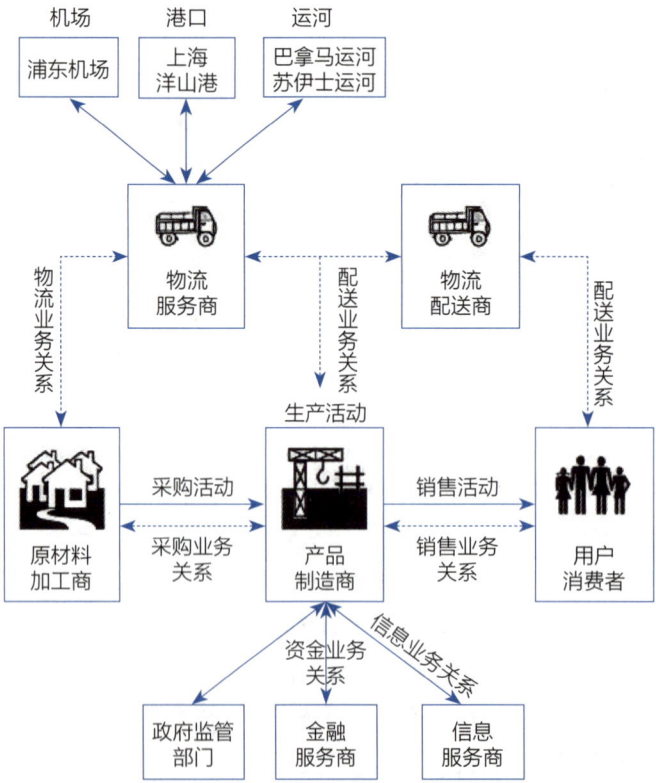

图6-47　业务关系视角的供应链系统

供应链包含讨价还价过程、货物与货币交换过程、所有权转移过程。随着社会分工日益精细，这些过程相对独立为"四流"：

❶ **商流**：如商业模式、商业合同等。
❷ **物流**：如商品运输、储存、配送、装卸、搬运、包装等活动。
❸ **资金流**：如付款方式、付款时间，存钱、借钱，信用、担保等。
❹ **数据流**：如数据采集、存储、传输、分析、挖掘、AI等。

（2）智能供应链架构金字塔

图6-48为应用实践视角的智能供应链架构金字塔。实际工作中，各家企业的智能供应链架构可能各不相同，但是大体相似，包括一个战略架构、多层控制枢纽、一套运营平台、三个驱动平台、一套供应链软硬件基础设施。这个架构被称为智能供应链架构金字塔。就像一个兵器库，有需要的企业可以结合自身的目标方向，有选择地使用。

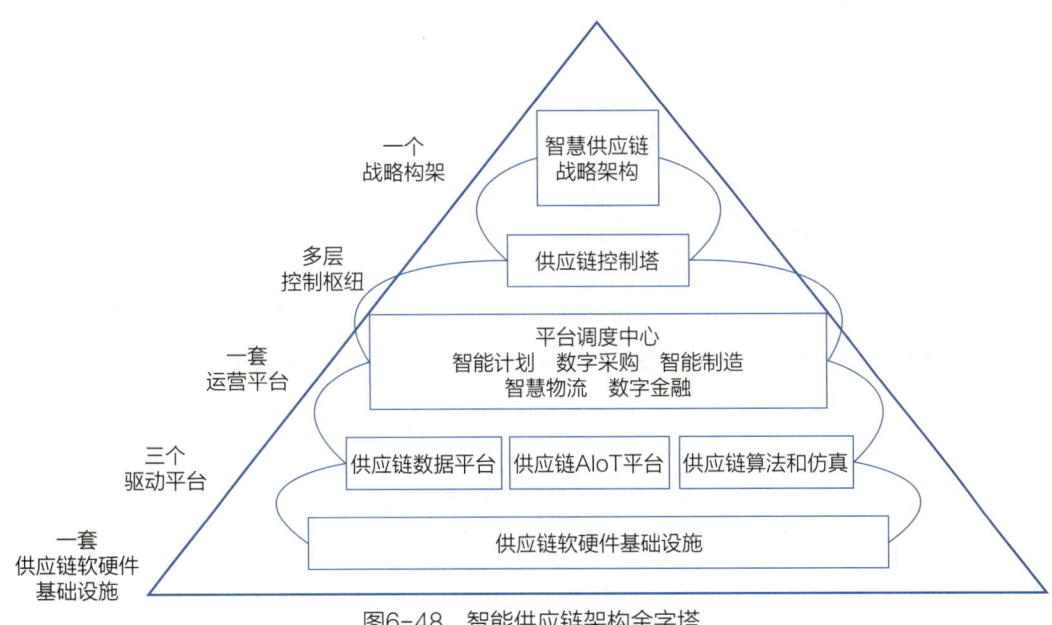

图6-48 智能供应链架构金字塔

（3）智能供应链平台

智能供应链的数据平台、智能物联网（AIoT）平台、算法和仿真平台、控制塔架构图分别如图6-49至图6-52所示。

AI赋能供应链

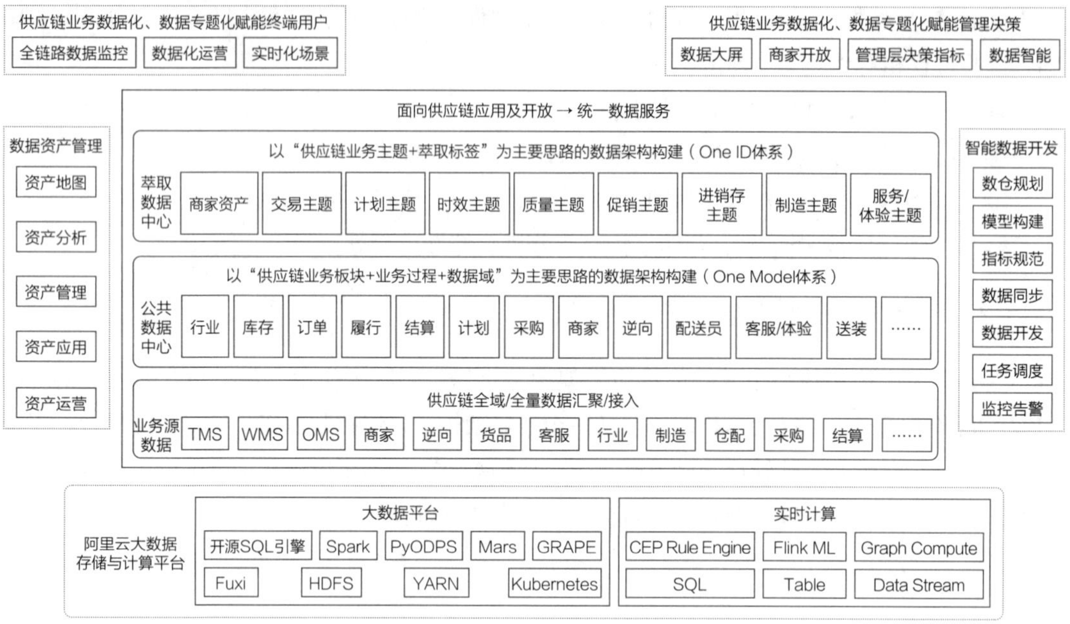

图6-49　供应链数据平台

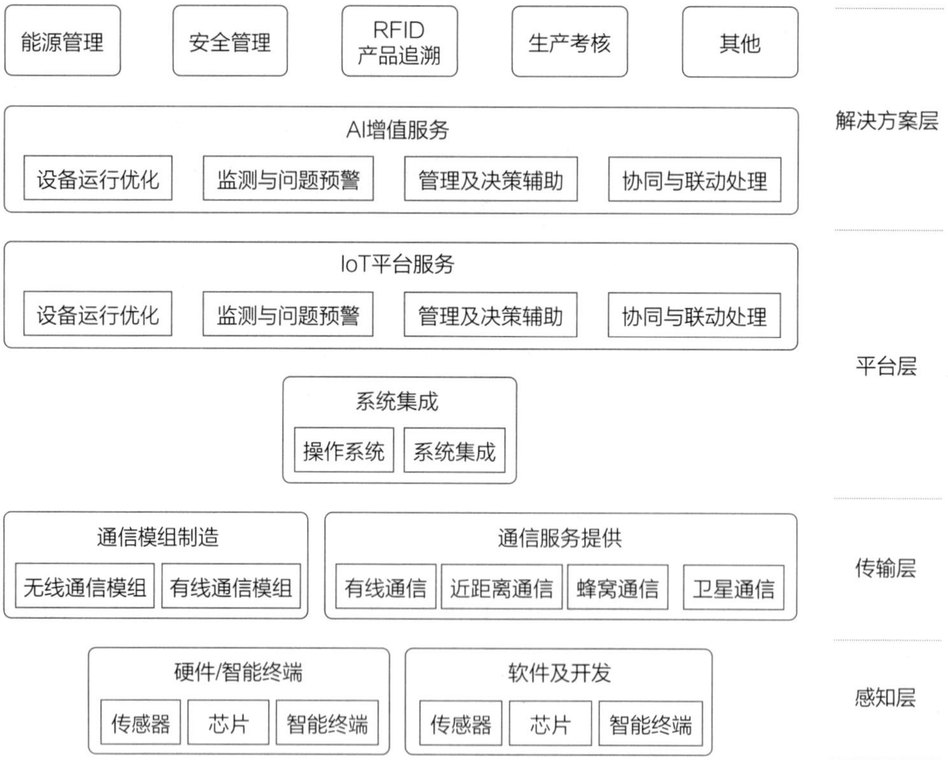

图6-50　供应链AIoT平台

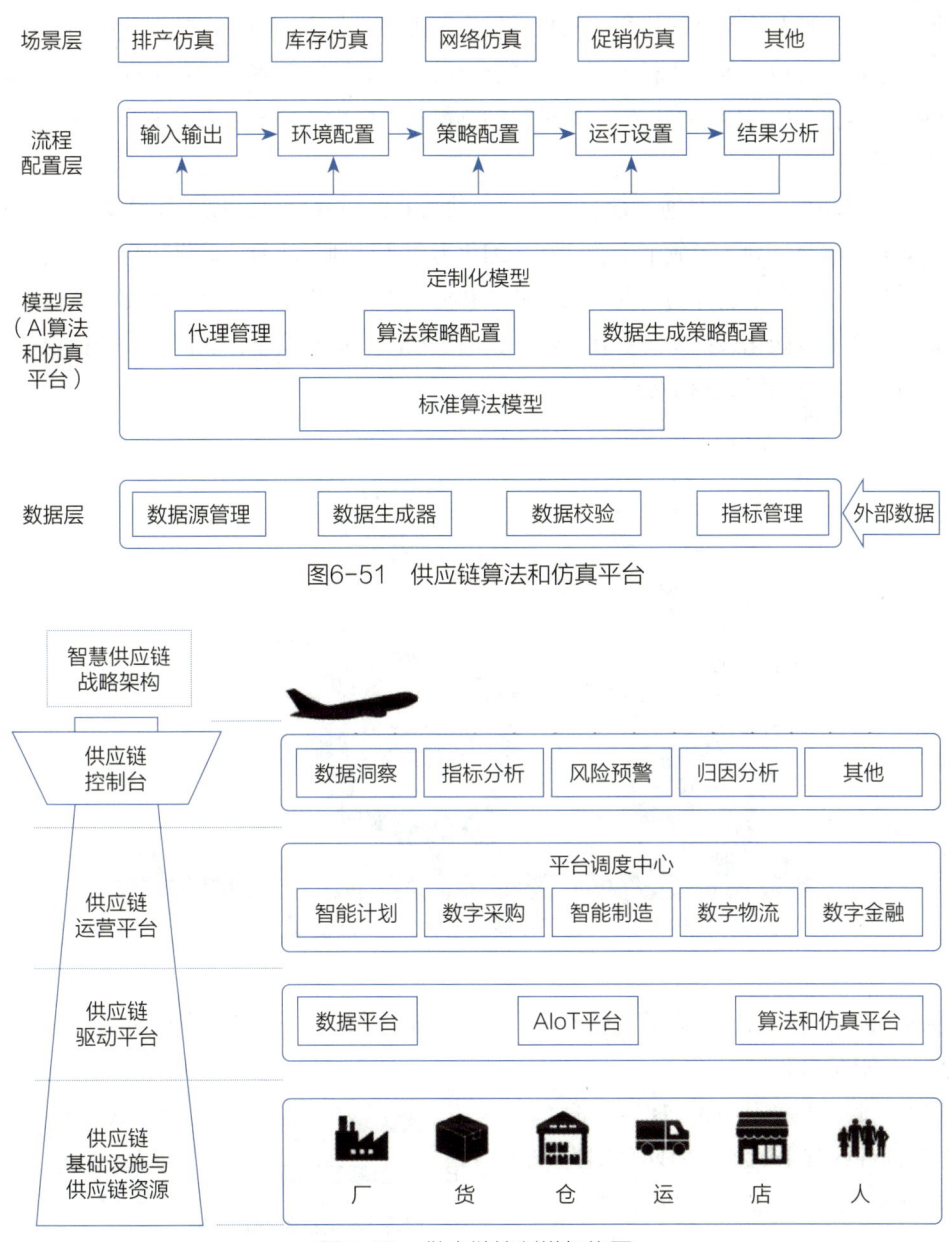

图6-51 供应链算法和仿真平台

图6-52 供应链控制塔架构图

应用案例

案例一：某汽车企业智能化采购与供应商协同到货

智能化采购中，要求所有的流程必须通畅，其运作战略是基于高度认同的一个供应链战略协同下开展，各个部门和环节的KPI指标也是基于供应链战略绩效的协同和分解而来，于是所有的参数和指标都在同一个逻辑下展开，形成数字化的作业单元。由于有了智能供应链协同中心，得以将所有环节"计划—执行—信息—物流"等串联起来，形成端到端的纵向管理体系。同时，由于每个订单、每个物料（产品）都有自己的资源要求，容易导致资源再分配计划。所以，供应链运作部门还需要将不同运作逻辑的物料和订单横向协同起来，最终形成互联互通的供应链体系。

从运作逻辑而言，就是通过信息平台，承载所有的模块联动，以供应链交付计划为驱动力，联动成品物流计划，形成主生产计划、细化为作业计划，从而拉动供应物流计划、物流配套计划以及产线工位配送计划。在不同的环节和模块协同过程中，总是会出现各类执行误差和数据差异，那么智能化系统需要自我反馈、逐渐主动减少运作误差，从而形成"计划—信息—执行"的一致性，如图6-53所示。

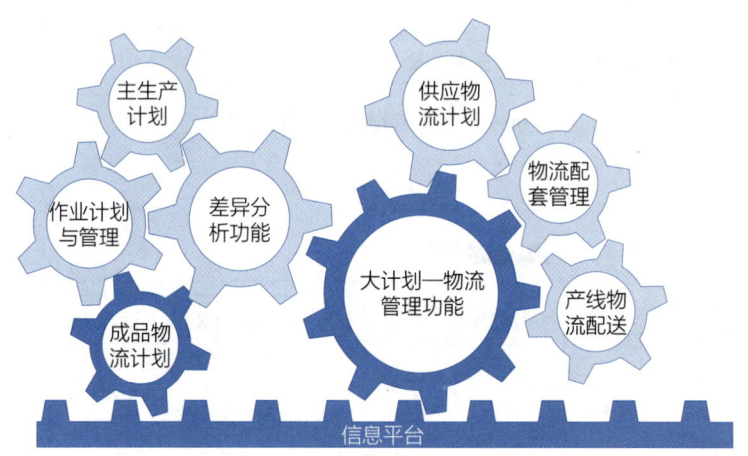

图6-53　计划工作模式与供应链物流逻辑优化

从表现形式上而言，形成了"计划—采购—物流—信息"一体化；其任务的本质不再是保证供应，而是有效供应。

比如，假设某产品有A、B、C、D、E、F六个零部件，其采购到货周期分别为5天、10天、15天、20天、25天、30天。主生产计划在本月1日发出提示，本月30日需要生产某个产品，传统的采购"保证供应"，直接在1日之后就下了订单，供应商也"按照要求"准时交付，能够在约定的交付周期内到货，于是效果如图6-54所示。

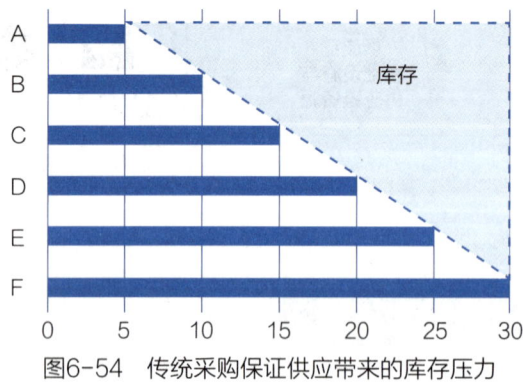

图6-54　传统采购保证供应带来的库存压力

图中阴影区域就是库存，而这个部分通常就直接进了采购方的仓库。此时，采购完全达成了其业务的KPI指标，能够保证生产，而库存压力居高不下，管理成本随之上升。但是，由于利益诉求的不同，买卖双方往往不愿意承担库存成本的压力，加上盘点和信息管理的时间—数量差异，形成了累积误差，于是成了供应链上巨大的瓶颈。

在智能化采购中，通常采用计划倒排模式，形成精益化、数字化采购，以保证采购—到货的有效性，如图6-55所示。

图中所示为主生产计划在本月1日发出提示，而在本月30日正式生产，根据各自不同的交付周期，进行倒排，强调实物齐套，以有效保证生产的安定化。图中阴影部分为相对于传统采购带来的收益。此时不是以采购业务KPI指标为唯一依据，而是协同作业计划、到货计划、实物齐套情况以及可能发生的过程差异（比如考虑质量有效性）进行实时监控和响应，形成"计划—信息—采购—物流—生产"的一体化。

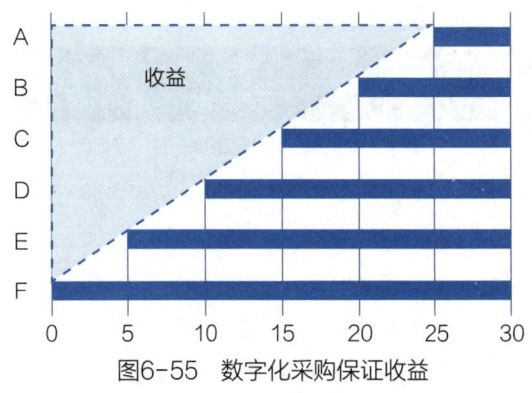

图6-55 数字化采购保证收益

在实际采购业务中，先期的主生产计划发布之后，企业供应链计划协同平台根据各个环节的运营参数进行细分，排布详细的作业计划（包含制造作业计划、配套作业计划和物流作业计划），然后进行人工或者自动化作业，过程中追踪差异和变数。表6-4是某典型企业数字化采购详细作业计划。

表6-4 某企业数字化采购作业计划倒排表

序号	作业名称	作业开始时间	作业结束时间	所需时间/min	完成日期	备注
1	第三批物料生产	16:00	18:00	120	2018-01-24	相应时间配送
2	第二批物料生产	14:00	16:00	120	2018-01-24	相应时间配送
3	第一批物料生产	11:00	14:00	120	2018-01-24	扣除午餐时间12:00—13:00
4	换模时间	10:00	11:00	60	2018-01-24	耗用60分钟时间
5	放置到工位	9:55	10:00	5	2018-01-24	换回V73产品生产后的空箱
6	配送在途	9:50	9:55	5	2018-01-24	
7	装车组车	9:45	9:50	5	2018-01-24	
8	拣选出货	9:05	9:45	40	2018-01-24	含计量时间
9	SPS暂存	8:50	9:05	15	2018-01-24	
10	仓库分拣	16:30	17:30	60	2018-01-24	含拣货、计量、搬运物料时间
11	指令打印	16:20	16:30	10	2018-01-23	
12	计划分拆	15:20	16:20	60	2018-01-23	
13	生产作业计划	5:02之前			2018-01-23	
14	仓库存储			2天	2018-01-21	存储时间，通常为1~3天
15	拆箱分装	15:30		120	2018-01-21	
16	入库办理	15:00		30	2018-01-21	
17	检验待判			7天		检验待判暂存时间14日—21日

续表

序号	作业名称	作业开始时间	作业结束时间	所需时间/min	完成日期	备注
18	预装到位	16:30	17:30	60	2018-01-14	
19	卸货搬运	16:00	16:30	30	2018-01-14	
20	供应商到车停车	15:45	16:00	15	2018-01-14	
21	供应商运输在途	13:45	15:45	120	2018-01-14	
22	供应商搬运装车	13:15	13:45	30	2018-01-14	
23	供应商出库处理	11:30	12:00	30	2018-01-14	扣除午餐、午休时间
24	供应商拣货装卸	9:30	11:30	120	2018-01-14	含包装、计量时间
25	供应商打印指令	9:00	9:30	30	2018-01-14	
26	供应商存储			2天	2018-01-12	
27	供应商生产			1天	2018-01-11	

表6-4所示为某物料执行数字化采购以支持精益生产的作业计划倒排表,从上往下为计划的倒排逻辑,从下往上为实际采购及入厂物流运作过程(虚框区域为采购业务与入厂作业计划)。

在通常的运作中,各个环节通过扫描条码或者RFID感应进行过程数据的收集,以实时形成计划达成率(采购计划达成率、供应方到货计划达成率、入厂物流计划达成率等),如果该过程中出现运营规则和计划要求的标准之外的偏差和变数,系统将自动抓取该数据,进行实时分析和应急。

案例二: 智能供应链系统在制造企业的实施

智能供应链需要通过对计划、采购、仓储物流、生产作业四大关键业务环节的管控,实时掌握进度、监控过程异常,包括对整个异常处理的全过程控制,更好地实现问题的事前预防和事中控制,实现各业务部门的协同性,帮助企业落地PDCA管理循环和持续优化提升,以支持打造数字化、可视化、信息化、智能化工厂。

为了提升交货准确率和缩短交付周期,势必需要提高供应商到货准时准点、提高物料配套率,同时减少供应链过程中的效率浪费,提高人均产出效率和现场办公效率,从而提升物料周转率。为此,需要构建八个数字化的作业体系,即生产计划和物流计划的联动体系、供应商到货管理体系、物流运行过程的监控机制、物流运行关键物流指标、优化数据手工统计工作量和作业逻辑、信息及时采集和传递并可视化看板自动显示、计划和实际运行的目标偏差管理、异常和风险预警机制。而构建智能供应链,便是从建立八个数字化作业体系入手,逐步达到缩短交货期和提升交货准确率。上述要求的具体逻辑如图6-56所示。

梳理清楚数字化逻辑之后,有利于将计划、采购、生产和物流的全过程信息有效联动起来,同时将过程中的异常信息进行预警或及时展示。如此,能够将当前事后的管理提升为及时管理和预先控制,并且可以进行及时的监控。参考模型如图6-57所示。

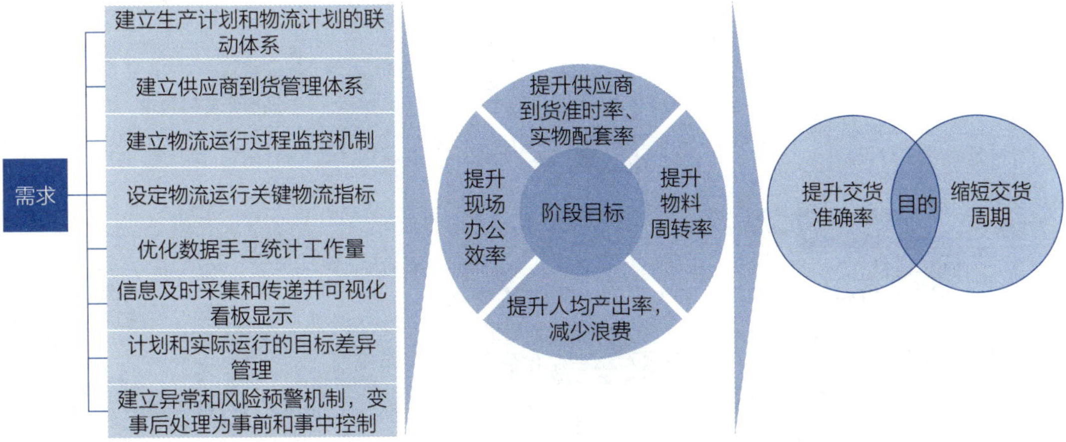

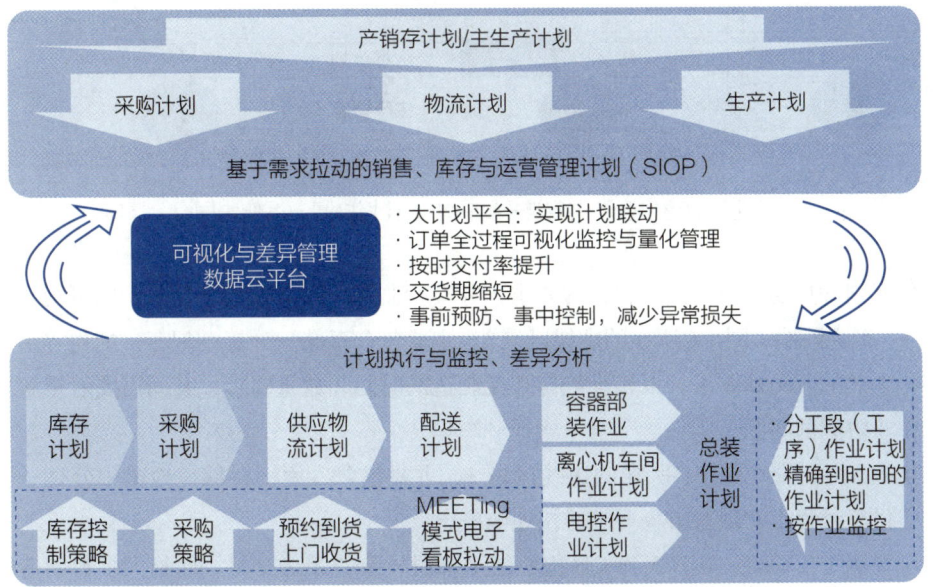

图6-56　供应链数字化、智能化提升的一般逻辑

图6-57　数智化、智能化供应链过程数据偏差管理参考模型

通过建立数字化、智能化供应链模型，重新梳理供应链运营流程，针对关键环节、工艺或工序进行标准化、有效化、可视化管理，以拉通制造工厂的价值链。于是，供应链上不同环节的关系处理不再是传统的凭经验和感觉模式，或者单独决策模式，而是系统化决策，如图6-58所示。

信息平台必然遵从于业务逻辑，在通常情况下，管理者看到的仅仅是运作界面。但是，在智能供应链演变中，逐渐地变为数据逻辑的引领。

如图6-58所示，假设将企业供应链运作划分为A、B、C、D四个模块：

A为采购业务端（图中A所在的虚线区域）。主要包含供应商的采购—生产—交付等过程，解决自动寻源、根据供应商基础数据实现自动下单、自动提示供应商交付要求。

B为入场物流端（图中B所在的虚线区域）。主要包含装车—运输—收货—检验—入库等过

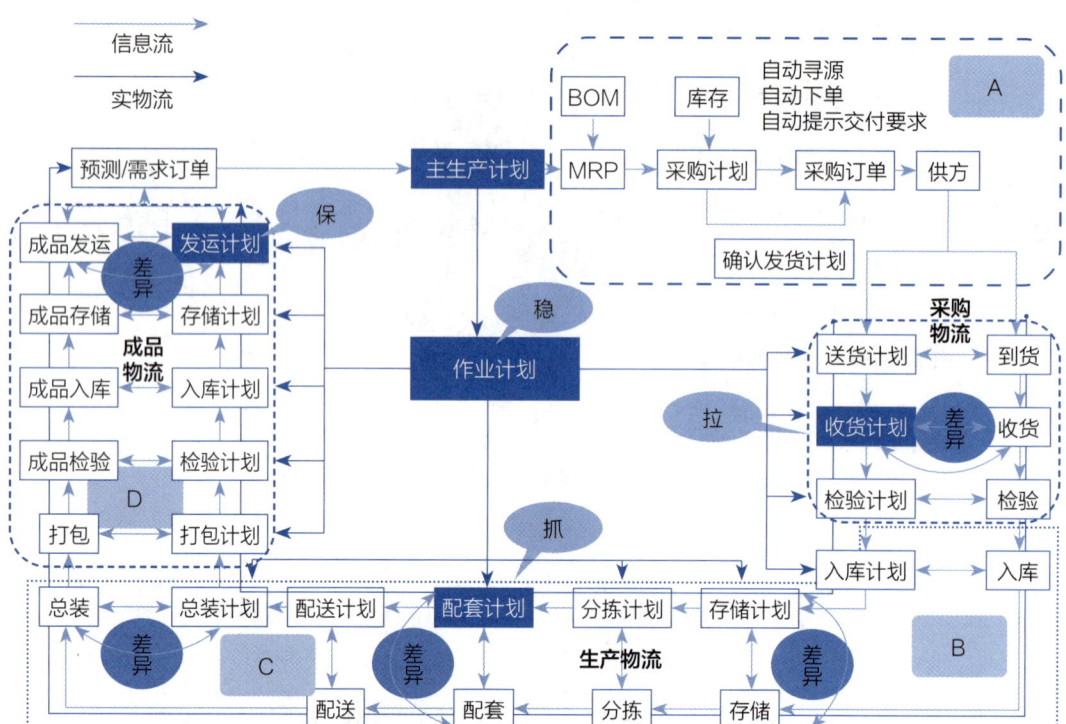

图6-58 智能供应链采购需求—计划协同—运作协同

程,解决规划和计划供应商的交付过程要求,并实行监督,以实现数字化采购的可视化。

C为生产协同端(图中C所在的虚线区域)。主要包含存储—分拣—配套—配送等过程,解决数字化生产的流动性要求,以精准响应智能制造的时间和数量要求,其间需要着重解决工位配送和作业协同的问题。

D为成品交付端(图中D所在的虚线区域)。主要包含入库—存储—检验—分拣—装车—运输—交付等过程,实现对市场要求的快速响应。

对于智能工厂而言,生产环节C最担心停工待料导致的无法交付。而绝大多数制造停产都主要是采购业务A和入厂物流B的原因,容易导致"巧妇难为无米之炊"窘境,所以装配型制造企业,尤其是汽车、家电、电子、重工机械、家居行业,一般都将A、B、C环节的数字化作为供应链智能交付体系的先决要素。制造业普遍认为,精益(智能)生产必须以精益(智能)物流作为前提。

对于供应商而言,上述全价值链必须实现OTD(订单到交付),以让采购方实现实时监控和运作管理,从而保证采购方的无忧生产和智能制造。此时,相对于采购方,环节D将更加成为供应双方关注的焦点。但是,必须保证全价值链的有效性,才能够保证交付承诺的兑现。如此,方能形成价值链的一体化拉通和标准化运行,如图6-59所示。

将各个要素协同起来,形成企业内部物联网(外部对接互联网),将人、机、料、法、环互联互通起来。通过供应链智能协同系统指挥和运营起来,解决"横向+纵向"的资源协同(图6-60、图6-61)和信息联通。从而形成智能工厂从供应链策略到监控和执行三个层次的系统性联动,如图6-61所示。

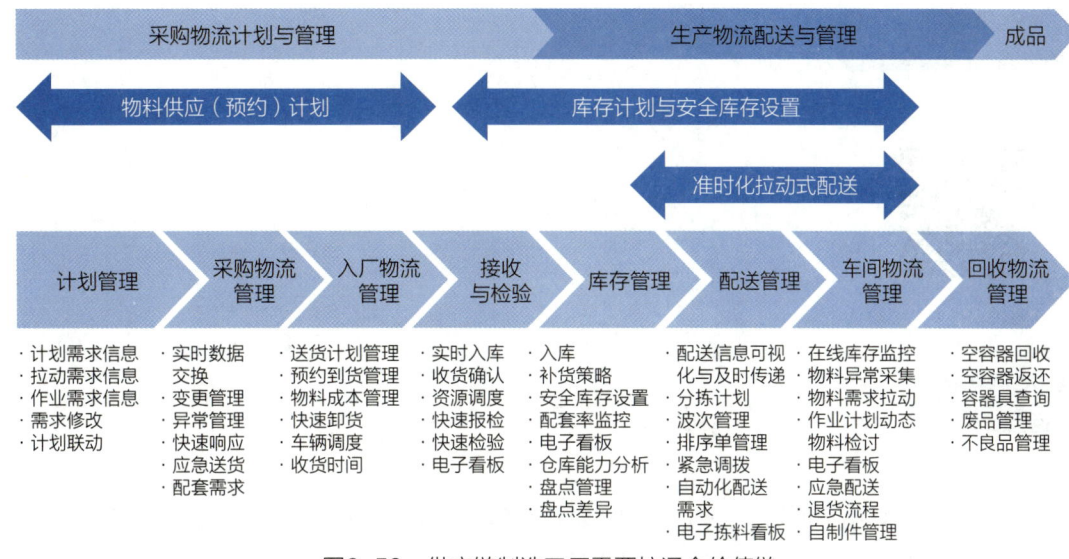

图6-59　供应链制造工厂需要拉通全价值链

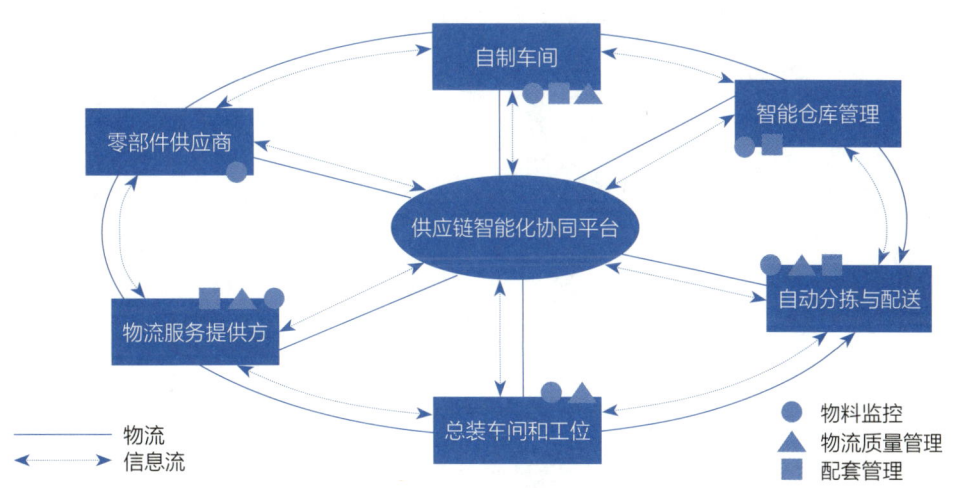

图6-60　供应链全流程的要素管理与联动

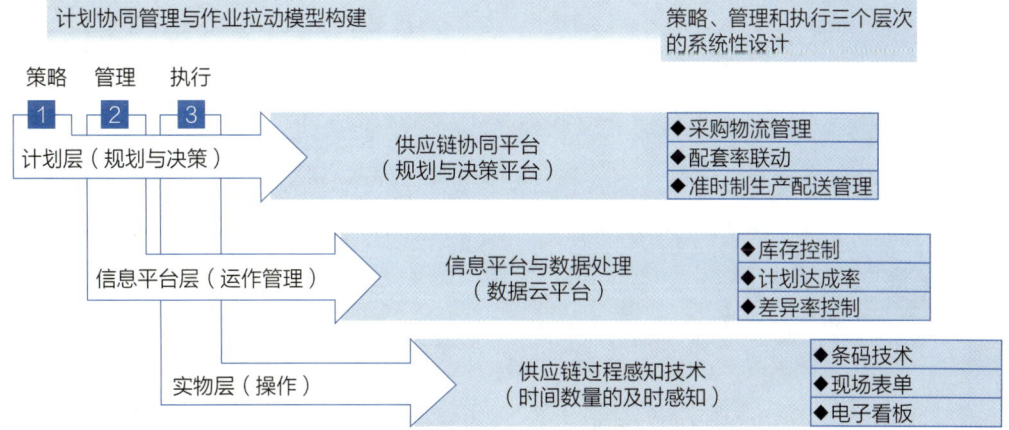

图6-61　供应链策略、监控和执行的系统联动

评价

学生完成智能制造供应链场景的学习,可以根据学习情况进行自我评价和教师评价,作为评判平时成绩的依据之一。学习评价记录表见附录2。

场景 6.4 智能制造运营管理

智能管理正逐步在企业管理中发挥应有的作用,智能管理强调人、机、料、法、环、测的高效整合。在工业互联网技术支撑下,将远程终端生产设备通过传感系统进行物物互联,并通过互联网将客户、服务提供商及供应商集成在一起,使用维修服务知识库、数据库和专家系统,构建在线服务体系,提供远程监测、诊断等在线、及时、周到的高质量服务。

场景描述

某现代化生产企业在包装车间对半成品进行包装,整条产线由上料工位→检测工位→塑封工位→烘干工位→包装工位→贴标工位→检测工位→下料工位组成,基本生成工序与系统交互过程为半成品从其他车间加工之后,通过AGV运输到生产车间仓库,由人工手持PDA扫描半成品二维码进行收货,收货数据录入WMS系统,WMS系统录入原材料数据结束之后,将数据同步ERP系统。ERP根据销售订单进行发货,当成品(包装好的半成品)库存数量不足时,ERP系统下发生产订单给MES系统,MES系统将生产订单拆分为生产工单,MES系统根据生产订单的紧急程度进行排程、紧急插单。MES系统排程完成后,将生产工单下发至WCS系统进行生产,WCS系统首先检查是否具备生产条件,然后将取料任务下发给WMS系统,AGV取料运输到产线上料工位开始生产任务,由机器人将原材料在检测工位进行程序下载,测试原材料功能是否合格,如果不合格则NG下料,合格品则由机器人放到流水线进行塑封,塑封之后,进行烘干,烘干后的原材料由包装机进行包装、贴标,然后进行视觉检测——检测包装是否破损、贴标是否合格、正负公差小于或等于5 mm、标签是否有污损。包装好的合格品进行下料,WCS系统通知WMS系统生产完成,WMS调度AGV进行取料,运输到立体仓位,由CTU进行成品存放。WMS系统上报入库数量给ERP系统进行发货。

关键技术

智能制造运营管理的关键技术是推动制造业实现"智改数转"的核心力量。这些技术通过提高生产效率、降低成本、增强灵活性和可靠性，为制造业带来了显著的优势。智能制造运营管理中涉及的关键技术如下。

（1）工厂智能管理技术

工厂管理技术涉及整个生产过程的智能化管理，包括智能设计、智能生产、智能物流等。智能化的工厂管理有如下作用：

❶ 实现生产数据的贯通化和制造柔性化。
❷ 提升管理智能化水平，优化生产流程。
❸ 通过智能物流系统实现物料的精准配送和最优库存管理。

可以预见，工厂智能管理技术将向更高层次的自主运转发展，实现基于持续数据流分析的完全自主运行。例如，基于消费者需求预测数据自动调整生产规模。

（2）智能服务技术

智能服务技术包括大规模个性化定制、运维服务、网络协同制造等。例如，通过网络协同制造平台实现跨地域的生产协同。其有如下作用：

❶ 提供更加灵活和个性化的服务。
❷ 通过运维服务实现设备的远程监控和故障预测。
❸ 网络协同制造提高生产效率和资源利用率。

未来，智能服务将更加智能化和自动化，提供更加精准和高效的服务。例如，利用人工智能技术实现故障的自动诊断和处理。

（3）智能赋能技术

智能赋能技术使得制造企业更加集成化和平台化，形成支持智能制造的综合技术体系，构建基于云平台的智能制造生态系统，实现资源的最优配置和利用。智能赋能技术包括人工智能、工业大数据、工业云、边缘计算、数字孪生和区块链等。这些技术在智能化工厂实现过程中直接起到底层支持作用：

❶ 提高生产过程的智能化水平，实现数据驱动的决策。
❷ 通过工业云和边缘计算提高数据处理的效率和实时性。
❸ 数字孪生技术用于生产过程的仿真和优化。

（4）工业互联网技术

工业互联网技术包括工业无线网络、工业有线网络、工业网络融合和工业网络资源管理等。例如，5G技术用于实现工厂内部的高速数据传输和低延迟通信。工业互联网技术具有如下用途：

❶ 提高工厂内部通信的可靠性和实时性。
❷ 通过网络融合实现不同系统和设备的互联互通。
❸ 优化网络资源管理，提高网络的效率和安全性。

相关知识

（1）制造运营管理

制造运营管理（Manufacturing Operation Management，MOM）通过协调管理企业的人员、设备、物料和能源等资源，把原材料或零件转化为产品的活动。它包含管理那些由物理设备、人和信息系统来执行的行为，并涵盖了管理有关调度、产能、产品定义、历史信息、生产装置信息，以及与相关的资源状况信息的活动。

MOM

MOM平台是制造系统的大脑，负责计划的制订、所有产线/设备的联网，包含生产、质量把控、仓储、物流、包装等资源和相关活动的计划排程和动态调度，确保生产资源的自动优化和高效利用。

MOM能够更多地替代人的脑力劳动，更多地关注制造系统整体的优化。MOM并不替代传统的PLM（产品生命周期管理）、ERP（企业资源计划）、IIoT（工业物联网）系统，而是与PLM、ERP、IIoT是互补的关系。图6-62展示了MOM与PLM、ERP、IIoT系统之间的关系，并展示了部分智能化支撑手段的业务场景。

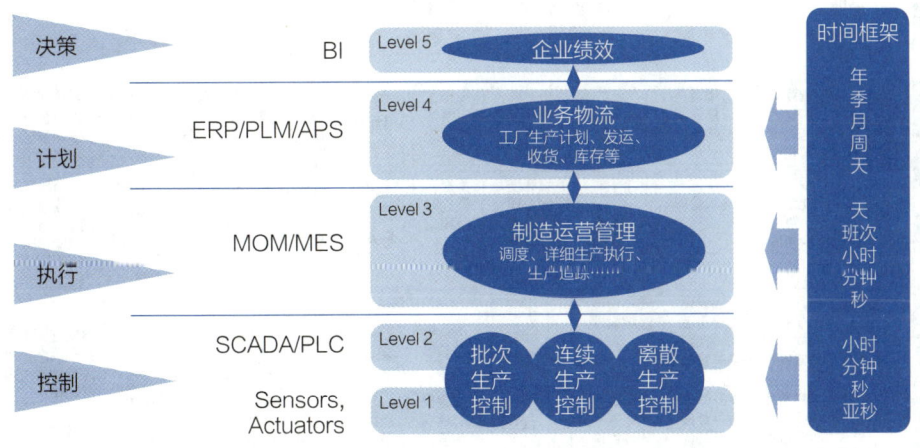

图6-62 MOM与PLM、ERP、IIoT之间的关系

MOM将维护运营管理、质量运营管理和库存运营管理与生产运行联系起来，并详细定义了各类运营管理的功能及各功能模块之间的相互关系，在下游行业的实际应用中，以整体解决方案的方式，对客户的具体需求具有更强的针对性和有效性。图6-63展示了MOM范围边界。

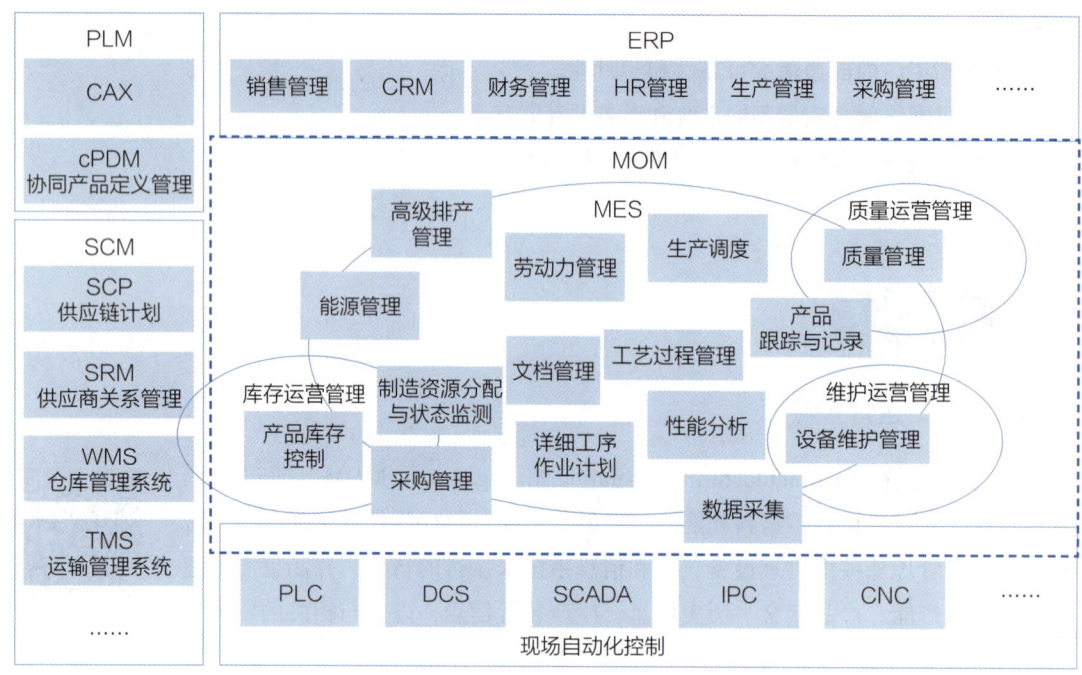

图6-63 MOM范围边界（虚框区域）

为了更好地实现MOM的高效协同，需要一体化平台的MOM系统，基于统一的底层技术平台，可选配的业务模块、单一的数据源、统一的开发运维平台，减少系统集成和接口的数量。MOM平台通常提供生产排程、生产执行、仓库管理、物流执行、质量控制、设备管理、采购协同、能源环境管理、工业物联等功能。基于单一数据源的一体化MOM平台如图6-64所示。

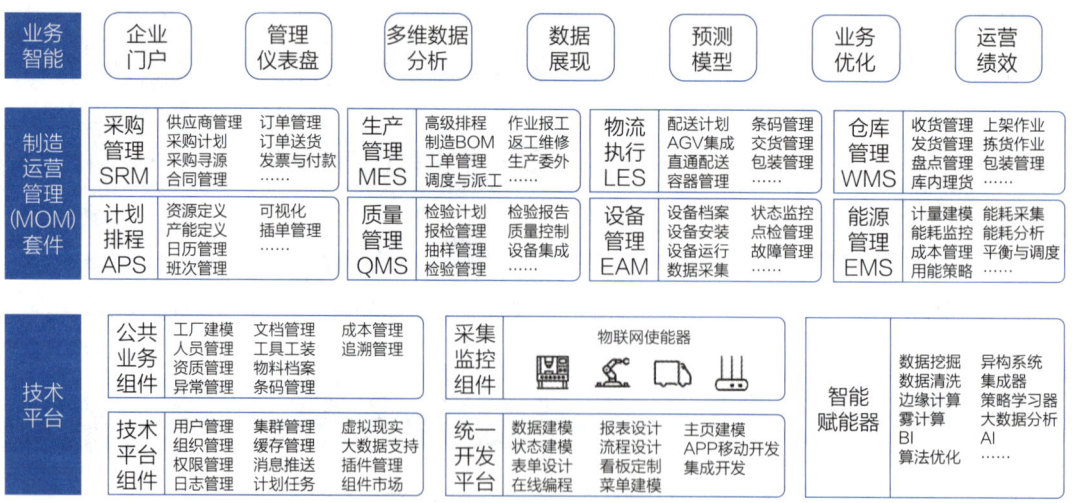

图6-64 基于单一数据源的一体化MOM平台

（2）制造执行系统

美国先进制造研究机构将制造执行系统（MES）定义为："位于上层的计划管理系统与底

层的工业控制之间的面向车间层的管理信息系统。"它为操作人员/管理人员提供计划的执行、跟踪以及所有资源（人、设备、物料、客户需求等）的当前状态，重点解决车间生产和调度问题，如图6-65所示。

MES弥合了企业计划层和生产车间过程控制层之间的间隔，是制造过程信息集成的纽带。

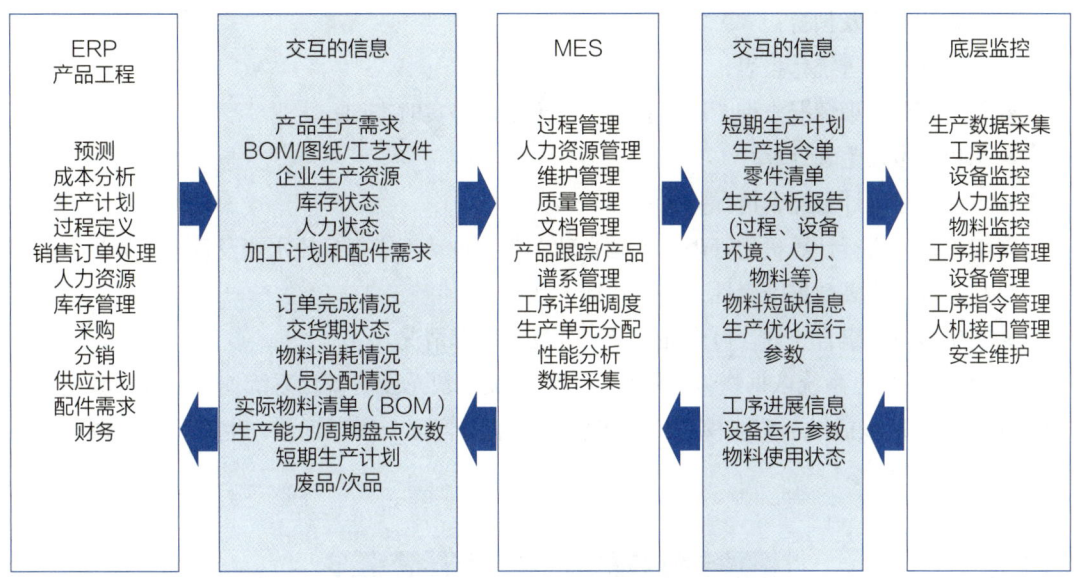

图6-65　MES在企业运营管理中的功能定位

（3）企业资源计划

企业资源计划（ERP）是指建立在信息技术基础上，以系统化的管理思想，为企业决策层及员工提供决策运行手段的管理平台。

ERP是一种主要面向企业进行物资资源、资金资源和信息资源集成一体化管理的企业管理软件系统。应用ERP管理系统可实现企业的信息化管理，进一步提高业务管理水平，实现行政管理、生产、销售、采购、库房管理、售后等计算机综合管理系统，在一个统一的平台下，实现数据的互联互通。

❶ 实现目标。

- 可以快捷及时查询当前企业全局经营信息；
- 可以对各下属部门、机构业务进行实时管理与监控；
- 通过各类统计分析报表对公司生产经营状况进行全面分析，辅助决策；
- 可以提高公司形象及辅助管理，使管理更上一个层次；
- 实现销售计划制订、执行情况监督；
- 实现供应商信息管理（基本信息、购买记录等）及信用控制；
- 实现对生产订单的自动分解；
- 实现客户的售前售后等技术支持；
- 根据生产订单和仓库情况，生成物料需求计划；

- 对生产过程进行控制跟踪;
- 加强对市场动态的实时跟踪;
- 业务员成绩考核(统计分析);
- 合同(订单)管理及预警管理;
- 销售报价管理;
- 应收款管理及预警;
- 及时查询销售统计报表;
- 销售订单详细情况查询、库存查询、生产信息等实时查询;
- 销售成本及毛利计算;
- 产品销售统计及经营情况分析;
- 对出入库进行计算机化管理,电脑自动制单,自动生成每日流水账及日报,减少人员工作强度,提高数据准确性,查阅快捷方便;
- 提供多条件组合查询,可全面、及时地反映库存情况。

❷ **功能模块。**系统依据物流、资金流、信息流三块总线将模块系统连接形成一套完整的企业管理系统,包括以下功能模块:销售管理、采购管理、库存管理、生产管理、数据中心等,如图6-66所示。

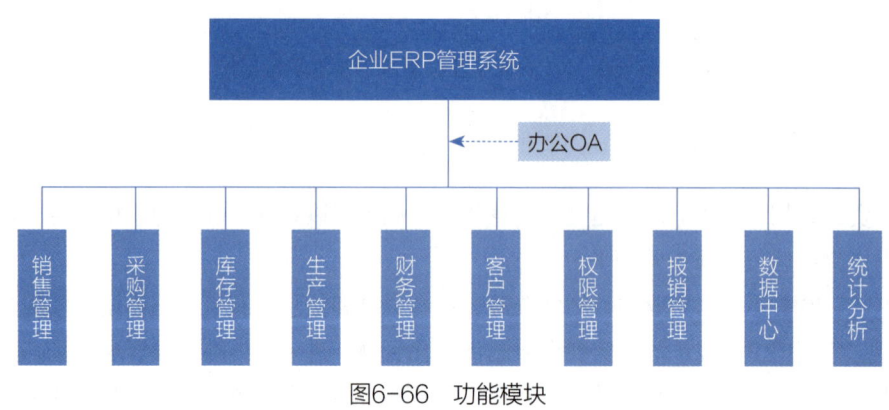

图6-66 功能模块

以上功能模块中,库存管理和财务管理是管理核心模块。下面以库存管理为例:

在企业里,存货的管理是十分重要的。因为如果管理不好的话,可能会给企业造成巨大的损失,如会因原材料不足而停工待料,会因成品库存不足而无法销售,会因原材料成本过高引起产品成本过高而造成亏损等。使用进销存系统,可以加强对存货以及购、销业务的管理,并有效地解决上述问题。按照事务的不同类型全程跟踪企业内部物料转移过程,处理企业内部的物料移动的各种业务。

- 对物料提供分类分级管理模式,使企业的物料管理层次分明、井然有序,可对原料、办公用品等进行分类管理。可按不同条件查寻物料;生产领料、采购入库时可显示库存信息;
- 系统提供库存预报警功能,用以指导企业的采购和生产,使企业能够利用有限的人力对仓库物料抓住重点、高效管理；
- 实现合理控制库存，加快资金周转，降低采购成本，合理配置企业资源；
- 根据不同的收发类别和不同的业务类型和不同供应商分别进行汇总；
- 可实现对库存损耗率进行控制及预警。

（4）仓储管理系统

仓储管理系统（Warehouse Management System，WMS）是一种强大的工具，可帮助用户优化仓储和物流操作。它涵盖了仓库的各个方面，包括货物管理、库存控制、入库和出库管理、仓库布局优化、周期性盘点、运输管理以及报告和分析等功能。通过使用WMS系统，用户可以提高工作效率、降低成本、减少错误和损失，并实时监控和跟踪货物的位置和状态。

现代化智慧WMS是一种集成化的软件平台，设计用于管理和控制仓库运营中的所有关键功能，包括库存管理、订单处理、入库和出库操作、仓储布局优化等。它通过数据分析和自动化技术提高仓储操作的效率和准确性，帮助企业降低成本、提高客户满意度并增强供应链的整体效能。其典型的业务框图、系统组成和功能框图分别如图6-67至图6-69所示。

❶ **物料初始化**：供应商或车间来料后，仓库管理员根据物料检验结果使用发卡器对等待入库的物料进行初始化，将卡编号与物料号对应信息记录至物料表中，并将射频卡附着在物料上。

❷ **入库处理**：物料入库时，安装在入口处的阅读器读取射频卡中的物料号，并将入库单号与卡进行绑定，将物料号、货位号、数量等信息记录至入库明细表及库存表中，物料状态设为"入库"，完成入库过程。

❸ **出库处理**：物料出库时，安装在出口处的阅读器读取射频卡中的物料号，并将出库单

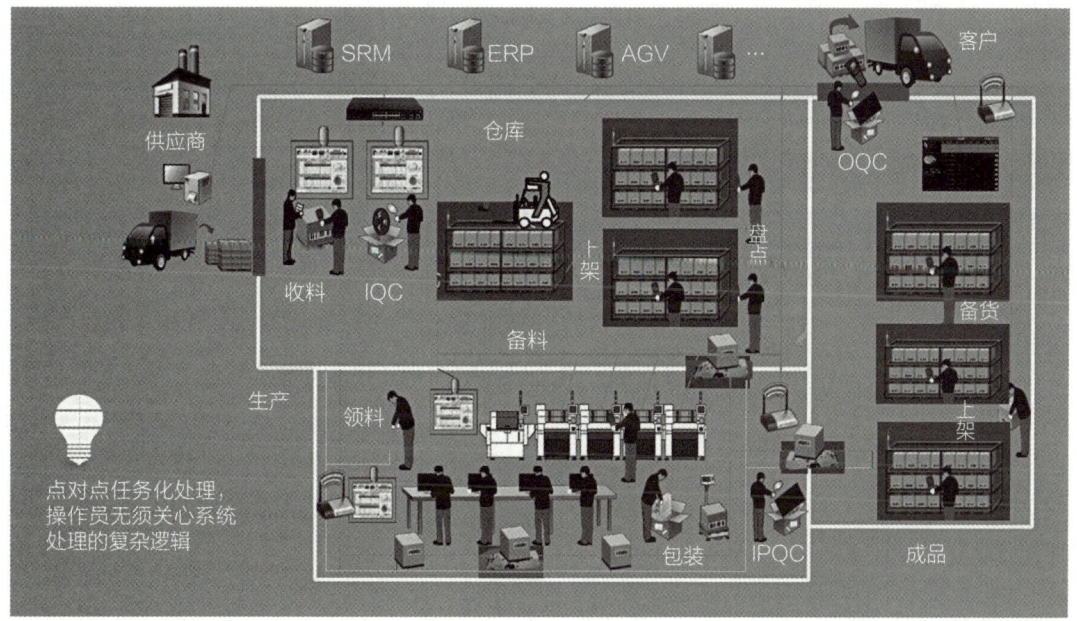

图6-67 业务框图

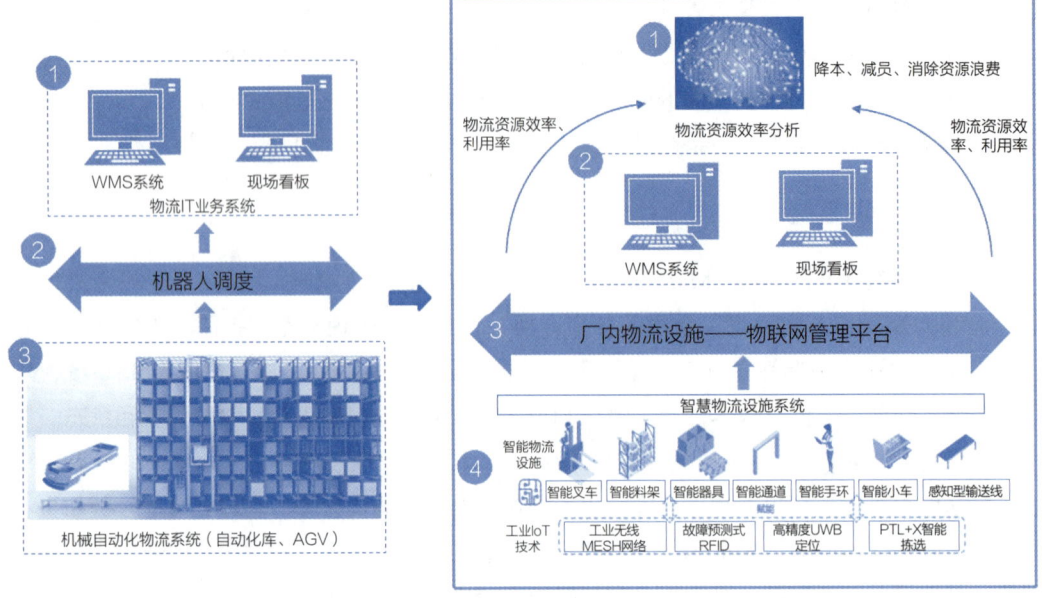

图6-68 系统组成

原材料入库	采购订单收货	计划协议收货	公司转储收货	直送件收货	外协收货	生产退料
原材料出库	订单配料	成本中心领料	看板发料	直送件发料	收货退货	报废
成品入库	报工收货		半成品暂存		调拨入库	销售退货
成品出库	寄售出库		调拨出库		返修改制	保养报废
库内作业	上架下架		移仓移库	盘点	冻结解冻	翻包
交接管理	交货单	捡配单	转储单	物料标签	箱贴	客户标记
附加作业		称重		复核		装箱清单
任务管理	任务推荐	任务分发		任务寻路	任务监控	任务预警
报表看板	进销存报表		任务看板		业务KPI统计	业务KPI分析

图6-69 功能框图

号与卡进行绑定,将物料号、数量等信息记录至出库明细表,更新库存表,物料状态设为"出库",完成出库过程。

❹ **库存盘点**:每隔一定时间,员工就会启动安装在仓库各个货架上RFID设备,对每个货位实际物料进行清点,统计各物料实际数量,与库中的库存量进行比对,产生物料盘点表,为补货及缺货登记服务。

❺ **查询与统计**:按照查询统计条件对入库、出库、库存、盘点等信息进行查询与统计,为制订需求计划服务。

（5）产品生命周期管理

产品生命周期管理（PLM）是一种理念，即对产品从创建到使用，到最终报废等全生命周期的产品数据信息进行管理的理念。在PLM理念产生之前，PDM主要是针对产品研发过程的数据和过程的管理。而在PLM理念之下，PDM的概念得到延伸，成为cPDM，即基于协同的PDM，可以实现研发部门、企业各相关部门，甚至企业间对产品数据的协同应用。软件厂商推出的PLM软件是PLM第三个层次的概念。这些软件部分地覆盖了CIMDATA定义中cPDM应包含的功能，即不仅针对研发过程中的产品数据进行管理，同时也包括产品数据在生产、营销、采购、服务、维修等部门的应用。

现在的PLM系统不仅可以按照产品结构来存储数据，也可以用更多的数据形式来描述企业的运营管理流程。

优秀的PLM系统的使用目标是为整个公司各个部门建立一个集成的数据模型，然后将所有的产品相关和流程相关的数据存储到这个数据模型中。例如，用户在CAD软件中完成产品设计后，CAD系统便将数据体和元数据归类存入数据模型中。企业的流程信息也会存入数据模型中。因此，优秀的PLM平台需要强大的数据库作为后台，来保障数据的实时性和一致性。目前，市场上研发的PLM系统可以分为三个类型，具体如表6-5所示。

表6-5 PLM的主要分类

维度	以CAD为中心	以PDM为中心	以ERP为核心
厂商	Siemens、达索、PTC	北京艾克斯特、上海思普、浙大联科、武汉开目	国内的用友、金蝶，国外如Oracle、SAP
行业分布	离散制造行业，尤其是机械制造业	国内特有	项目制企业或者石化企业
核心	产品研发过程数据	数据管理	企业经营能力

❶ **以CAD为中心**。此模式的PLM通过三维CAD软件实现产品数据化，实现产品生命周期的数据共有。三维CAD软件本身具有高效的设计效率和可视化的界面，通过PLM平台能够实现设计者的共同作业。在实际业务中，企业可能存在多种3D设计软件或者同一软件不同版本的情况，这就导致了数据的不一致性和不准确性；三维CAD数据非常庞大，如果发生工程变更，尤其在产品研发阶段，设计内容不断地变更，这会极大地影响网络传输速度和PLM响应速度，引起制造工程信息的混乱甚至PLM系统的崩溃。为了解决这个矛盾，PLM把图纸状态分成了"Work in数据"和"共有数据"2种，并且在"共有数据"阶段，实现了3D轻量化模型的功能。

❷ **以PDM为中心**。通过PDM管理设计成果（图纸、设计手册、零部件属性等）建立面向产品研发业务的PLM系统。PDM最初是用来解决"信息孤岛"问题，实现设计效率化。此模式PLM的核心是PDM功能，通常以BOM为中心进行产品管理。需要注意的是，PDM业务关注研发设计共享，而PLM关注的是以产品为轴的各业务之间的信息传递。由于理解上的偏差，导致PLM项目失败的案例很多，导入PLM系统不是单纯的软件问题，更涉及各个相关业

务部门。要想充分发挥PDM系统功能，一是需要建立标准化、模块化的产品结构；二是推动"图纸借用"制度。而要充分发挥PLM系统功能，需要建立能够正确顺畅传递产品信息的模式，现在可行的办法是对BOM进行统一化管理，也就是需要建立统合BOM主数据。

❸ **以ERP为核心。**此模式的PLM的关注点是企业经营能力，通过实现经营信息的可视化，把客户需求的产品信息与企业的经营战略结合起来。ERP着眼于企业的管理能力，是以财务系统为中心的信息化系统。信息收集的范围涉及生产管理、销售管理、采购管理等，是企业的基础系统。结合PLM系统后，管理层能够对产品开发相关的资源进行项目管理，并使企业系统（生产管理、销售管理、采购管理等）具有柔性，在很多项目制企业或者石化企业中，都采用以ERP为核心的PLM。

应用案例

案例一：自动化柔性智能工厂MOM系统的开发

如图6-70所示，建设智能工厂需要同时考虑自动化、精益化和信息化，三者缺一不可，只有三者互相支撑、融合提升，才能真正实现数字化转型和智能化升级，从而成为领先的精益智能工厂。

❶ 自动化通常要先行，更多地替代体力劳动，更多地关注局部优化的实现。
❷ 精益化既是信息化的基础也是目标，需要同时关注局部优化和全局优化。
❸ 信息化更多是替代脑力劳动，更多地关注全局优化的实现。

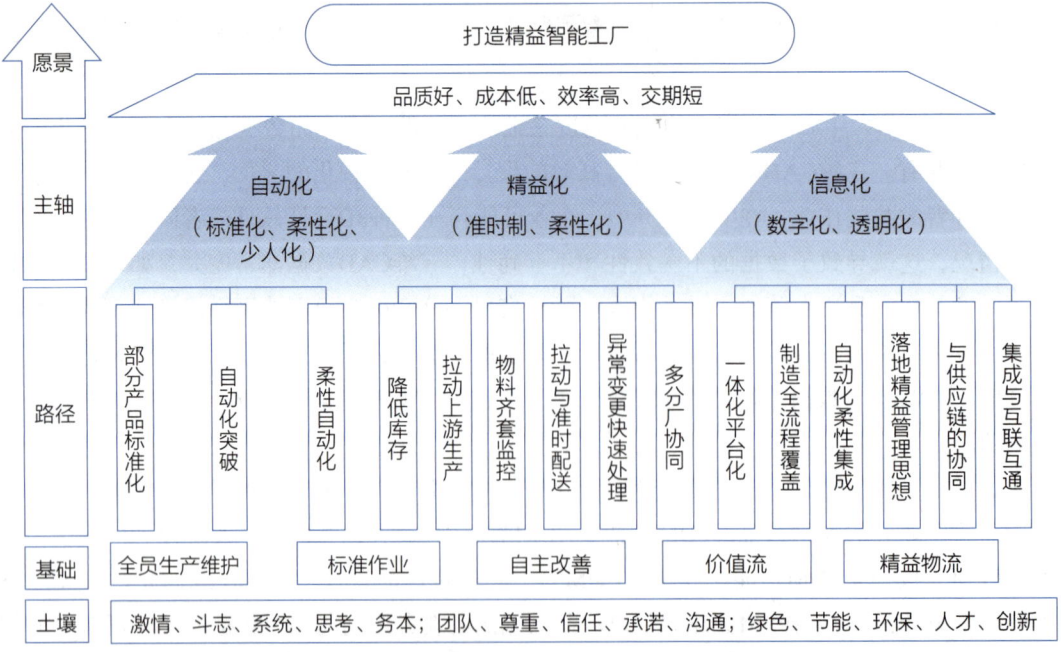

图6-70 自动化、精益化、信息化融合推进智能工厂

如图6-71所示,随着个性化定制的需求越来越强烈,多品种、小批量、短交期对生产管理造成很大难度。个性化定制企业普遍面临的难题包括计划编制、成套和缺件、高库存和在制品、多个部门之间协同、柔性自动化产线集成、生产过程管控、应对变更和插单等一系列困难。

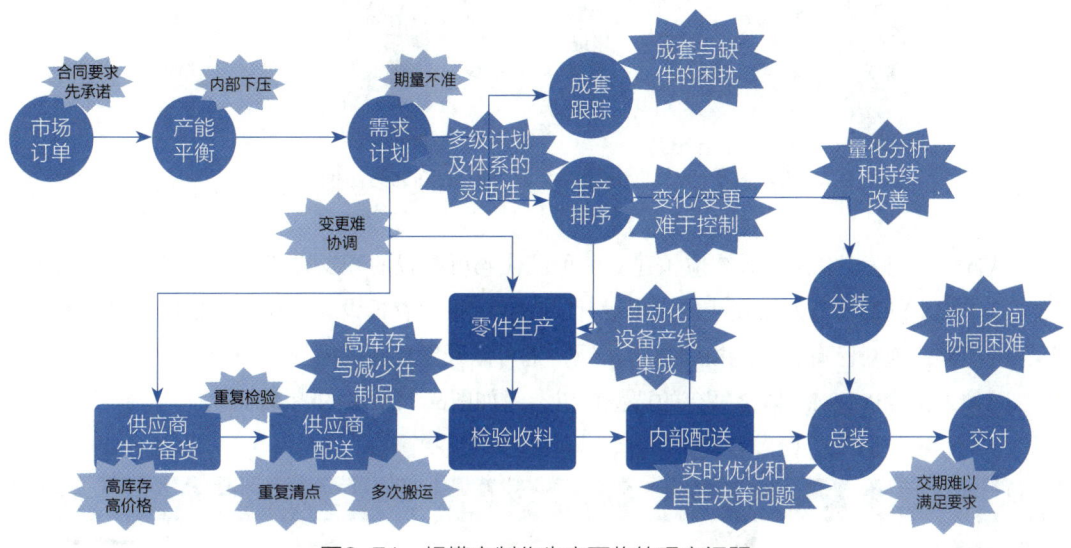

图6-71 规模定制化生产面临的现实问题

为此,自动化柔性智能工厂需要配置柔性的智能化MOM(即iMOM)系统。iMOM部分业务流场景如图6-72所示。

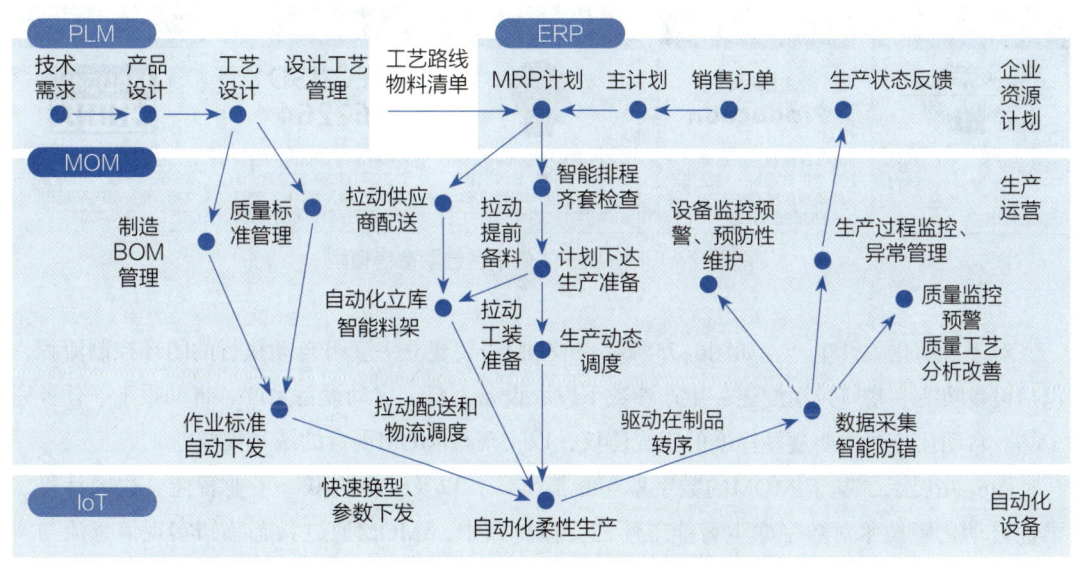

图6-72 iMOM部分业务流场景

从业务角度出发,iMOM应该提供如图6-73所示的多项建模功能,能够便捷地定义产品工艺、柔性单元、质量控制、计划调度、设备联网、智能分析等模型,这些建模功能可以方便对模型进行持续的调整与优化。

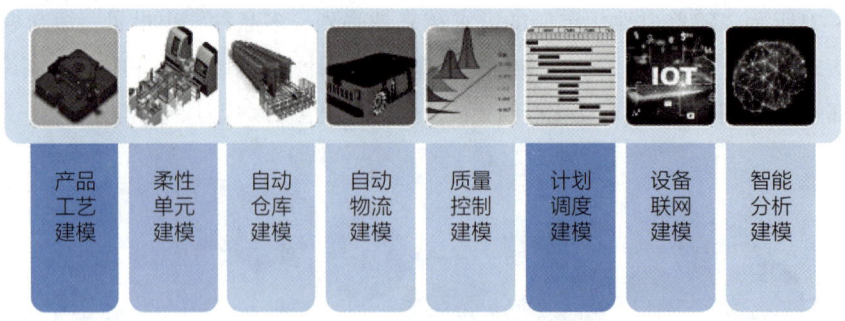

| 产品工艺建模 | 柔性单元建模 | 自动仓库建模 | 自动物流建模 | 质量控制建模 | 计划调度建模 | 设备联网建模 | 智能分析建模 |

图6-73　iMOM需支持低技术门槛的业务建模能力

从IT角度出发，iMOM系统应该建立一种低代码可配置的开发方式，提供包括数据结构建模、基于脚本的插件开发、在线的表单设计、在线的报表看板设计、在线的集成接口开发等工具，既能够快速对已有的功能模块进行扩展，也可以开发出新的模块。

总体来说，iMOM一体化平台的选型可以参考如图6-74所示的诸多方面。

全制造链	高效协同	集中管控	柔性可配	数据驱动

应对机加工、钣金加工、PCB制造、表面处理、装配、包装发运、现场安装调试等制造过程管理要求	实现制造相关的计划、采购、生产、委外、质量、仓储、物流、设备管理等职能部门的高效协作	一体化平台，统一数据源，消除数据孤岛，实现多地域、多工厂的统一管理和分布式应用	柔性可配置，提供系列建模工具，可快速建模以满足个性化需求，并能通过调整模型应对需求的快速变化	获取准确、实时的数据，让数据驱动业务，进行监控、预测、控制和决策优化，用数据说话

软硬一体	精益为本	智能管控	符合标准	自主可控
			IEC/ISO 62264	MADE IN CHINA
基于工业物联网平台实现数据的采集，工艺参数的下发，数据的处理和监控，实物流、信息流、控制流的闭环	必须让精益生产贯穿制造整个生命周期，精益生产既是智能制造的基础，也是智能制造的目标	实现制造过程的防呆防错，管理的自动化、资源配置优化、人机协同与辅助决策，自适应与自主决策	国际标准为实现MOM提供了坚实可靠的架构基础，确保产品的通用性，能广泛适应众多行业和不同生产方式	国产自主知识产权，成熟开放的软件平台，齐全的用户文档、最终用户或第三方可进行二次开发或维护

图6-74　iMOM一体化平台选型参考模型

对于自动化柔性生产，如图6-75所示，iMOM需要建立一套可自动执行的闭环控制流程，包括设备唤醒、物料拉动配送、生产参数下发、设备上料、启动设备生产、自动报工、任务完工等。自动化产线需要遵循标准的集成协议，以实现与iMOM平台的统一集成。

图6-76展示了基于iMOM的数字孪生智能工厂，以及工业物联、工业智能、边缘计算、柔性自动化等技术对数字孪生智能工厂的支撑。其中，iMOM通过状态感知实现信息流与实物流的一致性，并通过工业智能、自主控制实现对工厂的动态调度与优化，从而实现大脑的作用。

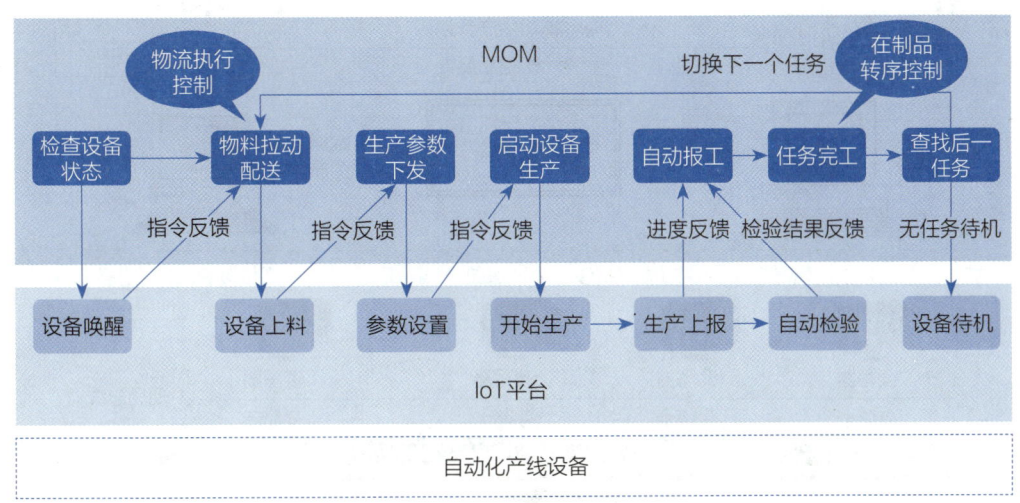

图6-75 iMOM驱动自动化生产控制流程

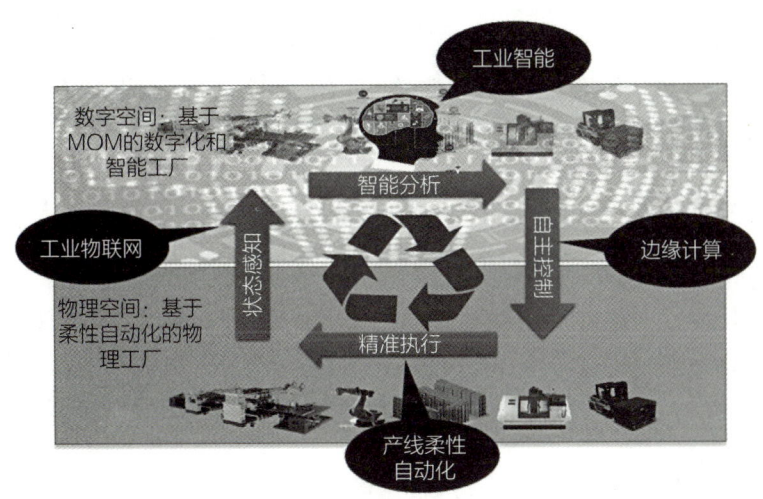

图6-76 基于iMOM的数字孪生智能工厂

案例二：离散制造业中的应用

某公司的MES应用方案如图6-77所示。

（1）数据采集

通过数据采集接口来获取并更新与生产管理相关的各种数据和参数，包括产品跟踪、维护产品历史记录以及其他参数。这些现场数据主要在生产车间，通过条码系统进行采集，也可用手工方式录入。

（2）车间作业管理

该模块由ERP系统下载（或人工直接输入）当日的预定生产计划，以作业、订单、批量、成批和工作单等形式管理生产单元间的工作流。可实时查询各工单的投入/完工时间，异常工

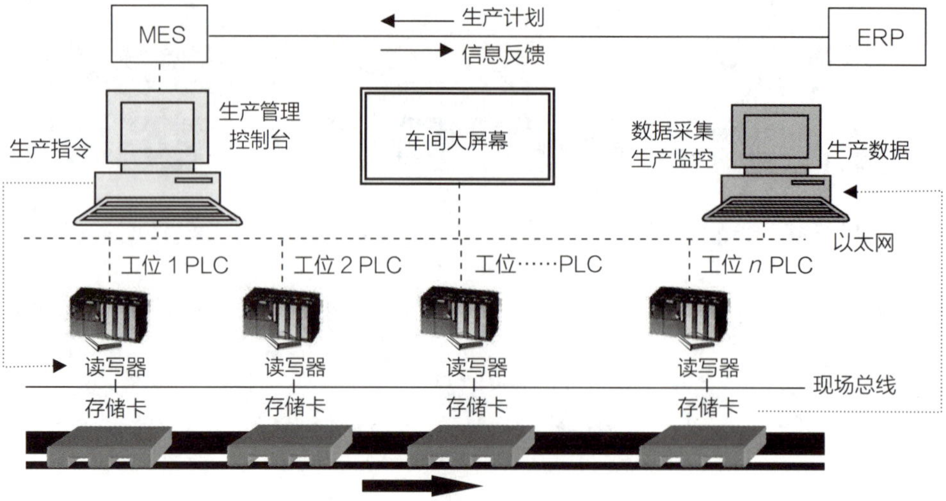

图6-77 某公司的MES应用方案

单处理（工程变更、插单等）。当车间有事件发生时，提供一定顺序的调度信息并按此进行相关的实时操作。生产单元分配模块能够调整车间已有的生产进度，对返修品和废品进行处理，对任意位置的在制品数量进行控制。

（3）生产过程管理

该模块基于计划和实际产品制造活动来指导工厂的工作流程。它监控生产过程，实时掌握各生产单元目前待加工与加工中的制品，掌握工单、制品的加工进度，并与预订进度做差异性的比较。对生产中的错误进行报警，使车间人员能够及时察觉到出现了超出允许误差的加工过程。通过数据采集接口，过程管理可以实现智能设备与制造执行系统之间的数据交换。

（4）产品质量管理

该模块的功能实时记录、跟踪和分析产品和加工过程的质量，统计各工序不良品数目与不良率，统计不良现象及不良原因的分布状况（Pare to Chart），进行各种层次组合（工单、产品、日期等）的质量状况查询，以便进行产品质量控制，为每一个产品提供可追溯性。

（5）制造资源管理

本模块管理设备、工具、人员、物料和其他设备，管理并传递与生产单元有关的各种信息文档，包括工作指令、配方、工程图纸、标准工艺规程、零件的数控加工程序、批量加工记录、工程更改通知以及各种转换操作间的通信记录。它还能提供资源使用情况的历史记录，确保设备能够正确安装和运转，同时提供资源的实时状态信息。对资源的管理，还包括为满足生产计划的要求对资源所作的预定和调度。

（6）车间成本核算

产品成本计算是按照产品BOM所描述的加工装配过程从低层向高层逐层累积得出的。这种按照成本发生的实际过程计算成本的方法称为成本滚加计算法（Cost Roll-Up），它反映了产品增值的实际过程。

（7）系统辅助工具

包括：数据备份与恢复、用户管理等功能。

知识测试

评价

学生完成智能制造运营管理场景的学习，可以根据学习情况进行自我评价和教师评价，作为评判平时成绩的依据之一。学习评价记录表见附录2。

参考文献

[1] 邓朝晖，万林林，邓辉，等. 智能制造技术基础[M]. 武汉：华中科技大学出版社，2017.

[2] 葛英飞. 智能制造技术基础[M]. 北京：机械工业出版社，2019.

[3] 张松林，吴敏，梁美玉. 先进智能制造技术[M]. 武汉：华中科技大学出版社，2022.

[4] 王万良. 人工智能及其应用[M]. 3版. 北京：高等教育出版社，2016.

[5] 吴晓波，朱克力. 读懂中国制造2025[M]. 北京：中信出版社，2015.

[6] 王细祥. 现代制造技术[M]. 北京：国防工业出版社，2017.

[7] 张洁，吕佑龙，汪俊亮，等. 智能制造系统：模型、技术与运行[M]. 北京：机械工业出版社，2023.

[8] 顾廷权. 钢铁行业如何做好"十四五"数智化转型？[P]. 中国冶金报，2020-12-29.

[9] 刘显龙. 智能制造现代夹具设计[M]. 北京：机械工业出版社，2024.

[10] 李培根，高亮. 智能制造概论[M]. 北京：清华大学出版社，2021.

[11] 刘强. 智能制造概论[M]. 北京：机械工业出版社，2024.

[12] 胡峥. 智能制造概论[M]. 北京：机械工业出版社，2022.

[13] 李琼砚，路敦民，程朋乐. 智能制造概论[M]. 北京：机械工业出版社，2023.

[14] 林郁，范玉顺. 智能制造技术与应用[M]. 北京：清华大学出版社，2023.

[15] 王芳，赵中宁. 智能制造技术与项目化应用[M]. 北京：机械工业出版社，2023.

[16] 张为民，卞永明，刘海江. 智能制造工艺基础[M]. 北京：机械工业出版社，2024.

[17] 张智海. 制造智能技术基础[M]. 北京：清华大学出版社，2022.

[18] 浙江省智能技术标准创新促进会."未来工厂"建设导则[S]. T/ZAITS 10601—2021.

[19] 付岩. 智能制造系统架构在汽车行业的应用[J]. 汽车文摘，2021（3）：28-33.

[20] 智能制造系统解决方案广东分盟. 智能制造优秀场景案例展示（五）[EB/OL]. [2024-08-01].

[21] QualityIn质量学院. 生产计划管理培训教材，必须收藏！[EB/OL]. [2022-08-07].

[22] 秦虎. APS智能排产+运筹优化算法=？[EB/OL]. [2021-03-04].

[23] 同走精益路一麟威咨询. 工厂APS排产的6个关键点、4种算法[EB/OL]. [2024-02-28].

[24] PMC管理. 生产计划和调度[EB/OL]. [2021-12-05].

[25] 黄辉. 智慧供应链（第1至10章）[EB/OL]. [2023-03-12].

[26] 邱伏生. 智能供应链在智能制造领域的应用（上、下）[EB/OL]. [2019-09-25].

[27] 黄昌夏，戚锋. 从MES出发：MOM制造运营管理[EB/OL]. [2017-10-25].

[28] 骆金松. MOM：智能工厂的大脑[EB/OL]. [2021-09-13].

[29] 天泽智云CyberInsight. SPHM：让故障预测与健康管理可持续[EB/OL]. [2023-04-11].

[30] 天泽智云CyberInsight. 工业智能相关的大数据竞赛解题思路（八）：半导体CMP制程的虚拟量测[EB/OL]. [2021-09-03].

[31] He B, Wu D, Li H. Smart Machining: Concepts, Framework, and State of the Art [J]. Journal of Manufacturing Systems, 2020 (55): 158-173.

[32] Fang X, Zhang Y. Adaptive Control and Digital Twin in Smart Machining Systems[J]. IRP Annuals, 2021, 70 (1): 315-338.

[33] Kusiak A. Smart Manufacturing Must Embrace BigData[J]. Nature, 2017, 544 (7645): 23-25.

[34] 谭永生. 某型号在役风电机组主轴的超声检测技术研究[J]. 太阳能, 2022（2）：81-84.

附 录

附录1　智能制造缩略语表

序号	缩略语	英文全称	中文名称	简意
1	AI	Artificial Intelligence	人工智能	用机器代替或部分代替人类智能，是一种信息化技术
2	IoT	Internet of Things	物联网	通过网络实现物物互联
3	VR	Virtual Reality	虚拟现实	
4	AR	Augmented Reality	增强现实	
5	IMS	Intelligent Manufacturing System	智能制造系统	
6	PLC	Programmable Logic Controller	可编程逻辑控制器	
7	IIoT	Industrial Internet of Things	工业物联网	
8	ICT	Information and Communication Technology	信息通信技术	
9	CPS	Cyber-Physical System	信息物理系统，赛博物理系统	
10	MBD	Model Based Definition	基于模型的定义	
11	MBSE	Model Based Systems Engineering	基于模型的系统工程	
12	MBE	Model Based Enterprise	基于模型的企业	
13	ERP	Enterprise Resource Planning	企业资源计划	
14	RFID	Radio Frequency Identification	射频识别	
15	CIMS	Computer Integrated Manufacturing System	计算机集成制造系统	
16	ANN	Artificial Neural Network	人工神经网络	模仿人类神经元传导、联络的原理对函数进行估计的计算模型
17	FLS	Fuzzy Logic System	模糊逻辑系统	
18	HA	Heuristic Algorithm	启发式算法	
19	IM	Intelligent Manufacturing	智能制造	

续表

序号	缩略语	英文全称	中文名称	简意
20	SM	Smart Manufacturing; Smart Management	智慧制造；智能管理	
21	UC	Ubiquitous Computing	泛在计算	
22	CBR	Case-based Reasoning	基于案例的推理	
23	ES	Expert System	专家系统	
24	RBD	Rule-based Design	基于规则的设计	
25	CBD	Case-based Design	基于案例的设计	
26	CBR	Case-based Reasoning	基于案例的推理	
27	PBD	Prototype-based Design	基于原型的设计	
28	CSD	Constraint-satisfied Design	基于约束满足的设计	
29	CSP	Constraint-satisfied Problem	约束满足的问题	
30	CAD	Computer Aided Design	计算机辅助设计	
31	CAE	Computer Aided Engineering	计算机辅助工程	
32	CAM	Computer Aided Manufacturing	计算机辅助制造	
33	CAPP	Computer Aided Process Planning	计算机辅助工艺过程设计	
34	GD	Generative Design	创成式设计，生成式设计	
35	AAD	Algorithms Aided Design	算法辅助设计	创成式设计的别称
36	SG	Shape Grammars	形状语法	一种创成式算法
37	CA	Cellular Automata	元胞自动机	一种创成式算法
38	FEA	Finite Element Analysis	有限元分析	
39	VP	Virtual Prototyping	虚拟样机	产品数字模型的拓展，用于装配、切削的模拟、数值计算
40	FMS	Flexible Manufacturing System	柔性制造系统	支持多型号产品切换的生产系统
41	CNC	Computerized Numerical Control	数控加工，计算机数字化控制	
42	CMM	Coordinate Measuring Machine	三坐标测量机	采集工件表面点坐标值，构建空间模型
43	PHM	Prognostics and Health Management	故障预测与健康管理	

续表

序号	缩略语	英文全称	中文名称	简意
44	CMP	Chemical-mechanical Polishing	化学机械抛光	晶圆表面的抛光
45	CBA	Component-based Application	组件化应用程序设计	
46	PDM	Product Data Management	产品数据管理	
47	AM	Additive Manufacturing	增材制造	利用三维模型数据将粉末、液体等离散材料逐层叠加或堆积为三维实体
48	EDM	Electrical Discharge Machining	电火花加工	
49	SLA	Stereo Lithography Apparatus	光固化成型	
50	SLS	Selective Laser Sintering	激光选区烧结	
51	FDM	Fused Deposition Modeling	熔丝沉积成型	
52	NDT	Non Destructive Testing	无损检测	对试件内部及表面的结构、状态及缺陷进行检查和测试
53	UT	Ultrasonic Testing	超声波检测	
54	MPT	Magnetic Particle Testing	磁粉检测	
55	PT	Penetrant Testing	渗透检测	
56	RT	Radiographic Testing	射线检测	
57	ECT	Eddy Current Testing	涡流检测	
58	RGV	Rail Guided Vehicle	有轨制导车辆	
59	SVM	Support Vector Machines	支持向量机	
60	IVRA	Industrial Value Chain Reference Architecture	工业价值链参考架构	
61	APS	Advanced Planning and Scheduling	高级计划与排程	
62	MPS	Master Production Schedule	主生产计划	
63	MRP	Material Requirement Planning	物料需求计划	
64	SC	Supply Chain	供应链	
65	MOM	Manufacturing Operation Management	制造运营管理	协调管理企业的人员、设备、物料和能源等资源，把原材料或零件转化为产品的活动

续表

序号	缩略语	英文全称	中文名称	简意
66	MES	Manufacturing Execution System	制造执行系统	位于上层的计划管理系统与底层的工业控制之间的面向车间层的管理信息系统
67	WMS	Warehouse Management System	仓储管理系统	帮助用户优化仓储和物流操作
68	PLM	Product Lifecycle Management	产品生命周期管理	对产品从创建到使用，到最终报废等全生命周期的产品数据信息进行管理的理念
69	ISC	Intelligent Supply Chain	智能供应链	供应链的智能化、网络化和自动化

附录 2　学习评价记录表

姓名	学号	班级	日期
场景			
	评分等级为 10—9—7—5—3—0		
评分项目	学生自检评分（50%）	教师检查评分（50%）	项目比重
个人参与度			0.3
团队合作			0.2
知识测试或技能练习			0.3
职业素养			0.1
思政表现			0.1
合计			1
场景总评			

填表说明：
1. 个人参与度：主要考查学生个人实际表现。
2. 团队合作：对课堂研讨、分组练习、互帮互学过程中的表现进行评价，其中学生自评可以由团队其他成员给予评价，即互评。主要考查组织能力、交流能力、社会参与能力。
3. 知识测试或技能练习：对于偏理论性、不便实训的场景，进行知识测试；对于偏技能性、能够以实装操作、虚拟现实、仿真、数字化应用、多媒体情景式研讨等方式进行实训的场景，则进行技能练习。
4. 职业素养：展现职业教育特色，培养学生在每个教学环节的职业素质养成。
5. 思政表现：主要考查学生的思政教育效果。
6. 合计：对分项成绩按列进行加权合计，权重见"项目比重"。
7. 场景总评：对学生自检和教师检查的总评成绩进行合成，作为该学生在本场景学习中的最终成绩。权重各占50%，体现对学生的尊重。
8. 此表供教师在教学中参考，使用中应当注意对过程性评价、学为主体、技能型人才培养、职业素养与思政培树、"6S"管理等理念的贯彻。